"北 斗"＋智慧物流创新人才培养系列丛书

高等院校"一带一路"现代供应链创新人才培养规划教材

区块链
技术应用实务

缪兴锋　编著

中国人民大学出版社

·北京·

国家资源库《物流信息技术》建设课程教材

广东省教育厅重大科研（人文社科）项目（粤教科函〔2018〕64 号）《北斗十智慧物流大数据创新人才培养体系与实践的研究》（立项编号：2017GWZDXM001）

"北斗"＋智慧物流创新人才培养系列丛书
高等院校"一带一路"现代供应链创新人才培养规划教材
编写委员会

总 主 编：缪兴锋

副总主编：韩宝国　刘容达（泰国那黎宣大学）

委　　　员：

宁夏回族自治区企业协会	陶　华
广东省云计算协会	岳　浩
（海尔集团）广州贝业新兄弟供应链管理有限公司	李国院
众网（广州）信息科技有限公司	祁　亮
广州意商供应链管理有限公司	殷学祖
广东北斗星盛教育科技有限公司	周　菲
广东力拓网络科技有限公司	习高见
北京物资学院	李俊韬
武昌理工学院	张凌云
深圳职业技术学院	胡延华
湖南现代物流职业技术学院	米志强
广西职业技术学院	杨　清
南宁职业技术学院	张　梅
四川成都纺织高等专科学校	余真翰
湖北武汉交通职业学院	胡顺芳
宁夏职业技术学院	陈志新
宁夏工商职业技术学院	焦改丽
浙江宁波职业技术学院	刘智慧
福建厦门城市职业学院	梁竹田
江西吉安职业技术学院	刘俐伶
安徽合肥职业技术学院	于　蕾
广东轻工职业技术学院	魏国平
广州东华职业学院	何曙辉

广东职业技术学院	许四化
广州番禺职业技术学院	胡子瑜
佛山职业技术学院	陈 平
广东机电职业技术学院	邓汝春
广州铁路职业技术学院	杨益华
广东交通职业技术学院	吴毅洲
广州科贸职业学院	王爱晶
广州城市职业学院	肖利秋
广东理工职业学院	张劲珊
广东农工商职业技术学院	郑文岭
中山职业技术学院	许 彤
广州工程技术职业学院	高亚凡
广东工贸职业技术学院	杨嘉伟
广东河源职业技术学院	吴春尚
广东松山职业技术学院	曾志勇
广东工程职业技术学院	蔡松林
广东南华工商职业学院	高美荷
佛山市南海区信息技术学校	田中宝
深圳市第二职业技术学校	张洪江
北京师范大学珠海分校物流学院	陈利民
海南科技职业技术学院	符海青
广东外语外贸大学南国商学院	况 漠

总　序

习近平总书记在 2018 年两院院士大会上发表重要讲话，指出以人工智能、量子信息、移动通信、物联网、区块链为代表的新一代信息技术要加速突破应用。

我们正处在一个信息化与智能化交集的时代，物联网、人工智能、区块链、大数据、地理信息系统、北斗定位导航等技术创新既是信息产业发展的阶段性成果，也是开启智能化时代的重要动因，更为关键的是，它们正彼此促进、融合发展。在信息化和智能化的科技进程中，这些关键技术的突破性发展将极大地推动经济和社会的进步，为我们的生产和生活带来翻天覆地的变化。

为配合"一带一路"倡议和粤港澳大湾区发展规划的落实，培养掌握"北斗"＋物联网、区块链、大数据、人工智能等前沿技术跨界融合的复合人才，围绕"合理定位、办出特色、教育输出"的原则，助力北斗和信息产业的发展，中国人民大学出版社组织了我国北斗研发和应用企业专家、北斗教育工作者、高等教育领域的专家、骨干教师进行了探索，组织编写了全国首套"北斗"＋智慧物流创新人才培养系列丛书、高等院校"一带一路"现代供应链创新人才培养规划教材，该系列教材包含六本，分别为《北斗导航定位技术应用实务》《区块链技术应用实务》《智能物流系统实务》《GIS 技术物流应用管理实务》《智慧物流数据分析与应用》《区块链与数字供应链技术应用》。该套教材是物联网、人工智能、区块链、大数据、地理信息系统、北斗导航定位等技术与现代产业交融的成果。

物联网是通过各种信息传感器、射频识别技术、全球定位系统、红外感应器、激光扫描器等各种装置与技术，实时采集任何需要监控、连接、互动的物体或过程，采集其声、光、热、电、力学、化学、生物、位置等各种信息，通过各类可能的网络接入，实现物与物、物与人的泛在连接，实现对物品和过程的智能化感知、识别和管理。

人工智能是研究、开发用于模拟、延伸和扩展人的智能的理论、方法、技术及应用系统的一门新的技术科学。它是对人的意识、思维的信息过程的模拟，人工智能不是人的智能，是能像人那样思考、也可能超过人的智能。

区块链是一个在点对点网络上构建的分布式数据库系统，利用非对称加密算法进行加密的每个数据存储单元按照链式结构存储、排列。区块链技术的核心特性包括去中心化、数据存储不可篡改、数据操作公开透明、编程可扩展性等。

大数据是一种规模大到在获取、管理、分析方面大大超出传统数据库软件工具能力范围的数据集合，具有数据规模海量、数据流转快速、数据类型多样和价值密度低四大特征。如果将大数据比作一个产业，那么这种产业实现盈利的关键在于提高对数据的"加工能力"，通过"加工"实现数据的"增值"。

地理信息系统是在计算机硬、软件系统支持下，对整个或部分地球表层（包括大气层）空间中的有关地理分布数据进行采集、储存、管理、运算、分析、显示和描述的技术系统。

北斗导航定位技术主要包括三个含义：定位、导航与授时。定位，指能够提供精确的二维或三维位置和方位的能力；导航，指通过确定当前位置和目的地位置，并参考地理和环境信息，修正航线、方向和速度，以抵达目的地的能力；授时，指得到并保持准确和精密时间的能力。

如果说"互联网＋"缩短了人与人之间的时空距离，"北斗＋"则是人们获取精准时间、空间信息的核心手段，围绕"时空大数据"的挖掘与应用，其根本目标就是在正确的时间、正确的地点，为正确的人提供正确的服务，即所谓"智能化"服务。而北斗导航定位技术与区块链相结合，可以实现以北斗授时为基准的不可逆、不可篡改的精准定位信息大数据存储，其服务广泛，可用于公安、司法、移动支付以及冷链材料、核安全设备、核材料、医药疫苗等运输定位追踪。因此，可以说北斗产业发展的未来，就是以北斗应用为核心，全面构建一个随时随地提供时空基准、应用时空信息的新时空服务体系，打造服务全世界的中国新时空服务品牌，从而引领和推动全球智能产业的发展。

本套教材体现出以下特色：

● 人才培养理念的变革。本套教材采用文字、图片、软件、视频资源相结合的形式，将"大数据、智能化、无线革命"时代的科技技术与语言教学交叉融合，适应当前全球化、国际化经济形势，适应"一带一路"倡议需要的人才培养思维模式。要求人才在掌握高端制造业、先进软件业、现代服务业和综合数据业等相关理论知识的基础上，在物流管理、国际贸易、金融等行业领域内培养具有国际视野的复合型人才，从而真正发挥人才培养对经济建设的助推作用，实现对"一带一路"沿线国家地区经济的全面推进。

● 人才培养目标的创新。本套教材内容以北斗卫星导航系统为基石，集成光学、声学、电学、磁学、机械学多种多样的物理手段，融合有线、无线、物联、传感、地理信息系统、大数据等一系列技术，以满足"一带一路"倡议发展为基本目标，加强学生实践技能的培训，从而提高人才的综合素质，以适应复杂多变的国际形势。

● 人才培养机构的完善。人才培养机构主要包括职业技术学校、高等院校、科研院所、企业人才培养机构及跨行业人才培养平台等，为使培养的人才能够适应"一带一路"倡议的发展要求，人才培养的教育和师资水平至关重要。本套教材的内容突出智能科技领域前瞻性，克服了传统教材科技与语言教学割裂开的缺点，突出与当今社会发展相对应，响应时代召唤，弘扬民族精神，与世界接轨。

● 人才培养方式和方法的创新。"一带一路"倡议对于人才国际化的要求空前提升，探索建立适应全球化、国际化经济贸易需要的人才培养方式和方法势在必行。本套教材内容涵盖了当今大数据、人工智能、北斗导航、物联网等新技术条件的变革特征，教学方法突出可操作、实践性，让读者了解"大数据、智能化、区块链、互联网"时代理论知识点的同时，注重图、表、文的有机结合，形象直观、易学易记，通过动手实验环节可获得更多直观感性的认识，培养学生综合应用知识的能力。

● 人才培养教学资源的全面。本套教材编写注重高等学校与企业之间的合作，坚持

"技术平台互联互通、教学资源共建共享、教育技术联研联创"的理念，加强在线远程教育平台、移动端学习平台、国家教育数字化资源中心与管理平台、线上教学资源开发平台的建设；共建共享优质课程资源，联合开展国际化专业培训资源的开发与转化；教材中设置知识目标、能力目标，教学可以登录课程资源网站，获取大量的案例、知识卡片、提示等内容。

"北斗"＋智慧物流创新人才培养系列丛书
高等院校"一带一路"现代供应链创新人才培养规划教材　编写委员会

前　言

　　未来已来——物联网＋人工智能＋区块链＋大数据。当前，科技在使人们生活水平和幸福指数显著提高的同时，也衍生出很多阻碍社会发展和进步的问题，如贪污腐败、网络欺诈、信息泄露、假冒伪劣产品等。区块链技术可以让以上问题迎刃而解，人们把信息发布储存到区块链上，可让资金流向、交易真假等由全民来验证，一经验证，交易信息将无法被篡改，且信息完全公开，真相也无法被掩盖，使得事情实施过程更加透明、公平。

　　随着以比特币为代表的数字货币的崛起，其底层支撑架构——区块链，凭借去中心化信用、数据不可篡改等特点，吸引了世界许多国家政府部门、金融机构及互联网巨头公司的广泛关注，已经成为当前学术界和产业界的热点课题。2016 年 12 月，《国务院关于印发"十三五"国家信息化规划的通知》将区块链写入"十三五"国家信息化规划，将区块链列为重点加强的战略性前沿技术。区块链已经成为国家信息化战略的重要组成部分。区块链技术被认为是继大型机、个人电脑、互联网之后计算模式的颠覆式创新。目前，区块链的应用已延伸到物联网、智能制造、供应链管理、数字资产交易等多个领域。

　　愚者暗于成事，智者见于未萌。面对这一具有无限可能的技术变革，广东轻工职业技术学院缪兴锋教授首次将"区块链技术应用"纳入物流管理专业的人才培养方案核心课程和物流信息技术专业国家资源库的建设内容，并总结相关经验，编写了本书。本书包括区块链的诞生、比特币的实质、区块链发展脉络、区块链基本原理、区块链运行技术、区块链交易、区块链应用场景和区块链融合应用八个项目，共设置 25 个任务。

　　本书由缪兴锋教授总领完成。浙江树人大学方微老师，广东广发银行缪丹妮，广东轻工职业技术学院别文群、叶枫老师共同参与了本书区块链程序的运行、系统测试资料整理和相关编写工作。

　　本书应用知识体系完整、教学环节丰富，尽量做到理论与实践相结合、技术与产业应用相结合，便于读者有更直观的认识和体会。本书在编写过程中充分考虑到读者的基础情况，既有技术性知识和理论，也结合了作者在相关领域的实践经验及研究成果，具有一定的前瞻性。本书既可以作为中职、高职、本科衔接的经管等其他专业教材，也可作为"一带一路"倡议创新人才培养普通高等院校经管类专业应用型本科教材，企业管理人员可根据需要选用本书作为培训参考用书。

　　本书在编写过程中参阅了大量的文献,其中包括专业书籍、学术论文、学位论文、国际标准、国内标准和技术报告等,书中有部分引用已经很难查证原始出处,编者注明的参考文献仅仅是获得相关资料的文献,没有一一列举出所有的参考文献,在此表示歉意和致谢。

作者
2020 年于广州奥园

目　录

项目一　区块链的诞生

【情景设置】

当下，随着信息技术的发展，人类社会正在面临着前所未有的变化，新的认知革命即将到来。新事物往往不是凭空而来，发展和演化也很少一蹴而就。认识新事物，首先要弄清楚它的来龙去脉，区块链结构首次被人们所关注，源于2009年年初上线的比特币开源项目。从记账科技数千年的演化角度来看，大到国际贸易，小到个人消费，都离不开记账这一看似普通却不简单的操作。无论是资金的流转，还是资产的交易，都依赖于银行和交易机构正确维护其记账系统。人类文明的整个发展历程，都伴随着账本科技的持续演化。

【教学重点】

在人类社会发展的历史上，技术创新带来的生产力发展引发制度创新，而制度创新又进一步拓宽了技术创新的发展空间。

本项目的教学重点为：

（1）比特币的诞生时间；

（2）比特币白皮书的诞生标志着区块链的诞生；

（3）比特币的诞生背景；

（4）在数字货币的探索实践中，比特币是目前表现最好的；

（5）比特币的发展历程和历史大事件；

（6）比特币是区块链技术中首个应用特例。

【教学难点】

在区块链的对照之下，人们发现，最初被形象地称为"信息高速公路"的互联网处理的是"信息"，而区块链处理的是"价值"。

本项目的教学难点为：

（1）第一个比特币问世时间及过程；

（2）比特币是怎么挖出来的；

（3）比特币的优点与缺点；

（4）比特币的组成部分；

（5）比特币的产生原理，比特币的本质其实就是一堆复杂算法所生成的特解；

（6）比特币挖矿机的价格和性能。

【教学设计】

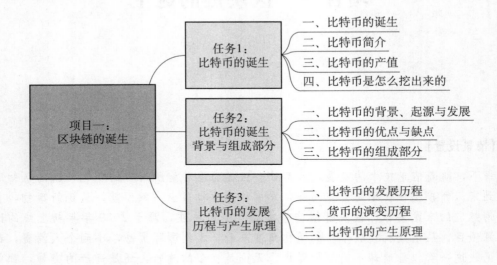

任务 1　比特币的诞生

【知识目标】

1. 了解比特币的诞生时间。

2. 理解比特币白皮书的诞生标志着区块链的诞生。

3. 掌握第一个比特币的问世时间和过程。

4. 掌握比特币是怎么挖出来的。

【能力目标】

1. 能够通过比特币创世区块问世的诞生历程了解比特币具有的钱币特点。

2. 能够通过比特币是怎么挖出来的过程理解比特币的本质其实就是一堆复杂算法所生成的特解问题。

【知识链接】

比特币（Bitcoin，BTC）的概念最初由中本聪在 2009 年提出，与法定货币相比，比特币没有一个集中的发行方，而是由网络节点的计算生成，谁都有可能参与制造比特币，而且可以全世界流通，可以在任意一台接入互联网的电脑上买卖，不管身处何方，任何人都可以挖掘、购买、出售或收取比特币，并且在交易过程中外人无法辨认用户身份信息。比特币可以用来兑现，可以兑换成大多数国家的货币，但也存在监管黑洞，比特币等虚拟货币可能存在洗钱、犯罪等行为。

一 》 比特币的诞生

在北京时间 2008 年 11 月 1 日，一个化名为中本聪的神秘密码学极客发布了比特币白皮书《比特币白皮书：一种点对点的电子现金系统》。在这本比特币白皮书中，中本聪提出来这一新的点对点的电子现金系统，现在把这种系统称为比特币系统。简单来说，比特币系统是一种去中心化的电子现金系统，解决了在没有中心化机构的情况下，总量恒定数字资产的发行和流通问题。通过这个系统，上面的每一笔转账信息公开透明，全网记账，几乎无法作假。与此同时，比特币白皮书的诞生标志着区块链的诞生。

（一）第一次比特币交易

北京时间 2009 年 1 月 4 日，距离比特币白皮书的发布已经过去快 3 个月。在这个伟大的日子里，白皮书的作者中本聪在位于芬兰赫尔辛基的一个小型服务器上，亲手创建了第一个区块——比特币的创世区块（Genesis Block），并获得了第一笔 50 个比特币的奖励，第一个比特币就此问世，但比特币广泛意义上的第一笔交易却发生在一年后。

2010 年 5 月 18 日，佛罗里达一名名叫 Laszlo Hanyecz 的程序员在比特币论坛 BitcoinTalk 上发帖声称：我可以付 1 万比特币来购买几个比萨，大概两个大的就够了，这样我可以吃一个，留一个明天吃。你可以自己做比萨，也可以订外卖然后送到我的住址。这名程序员甚至还对自己的口味偏好做了要求：我喜欢洋葱、辣椒、香肠、蘑菇、西红柿、意大利辣香肠等食材，只加一些平常的食材就可以，不要奇怪的鱼类或者其他乱七八糟的东西，最好再来点芝心。第一张比特币订单示意图如图 1－1 所示。

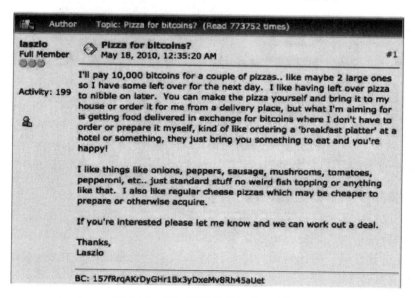

图 1－1　第一张比特币订单示意图

2010 年 5 月 22 日，一位英国用户为 Laszlo Hanyecz 花了 25 美元买到了两块比萨，并成功获得了 1 万个比特币，完成了首个比特币真实交易，如图 1－2 所示。

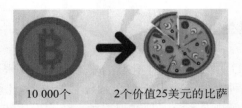

10 000个　　　　2个价值25美元的比萨

图1-2　用1万个比特币购买了2个比萨的交易过程示意图

(二) 第一个比特币交易平台创立

作为货币的一种，比特币也需要一个流通通道来完成支付，这便是比特币交易平台，可以让人们兑换比特币。比特币市场诞生于2010年2月6日，由比特币论坛Bitcoin Talk的用户dw dollar创建，是世界上第一个比特币交易所。但同年6月，此交易所遭遇了灭顶的Paypal欺诈，于是便选择去掉了Paypal支付选项，此后该平台的交易量也迅速缩水，不久便被其他新成立的交易所超越，最后被迫倒闭。

这时期崛起了一家名为MT.GOX的日本交易所，其比特币交易量一度占据全球80%，如图1-3所示。但MT.GOX交易所在2014年2月宣布破产，原因是黑客盗走了该交易所10万个比特币以及用户近75万个比特币，MT.GOX交易所无力再经营下去。该事件被网友戏称为"门头沟事件"。

图1-3　世界上第一个比特币交易平台示意图

这一事件让整个比特币行业陷入了前所未有的恐慌之中，人们对比特币和交易所的信任几乎濒临冰点。

(三) 第一个比特币基金会创立

为了让比特币更快地被更多人所知道和了解，以防淹没在时代的洪流里，一个鲜为人知的组织——比特币基金会，于2012年9月27日成立。比特币基金会是一家美国非营利性组织，其宗旨是帮助人们更自由地交换资源和思想，让更多人认识到比特币是货币的一种形式，并促进其发展。跟比特币一样，比特币基金会也是去中心化的，其成员分布在华盛顿、西班牙、西雅图、澳大利亚等多个国家和地区。

2013年8月，美国国会曾考虑禁止数字货币，因为担心比特币有洗钱和逃税方面的潜在危险，比特币基金会的公共事务总监英格伦女士则选择会见国会、司法部及央行的相关人员为比特币正名，后来使得虚拟货币以"提供合法的金融服务"完美收场。

虽然比特币的历史进程只有10年之久，但不管是好的还是坏的，其走过的道路都是值得铭记的，正是这些历史节点才让比特币走到了今天。

二》比特币简介

（一）比特币概述

比特币是什么？确切地说，比特币有多种含义，很多人在谈论比特币时存在概念上的混淆，下面分别阐述比特币的不同含义。

从技术层面来看，比特币是最早和最成功的区块链应用，它可以被看作一个由加密算法、共识机制、基于互联网的点对点（Peer-to-Peer，P2P）网络等技术组合而成的系统。

由于这个系统在不停地分发货币，所以它也可以被看成一个"世界银行"，但是与普通银行不同的是，它的运行者不是特定的中心权威而是网络上的节点。这个系统分发的货币也被称作比特币。

比特币并非区块链，而是运用区块链来记录交易信息的账簿，其中比特币采用共识层就是工作量证明机制。当比特币有交易信息时，先生成一笔订单，购买者用自己私钥对该笔订单进行签名，附近的节点会验证该笔订单是否合法，再通过 P2P 网络层通知各个节点。

其中私钥通过在一个密码学安全的随机源中取出一串随机字节，对其使用 SHA256 哈希算法进行运算，生成一个 256 位的数字，这样的数字可以作为私钥。以十六进制格式表示一个随机生成的私钥，即：1E99423A4ED27608A15A2616A2B0E9E52CED330AC530 EDCC32C8FFC6A526AEDD。

通过椭圆曲线算法可以从私钥计算得到公钥，这是不可逆转的过程。由公钥经过单向的加密哈希算法生成的比特币地址以数字"1"开头，在交易中比特币地址就是收款人的地址。

比特币首先是一种稀缺性的东西，总量为 2 100 万个；然而算上丢失以及被各国政府查扣，包括最终因为过高的电力消耗而无法开采出来的，实际流通的不会超过 1 000 万个。比特币到底是什么东西呢？

实际上简单地理解：比特币系统每 10 分钟放出 25 块钱的比特币，但是在系统加密账户里的，跟普通银行一样是加密的，破解难度相当高，比一般银行高出几个数量级，密码相当复杂，挖矿就是在猜密码，系统会根据当前所有挖矿机的计算能力调节这个密码的破解难度，难度控制在总算力为 10 分钟之内能破解出来，看哪个挖矿团队先计算出来——猜对密码，先猜中的就奖励 25 块钱，后猜中的没有。

（1）比特币从根本上来说，其实就是一种网络虚拟货币，这个说法是对的。然而比特币更像一种得到全世界认可的财富寄存工具，是一种全球共识，因为本质上它只是一串代码。与大多数货币不同，比特币没有特定的发币机构，它是根据特定算法，通过大量的计算产生的。

（2）比特币的作用很广泛，可以兑换成大多数国家的货币，而且还可以购买一些虚拟物品，比如游戏装备之类的，如果有人接受，也可以换取现实物品。

（3）比特币有很多不同的货币特征，比如去中心化，具有全世界流通的性质，并且有专属所有权，交易费用也很低，而且没有隐藏成本，能够跨平台挖掘。

（4）比特币虽然有很多优点，但是缺点也比较明显，比如交易平台非常脆弱，交易确认时间长，最重要的是价格波动特别大，因此风险也是比较大的。

（二）对比特币常见的误解

以下是比特币中常见的误解解析：

（1）比特币是匿名的。这是最常见的比特币误解。就连 YouGov 调查也开始了这样一个问题："加密货币是一种数字或虚拟货币，通常被设计成去中心化的，而且在很多情况下是匿名的。考虑到这一点，如果有的话，您曾经听说过下列加密货币中的哪一种？"很多人不知道的是比特币区块链是公开的。

（2）只供罪犯使用。比特币自从成为一个名叫"丝绸之路"的暗网上的首选货币以来，一直很难摆脱与犯罪的联系。暗网市场允许非法商品和服务被买卖，是非法活动的温床，社区使用 BTC 作为交换手段。

（3）网络容易被黑客攻击。另一个最大的误解是，比特币网络容易被黑客攻击。随着媒体不断地向公众提供有关交换黑客和诈骗的新闻，加上受害者失去了资金，人们认为比特币不安全是可以理解的。

（4）它只适用于互联网极客。当业界被关于区块链、挖掘、哈希率、难度调整、硬分叉、编码等讨论所主导时，人们认为比特币只适用于互联网极客是可以理解的。在某种程度上，人们在技术上这样认为是正确的。然而，比特币的核心性质是，它是一种普遍的点对点价值交换，允许任何人在世界任何地方发送和接收支付，而不需要中介。

（5）政府可以关闭比特币。由于比特币在部分国家和地区被"禁制"，人们错误地认为，政府可能会压低比特币的价值。

三》 比特币的产值

2009 年 1 月 3 日，比特币网络诞生，中本聪本人发布了开源的第一版比特币客户端。2009 年刚上市，比特币发行价约为 3 美分，大约等于人民币 2 角钱。

从 2 角开始推算，看每一年比特币到底涨了多少，其计算公式是：比特币人民币价格/比特币初始价格（即 2 角钱）＝比特币涨的倍数。从 2009 年诞生到现在，比特币价格已经增长了 300 万倍。

（1）比特币到底有没有价值？比特币作为区块链的一个价值观代表，属于整个区块链与币圈的图腾，它的涨跌幅会影响整个市场的信心。

（2）法定货币和比特币的区别在哪里？法定货币的价值共识，是因为有政府在背书，并对法定货币的价值产生认同，即群体共识赋予价值。

（3）比特币是不是泡沫？比特币是一个社区行为，是各国文化和开发者聚集的社区，通过互联网的体系建立秩序，本质是由共识群体赋予比特币价值的，因为很多人相信它是有价值的。

（4）比特币在增值是一个客观的事实。资产有没有价值，并不在于它是虚拟的还是可看得见摸得着的，同样，文化也是资产，数字化时代，资产信用的载体和信用的介质换成了虚拟的代码和数字，而不是纸，其实社会的实体资产很早也被虚拟化了，被抽象成用纸和墨水来进行资产信用背书。

随着科技的发展，虚拟消费逐渐成为人们生活的主流方式，包括游戏、电影，科技改变了承载信息的介质和生活方式，而并非要过度地强调虚拟还是实体。

四 》 比特币是怎么挖出来的

比特币是怎么挖出来的？比特币是怎样被创造出来流通的？比特币是通过被大家经常听到的"挖矿"过程创造出来的。

（一）比特币最初的挖矿模式

"挖矿"是那些经常进行比特币处理交易的人所使用的术语。"矿工"使用专门的硬件"矿机"来运行和保护整个比特币网络。最初的时候，用电脑中央处理器（Central Processing Unit，CPU）就可以挖到比特币，比特币的创始人中本聪就是用他的电脑 CPU 挖出了世界上第一个创世区块。然而，CPU 挖矿的时代早已过去，现在是专用集成电路（Application Specific Integrated Circuit，ASIC）挖矿和大规模集群挖矿的时代。比特币"矿机"如图 1-4 所示。

图 1-4 比特币"矿机"示意图

回顾挖矿历史，比特币挖矿总共经历了以下五个时代：CPU 挖矿→GPU 挖矿→FPGA 挖矿→ASIC 挖矿→大规模集群挖矿。

挖矿芯片更新换代的同时，带来的挖矿速度的变化是：CPU 挖矿（20MHash/s）→GPU 挖矿（400MHash/s）→FPGA 挖矿（25GHash/s）→ASIC 挖矿（3.5THash/s）→大规模集群挖矿（3.5THash/s * X）。挖矿速度，专业的说法叫算力，就是计算机每秒产生哈希碰撞的能力。也就是说，我们手里的矿机每秒能做多少次哈希碰撞。算力就是挖比特币的能力，算力越高，挖得比特币越多，回报越高。

在比特币的世界里，大约每 10 分钟会记录一个数据块。所有的挖矿计算机都在尝试打包这个数据块，而最终成功生成这个数据块的人，就可以得到一笔比特币报酬，最初，大约每 10 分钟就可以产生 50 个比特币的比特币报酬，但是该报酬每 4 年减半。而要成功生成数据块，就需要矿工找到那个有效的哈希值，而要得到正确的哈希值，没有捷径可以走，只能靠猜，猜的过程就是计算机随机哈希碰撞的过程，猜中了，就得到了比特币。

（二）比特币矿工的角色

在比特币网络中，比特币挖掘是将交易记录添加到比特币过去交易的公共分类账的过程。有人比喻说："我手上现在有一张面值 100 元的人民币。挖矿就是召集人群猜手中人民币的编号，谁先猜中这张人民币就是谁的。比特币＝这张钱；猜编号＝挖矿，即谁最快猜出来就是谁的。"任何人都可以申请成为矿工，可以自己管理客户。

此外，对于这项任务，矿工使用比特币支付，比特币是关键组成部分。比特币不能像创建普通法定货币（如美元、欧元和人民币）那样创造资金。比特币是通过奖励这些矿工来解决这些数学和密码问题而创建的。

交易的分类账称为区块链，它是一系列区块。比特币挖掘用于保护和验证交易到网络的其余部分。这些矿工使用非常强大的计算机，专门用于挖掘比特币交易。他们通过实际解决数学问题和加密问题来实现这一点，因为每个事务都需要加密编码和保护，同时，需要确保没有人篡改这些数学问题的数据。

（三）比特币区块链是如何建造的

矿工的角色是建立构成比特币分类账的记录区块链。这些分类账称为块，每个块包含已发生的所有不同事务。当矿工成功找到满足网络要求的哈希值时，该矿工获得记账权。新的区块将由该矿工打包并封锁添加到块链中。同时，一定数量的比特币被奖励给这位矿工。大约每 10 分钟会产生一个新的区块，每个区块奖励的比特币数量大约每四年削减一半。

当矿工处理这些不同的交易时，他们会构建块，当块确认后，它会被添加到区块链中。新比特币的诞生速率相对比较固定，但是每隔一段时间会递减。随着时间的推移，每年创造的比特币数量会逐渐减少，直到 2 100 万比特币全部被创造出来并流通。比特币矿工的报酬将由交易双方的交易费支付。这个区块链一直建立在比特币的初始交易中，比特币被视为发生块。比特币区块链提供了所有比特币交易的永久记录。

要挖掘比特币可以下载专用的比特币运算工具，然后注册各种合作网站，把注册来的用户名和密码填入计算程序中，再点击运算就正式开始。完成比特币客户端安装后，可以直接获得一个比特币地址，当别人付钱的时候，只需要自己把地址贴给别人，就能通过同样的客户端进行付款。在安装好比特币客户端后，将会分配一个私有密钥和一个公开密钥。需要备份包含私有密钥的钱包数据，才能保证财产不丢失。如果硬盘完全格式化了，个人的比特币将会完全丢失。

任务 2　比特币的诞生背景与组成部分

【知识目标】

1. 了解比特币的诞生背景。

2. 理解在数字货币的探索实践中，比特币是目前表现最好的一个。

3. 掌握比特币的优点与缺点。

4. 掌握比特币的组成部分，理解用户可以买到比特币，同时还可以使用计算机依照算法进行大量的运算来"开采"比特币。

【能力目标】

1. 能够通过学习比特币的诞生背景、比特币的组成部分和发展历程，理解中本聪为什么要创造比特币？他想解决什么难题？

2. 能够指导用户通过反复解密与其他淘金者相互竞争，为比特币网络提供所需的数字，如果用户的电脑成功地创造出一组数字，那么将会获得 25 个比特币。

【知识链接】

区块链，可能是当下最有前景又充满分歧的技术与经济趋势，它给数字世界带来了"价值表示"和"价值转移"两项全新的基础功能，其潜力正在显现出来，但当下它又处于朦胧与野蛮生长的阶段。区块链技术可能带来互联网的二次革命，把互联网从"信息互联网"带向"价值互联网"。

一》 比特币的背景、起源与发展

（一）比特币出现的背景

进入 21 世纪后，华尔街的金融衍生品如雨后春笋般冒了出来，甚至泛滥，同时房地产催生的泡沫也越来越厉害。这一系列的因素引发了美国次贷危机，最终导致 2008 年的金融危机爆发。与此同时，华尔街很多金融从业人员依旧呈现出一片贪污腐败的迹象，引发了民众的不满，并引发华尔街抗议。

也就是在这段时间里，中本聪创立了比特币，比特币的"去中心化"思想符合当地民众的声音。比特币是一种虚拟货币，对应的也是当时最为受冲击的金融业。比特币的诞生完全符合了那个时代背景下人们的诉求。也有人说，中本聪之所以发明比特币实际上也是抗议政府滥发钞票所造成的通货膨胀。

（二）比特币的起源

1976 年著名经济学家哈耶克出版了《货币的非国家化》，提出了非主权货币和竞争发行货币的理念，为比特币的诞生提供了理论基础。

除了理论依据，还有很多前人的实践给中本聪提供了参考：

1990 年，密码朋克的"主教级"人物大卫·乔姆发明了密码学匿名现金系统（Ecash）。

1997 年，亚当·贝可发明了哈希现金（Hashcash），其中用到了工作量证明系统。

1997 年，哈伯和斯托尼塔提出了一个用时间戳的方法保证数学文件安全的协议，这个协议也成为比特币区块链协议的原型之一。

1998 年，戴伟发明了 B-money，强调点对点交易和交易记录不可更改，可追踪交易。

2004 年，芬尼发明了"加密现金"，采用了可重复使用的工作量证明机制。中本聪总结了这些失败案例的原因，并且将这些技术融合在一起，发明了最早的区块链技术——比特币。

比特币发展过程中的重要节点如下：

2009 年 1 月，比特币网络正式上线。1 月 3 日，中本聪挖出比特币第一个区块，获得首批 50 个区块。

2010 年 5 月，程序员 Laszlo Hanyecz 用 1 万枚比特币购买了两个比萨，完成了首个比特币真实交易。

2011 年，MT. GOX 被黑客入侵，超过 60 000 个用户名和哈希密码泄露，比特币遭遇信任危机。

2012 年，法国比特币中央交易所诞生，这是全球首个官方认可的比特币交易所。

2013 年 5 月 9 日，比特币创下历史最高价 110 美元。

2013 年 11 月 29 日，比特币在 MT. GOX 交易所的交易价格创下了 1 242 美元的历史新高，当时的黄金价格为一盎司 1 241.98 美元，比特币价格首度超过黄金。

2013 年 12 月 5 日，中国央行联合五部委下发通知监管比特币，比特币价格一度大幅下降。

2014 年 12 月，微软接受比特币支付。

2016 年，ICO（Initial Coin Offering，首次币发行）出现，比特币大涨 100%。

2017 年 9 月 4 日，中国将 ICO 定性为非法集资，暂停国内一切交易。

2017 年 12 月，比特币创下的历史最高价接近 20 000 美元。

2018 年上半年，比特币价格涨跌起伏较大，整体呈下降趋势。

（三）比特币价格变动

在过去的几年里，虚拟货币价格产生了巨大的波动，简单总结为：涨得少，跌得多。比特币的价格自 2017 年 11 月开始上涨，最高时突破 19 000 美元。比特币凭借其稀缺性、去中心化运作模式等确实具有一定的投资价值，但其中也少不了跟风投机者推波助澜，甚者存在有人借机洗钱。

从比特币价格走势来看，自 2017 年 12 月 18 日起，比特币价格开始大幅度下滑。

二 》 比特币的优点与缺点

（一）比特币的优点

1. 支付自由

无论何时何地都可以即时支付和接收任何数额的资金。无银行假日，无国界，无强加限制。比特币允许其用户完全控制他们的资金。

2. 极低的费用

目前对比特币支付的处理不收取手续费或者仅收取极少的手续费。用户可以把手续费包含在交易中来获得处理优先权，更快收到由网络发来的交易确认。

3. 降低商家的风险

比特币交易是安全、不可撤销的，并且不包含顾客的敏感或个人信息。这避免了由于欺诈或欺诈性退单给商家造成的损失，而且也没有必要遵守相关标准。

4. 安全和控制

比特币的用户完全控制自己的交易；商家不可能强制收取那些在其他支付方式中可能发生的不该有或不易发现的费用。用比特币付款无须在交易中绑定个人信息，这提供了对身份盗用的极大的防范。比特币的用户还可以通过备份和加密保护自己的资金。

5. 透明和中立

关于比特币资金供给本身的所有信息都存储在块链中，任何人都可以实时检验和使用。没有个人或组织能控制或操纵比特币协议，因为它是由密码保护的。这使得比特币被相信是完全中立、透明以及可预测的。

（二）比特币的缺点

1. 接受程度

仍然有很多人不知道比特币。目前有更多的企业接受比特币，因为他们希望从中受益，但这个列表依然很小，需要有更多的企业支持比特币。

2. 波动性

流通中的比特币总价值和使用比特币的企业数量与他们可能的规模相比仍然非常小。因此，相对较小的事件、交易或业务活动都可以显著地影响其价格。从理论上讲，随着比特币的市场和技术的成熟，这种波动将会减少。

3. 处于发展阶段

比特币软件依然是 beta 版本，许多未完成的功能处于积极研发阶段。新的工具、特性和服务正在研发中，以使比特币更为安全，为更多大众所使用。其中，有一些功能目前还不是每个用户都能使用。大部分比特币业务都是新兴的，尚不提供保险。总体来说，比特币尚处趋于成熟的过程当中。

三 》 比特币的组成部分

比特币是一种虚拟货币，数量有限，可以用来套现，具有存储价值，就像精金、白银和其他一些类型的投资一样，比特币还可以购买产品和服务，以及通过电子方式进行支付和交换价值。同时，比特币可以兑换成大多数国家的货币。比特币的交易过程包括四个基本组成部分：软件、加密、硬件、采矿（博弈论）。在它的创世时刻，有三个组成部分：加密数字货币、分布式账本、去中心网络。

（一）第一部分：软件

比特币基本上是一个核心软件，它定义了比特币的含义，以及比特币的转移方式。它确定了有效比特币的规则，谁可以在比特币内，谁不能在比特币内，什么是有效的，什么不是有效的，等等。一切都基于软件，即比特币软件。

（二）第二部分：加密

加密是一种数学方法，由计算机解决，而不是由人类解决。因此，加密技术可以保护数据。加密软件的核心是使用加密技术，比特币是加密货币。比特币使用密码学来控制各方之间的比特币转移，以及创建新的比特币单位。没有加密技术，比特币就不可能存在。因此，我们使用该软件的加密技术来控制比特币在互联网上的传输。

（三）第三部分：硬件

要运行和解决加密，需要硬件。这个硬件由世界各地成千上万的矿工运行他们的计算机组成。因此，全世界有数千台计算机运行比特币软件或比特币客户端。此硬件专门用于查找 Nonce 以验证块和散列。它需要大量的 CPU 能力来完成比特币区块链的简单任务。

（四）第四部分：采矿（博弈论）

矿工是实际参与博弈论的用户，因为比特币是由世界各地的矿工经营的游戏。正如我们所说，第一个组件是比特币软件，它每 10 分钟发出一次加密挑战。此加密挑战涉及尝试查找将使特定块的哈希有效的 Nonce。所有的哈希和验证都是由这些矿工完成的。成功创建块后，块将添加到区块链中。

相关链接

游戏理论的运作方式

（1）比特币软件带来了挑战。有一场比赛，比赛涉及所有矿工相互竞争以解决挑战。此任务或挑战大约需要 10 分钟才能完成。

（2）每个矿工都开始尝试找到满足块的哈希的那个 Nonce 解决方案。

（3）在某些特定点上，全球社区中具有更高速度和更好硬件规格的矿工之一将解决密码学挑战并成为该赢家。

（4）社区的其他人将开始验证由获胜者开采的区块。这使得比特币如此强大，因为在这个周期的一个阶段，矿工们相互竞争，并且在周期的下一阶段，社区的其他人团结在一起以确保该解决方案是正确的。

（5）如果 Nonce 是正确的，它将最终成为将添加到区块链的新块。

（6）对于此任务或挑战，获胜者将获得奖励。

任务 3　比特币的发展历程与产生原理

【知识目标】

1. 了解比特币的发展历程。

2. 理解比特币是区块链技术中首个应用特例。

3. 掌握比特币的产生原理。

4. 掌握比特币挖矿机的价格和性能。

【能力目标】

1. 能够通过比特币的发展历程，理解与法定货币相比，比特币没有一个集中的发行方，而是由网络节点的计算生成的新型数字币。

2. 能够根据比特币的产生原理，掌握挖矿的过程就是通过庞大的计算量不断地去寻求这个方程组的特解历程。

【知识链接】

随着信息技术的发展，人们的生活逐渐网络化、数字化。人类社会因此发生着深刻的变化。对数字货币的探索，就是在这样的背景下应运而生的。其实相关的研究在二十世纪八九十年代就开始了。在数字货币的探索实践中，比特币是目前表现最好的一个。与法定货币相比，比特币没有一个集中的发行方，而是由网络节点的计算生成；谁都有可能参与制造比特币，而且可以全世界流通，可以在任意一台接入互联网的电脑上买卖；不管身处何方，任何人都可以挖掘、购买、出售或收取比特币，并且在交易过程中外人无法辨认用户身份信息。

一　比特币的发展历程

每当比特币进入主流媒体的视野时，主流媒体总会请一些主流经济学家分析一下比特币。早先，这些分析总是集中在比特币是不是骗局，而现如今的分析总是集中在比特币能否成为未来的主流货币，这其中争论的焦点又往往集中在比特币的通缩特性上。

(一)比特币的第一个关键人

比特币已走过十年岁月。对于漫长的货币历史，比特币还很年轻。但在这短暂的十年里，比特币的发展历程却并不平凡。2008 年，美国次贷危机刚过，经济市场一片狼藉，各行各业百废待兴。而就在此时，中本聪精心设计出了比特币。然而光有比特币是没用的，一种新的货币必须在流通中才能体现价值。为了扩大比特币的宣传，中本聪建立了比特币网站、比特币论坛，并在电脑发烧友网站"斜杠点"大肆宣传。比特币就在程序员的世界中传播开了。就在比特币开始茁壮成长的时候，中本聪认为他的使命结束了。

(二)比特币的第二个关键人

中本聪的离开，让比特币的前景变得扑朔迷离。但很快，比特币的第二个贵人出现了，他叫罗杰·维尔。罗杰·维尔在刚接触到比特币的时候，便对这种新兴货币倍有好感。为了推动比特币的发展，他买入了大量比特币，到处打广告推广比特币，并投资了很多比特币相关企业。正是因为罗杰倾尽心力地宣传比特币，让他有了"比特币耶稣"的称号。而此时，随着比特币开始进入大众视线，比特币的价格也开始稳步上升，从最开始的 1 美元一个比特币涨到了 10 美元一个。

（三）比特币的第三个关键人

在比特币迅速发展的同时，比特币的第三个贵人也出现了。他就是出身阿根廷硅谷的成功企业家文塞斯。阿根廷国内长期的通货膨胀让文塞斯对稳定货币有着深刻的见解。也正是因为这个原因，他在接触到比特币之后，就非常看好。

2013 年，在一次科技巨头年度聚会上，文塞斯把比特币介绍给了众多硅谷大佬。从此，比特币进入了主流社会。由于文塞斯的极力推荐，硅谷开始重视比特币。与比特币相关的硬件设备也逐渐受到市场重视。比特币的生产也开始从分散生产向集中生产转变，各大算力矿池也随之出现。从此，比特币开始被市场认可，相关的生态也开始慢慢繁荣。

（四）比特币与区块链的未来

毫无疑问，比特币的出现是互联网历史上的一个重要节点，它创造了很多记录，比如建立了第一个分布式的数字货币，第一次用网络形式完善了人类的信用系统，以及第一次用密码学的形式保障私有财产等。随着区块链技术越来越受到重视，世界各地及各行各业都开始投入研究这一新兴的领域。而比特币是区块链第一个大规模的应用，也是目前区块链技术最成功的应用，但比特币不完全代表区块链。

比特币的未来发展将更大程度上决定于比特币平台能否成功吸引投资者，而吸引投资者的因素不仅仅是区块链技术所带来的安全性，还有投资者本身的体验度以及福利性问题。区块链技术就像是现在的人工智能一样，可能会成为未来的一个颇具潜力的风口。

二》货币的演变历程

（一）货币的产生

远古时期是没有货币的，人们通过以物易物来获得自己需要的东西：我用我家的两只羊去换你家的一头牛，我用一匹布去换你两把石斧，等等。人们就是用这样物物交换的方式来获得他们需要的东西。那个时候，生产资料过于简单，交易双方只要彼此商量好拿多少物资交换就可以了，以物易物完全可以满足人们的日常需求，所以，根本没有"货币"这个概念，人们更没有使用"货币"的意识。

可是，经过了漫长的以物易物，人们逐渐发现，这种"以物易物"的方式极易受到物资种类的限制，想要成功交易，需要时间和空间的双重巧合：假如河对岸的人想用一兜水果换一只羊，但是把羊运到河对岸，在那个时候是很困难的事情，就算有简易的船只，也需要耗费很久的时间才能完成运输，等羊运过去了，水果恐怕都烂了。以物易物的受限因素很多，效率低，成本又很大，一旦遇到上面这种情况，"交易"就很难达成。

随着生产力的提升，人类进入农耕时代，所能生产出的物质资料越来越丰富，这个时候，人们很难去衡量到底一只羊能换多少水果，几只羊才能换来一头牛。这样一来，人们不得不寻找一种双方都能接受其价值的物品来充当"一般等价物"。一般等价物是从商品世界中分离出来的、作为其他一切商品价值的统一表现的特殊商品，牛羊、贝壳、宝石、盐等不容易大量获取的物品都曾作为"一般等价物"来进行交易，这些"一般等价物"就成了原始货币。

（二）货币的特性

1. 货币是商品（包括服务）交换的媒介

货币在人们的生活中充当着非常重要的角色。现在通行的货币是由有信誉的银行发行的，基本上是由其信誉来担保的。只要用的人都认可，人们就可以用它来交易。它不仅是市场上的一个等价物，而且是人类文明发展史中各个阶段的里程碑。

2. 货币有一定的保值特性

把人们的劳动/服务/所拥有的商品换成货币后，银行担保人们在日后的某一天，还可以用它交换差不多等值的东西。这个保证的前提是，银行不会滥发新的货币以及大家都信任这一点。

（三）货币的发展

牲畜、贝壳、盐这些"自然产物"显然不是理想的货币，牲畜体积太大，不方便携带，而且牲畜还有生老病死，而贝壳和盐都容易受到气候影响发生损坏。随着人类冶金技术的提升，货币的形态发生了更迭：开始从牲畜、贝壳等"自然产物"过渡到金银铜等贵金属，而后又从"贵金属"到"纸币"。

1. 贵金属

人们发现，金银铜这些贵金属成分比较稳定，不易受到自然灾害的影响，易于保存和携带，特别适合作为"货币"流通使用。需要说明的是，金银铜等贵金属虽然也属于"自然产物"，它们也需要从大自然开采得来，但是这里我们说的"金银铜"等贵金属货币是经过人工加工的，被赋予重量大小的，比如：一锭金子、几两银子、一些铜板，这些标准的形态是不可能直接从大自然中开采出来的。

最初的金属货币被制成条块形状，通常以重量为单位，每次交易之前，交易方都需要鉴定一下金块的成色，按照交易额的大小对金块进行分割。但是，鉴定、称重、分割都需要经过比较复杂的工序，而且人工操作很容易造成金块的质地不均、分割损耗等问题，影响商品的交易。于是，一些商人便凭借自己的信誉，在自己的金块上加盖印戳，标明金块的成色和重量，这便是金属"铸币"。再往后，商品的交易范围扩大，跨区域甚至跨国家的交易出现，贵金属货币的重量和成色就要求有更权威的证明，于是国家开始管理和铸造货币，国家管理和铸造下的货币是以国家信誉为背书的，更加标准。

以金银为代表的贵金属作为货币，在人类经济历史中占据了相当长的时间。无论西方还是东方，都曾采用贵金属作为货币的主要形态，可以说，在古代世界范围内都以金银等贵金属作为主要的价值尺度和流通、储藏、支付手段。

2. 纸币

北宋时期，我国出现了世界上最早的纸币——交子。世界上最早的纸币出现在中国并不是偶然，而是有一定的内在原因：北宋时期经济非常繁荣，贸易的往来需要大量的货币，这个时候，金属的缺陷便显露出来，它们不易携带，存在安全隐患，商人们不可能背着一万两黄金赶路，一来很重，二来容易被打劫。这个时候，人们开始意识到金银之于纸币的劣势：首先，大自然提供的金银等贵金属资源是有限的，而且光开采还不够，还需要经过复杂的铸造、计量；其次，如果涉及大额交易，那么以金银的重量，是非常不方便携带运输的，还存在很大的安全隐患。而纸币有着金银无法比拟的优势，它的制作工艺简单，不需要像金银那般进行大规模复杂的开采和铸造，成本很低，而且更加容易保管、携带和运输。可以说，纸币的出现是货币发展的必然形态。

另外，北宋时期，我国的造纸术、印刷术领先世界，为纸币的印刷提供了非常坚实的技术支持；再者，也是最重要的一点，当时高度强大且集中的皇权统治，为纸币的价值提供了信用背书，毕竟纸币本身并没有什么价值。古代纸币的流通形式示意图如图 1-5 所示。

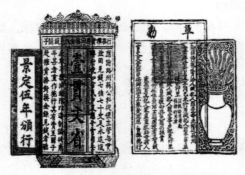

图 1-5　古代纸币的流通形式示意图

纵观上述货币发展史，可以发现，货币经历了数千年漫长的迭代和淘汰，才形成了今天非常便捷易流通的纸币。但是不得不说，纸币本身也存在一些缺陷，比如：纸币是纸质印刷品，很容易受到损坏；纸币本身没什么价值，它的价值完全靠国家背书支撑，一旦国家遭遇政权危机，那么该国的纸币也将价值堪忧，如果没有强大的信用背书，它只是一堆不值钱的纸质印刷品。

三》 比特币的产生原理

（一）比特币的产生时代

除了纸币本身的缺陷，整个世界正在遭遇着一些似乎无法察觉到的纸币危机，即：纸币滥发带来的通胀危机、美元主导的霸权危机、第三方支付工具的安全危机。

1. 纸币滥发：通胀危机

因为纸币的成本低、制作工艺简单，很容易造成纸币滥发。根据史料记载，中国金代的时候，曾经同时发行六种不同花色的纸币，这样盲目滥发，引发了极大的通货膨胀危机。

事实上，纸币滥发现象从来都不只是存在于古代纸币刚出现的时候。在现代，由纸币滥发引发的通货膨胀也屡见不鲜，津巴布韦、委内瑞拉、土耳其就曾多次因纸币滥发引发了巨大的通货膨胀危机。

2. 美元主导：霸权危机

纸币同样使我们面临着以美元为主导的霸权危机。第二次世界大战之后，英法等国家受到重创，远在大洋彼岸的美国本土没有遭受战争的侵害，实力大增，以美元为国际中心货币、世界其他国家货币同美元挂钩以及美元同黄金挂钩的布雷顿森林体系正式建立。

自此，美联储的货币政策不断地影响着全球经济，美元的流动性对于世界经济和金融市场一直产生着非常大的影响。2008年，美国次贷危机引发了全球金融危机，美国通过不断增发美元的方式向外输出美元，更加加剧了"通货膨胀"。尽管增发美元是美国的行为，但是，由于美元的主导地位，这种行为会对全球带来较大的影响。

3. 第三方支付工具：安全危机

可能有人会问，现在根本不使用纸币了，大家都通过微信支付、支付宝支付来买东西。这里需要说明的是，微信支付也好，支付宝支付也好，它们都属于货币的电子形态，只不过是实体法币在互联网中的替代品而已，它的发行主体依旧是国家政府，只不过通过微信、支付宝等第三方支付工具实现快速流通而已。微信、支付宝第三方支付工具示意图如图1-6所示。

图1-6 微信、支付宝第三方支付工具示意图

因此，第三方支付工具仅仅实现的是便捷支付，纸币滥发引发的通胀危机也好、美元主导的霸权危机也好，第三方支付工具是根本无法解决这些问题的。况且，第三方支付工具本身也存在一定的安全风险，一旦第三方支付工具被黑客攻击，或者人们在没有锁屏的情况下丢失手机，都将面临一定的财产损失。

（二）比特币是货币意识的又一次飞跃

纸币滥发使人们面对通胀危机，美元主导使人们面对霸权危机，归根结底，这些危机都是因权威机构的"失误"而起。这时，人们开始探索，能不能找到一种有效方式来真正解除这些危机呢？比特币这个概念由此提出。

1. 比特币的本质

比特币的本质其实就是一堆复杂算法所生成的特解。特解是指方程组所能得到无限个（其实比特币是有限个）解中的一组。而每一个特解都能解开方程并且是唯一的。以人民币来比喻的话，比特币就是人民币的序列号，你知道了某张钞票上的序列号，你就拥有了这张钞票。而挖矿的过程就是通过庞大的计算量不断地去寻求这个方程组的特解，这个方程组被设计成只有2 100万个特解，所以比特币的上限就是2 100万。

比特币这套数字货币系统整合了P2P、密码学、经济学等领域学科的知识和技术手段，目的是需要解决它作为一种货币，能够在没有权威机构的主导下的安全问题和流通问题。所以我们说，比特币最早的定位是一种数字货币，也就是钱，是可以用来买东西、实现价值转移的。

目前，比特币在一些小圈子里已经实现货币的职能，可以用来买东西，很多国家支持比特币支付，美国的一些零售店支持比特币支付，一些地区街头上也出现了比特币 ATM 机，日本支持比特币买房等。比特币在去中心化的前提下，实现了数字货币在发行、支付、流通等阶段的职能，成为一种全新的支付手段。

2. 比特币保值

比特币存在于一个庞大的 P2P 网络中。使用比特币的群体公认了一种算法，这种算法在现今的条件下，每小时只会新产生大约 6 组新的比特币，目前一组是 50 个。也就是说，这个世界上，每小时大约只会产生 300 个比特币。这个产量还会由网络自动调整难度来限制产量。没办法通过修改所有人的 Client 算法及参数（Client 是开源的）来加快货币产量。伪造的货币会被网络丢弃（除非可以控制大部分网络节点）。

比特币的价值就是交易渠道本身。一组新制造出来的比特币提供了把旧的比特币从一个账户转移到另一个账户的数学保证。这个安全保证背后的代价是大量的计算力。生产一个安全通道是需要消耗大量能源的，所以整个比特币用户群体奖励那个造币者（目前是 50 比特币），2012 年 12 月后变为 25 比特币，并且每 4 年减半一次。简单地说，现在世界上所有的比特币背后都是用运行计算机的能量产生出来的，它们的总价值应该是少于消耗掉的能源的总市场价值的。

（三）比特币是一场关乎货币的社会实验

比特币发展到今天，已经偏离了"货币"的轨道，更像是一种投资。有一种说法认为比特币是"数字黄金"，因为它挖掘难度高，每四年减半，具有稀缺性。那么，作为"数字黄金"的比特币会逐渐退出流通，它的"流通价值"将转化为"储藏价值"，从这个层面上讲，比特币很难变回它的设计初衷——货币。

事实上，比特币无法回归"货币"本质，是非常合理的事情。货币是国家政权的重要组成部分，是国家主权和国家信用的象征，它的发行和流通绝对不可能交给一个机构或个人；另外，货币必须具备一定的稳定性，而比特币极易受到市场影响，价格波动非常大，今天一个比特币能买一辆车，可能明天一个比特币只能买一部手机。

不过，比特币的底层技术——区块链，为数字货币，特别是央行发行的数字货币提供了借鉴。央行发行的数字货币无疑是真正意义上的货币，具备合法性和稳定性。但是利用区块链的可追溯性和智能合约特性，能够在降低监管的复杂性的同时，提升监管力度和监管效率，这对货币来讲，是一种进步。

央行数字货币目前并没有被普通民众所接受，但我们不能说数字货币是失败的。如果把数字货币比作一种药品，那么可以说，这个药品在实验室里实验成功了，因为数字货币已经存在了。只不过，这个药品还没有应用到临床医学，因为数字货币目前的应用场景极其有限，并没有像纸币那般广泛应用到生活的方方面面。

【测验题】

一、单选题

1. 对比互联网的发展史，现在的区块链可能相当于 1994 年的（　　），即互联网刚刚进入大众视野的时期，那也是第一波互联网革命萌芽的时期。

A. 大哥大手机　　　B. BB 机　　　　C. IC 卡电话　　　D. 互联网

2.（　　）是比特币的核心与基础架构，是一个去中心化的账本系统。

A. 数字货币　　　B. 区块链　　　　C. 交易账本　　　D. 电子账本

3. 由于比特币系统采用了分散化编程，所以在每 10 分钟内只能获得（　　）个比特币，而到 2140 年，流通的比特币上限将会达到 2 100 万；换句话说，比特币系统是能够实现自给自足的，通过编码来抵御通胀，防止他人对这些代码进行破坏。

A. 25　　　　　　B. 50　　　　　　C. 1 050　　　　D. 1 575

4. 挖矿的过程就是通过庞大的计算量不断地去寻求这个方程组的特解，这个方程组被设计成只有 2 100 万个特解，所以比特币的上限就是（　　）万个。

A. 50　　　　　　B. 1 050　　　　C. 1 575　　　　D. 2 100

5. 区块链是比特币的一个重要概念，它本质上是一个去中心化的（　　），同时作为比特币的底层技术，是一串使用密码学方法相关联产生的数据块。

A. 交易账本　　　B. 结算平台　　　C. 数据库　　　　D. 网络系统

6. 在设计比特币系统时，中本聪创造性地把计算机算力竞争和经济激励相结合，形成了（　　）共识机制，让挖矿计算机节点在计算竞争中完成了货币发行和记账功能，也完成了区块链账本和去中心网络的运维。

A. 工作量证明　　B. 网络证明　　　C. 信息共享　　　D. 链路共享

7. 比特币在（　　）的前提下，实现了数字货币在发行、支付、流通等阶段的职能，成为一种全新的支付手段。

A. 政府认可　　　B. 市场认可　　　C. 去中心化　　　D. 网络健全

8. 比特币的价值就是（　　）。一组新制造出来的比特币提供了把旧的比特币从一个账户转移到另一个账户的数学保证。

A. 市场交易价值　　　　　　　　　B. 发行交易价值

C. 汇率对比价值　　　　　　　　　D. 交易渠道本身

二、多选题

1. 与法定货币相比，比特币没有一个集中的发行方，而是由网络节点的计算生成。谁都有可能参与制造比特币，而且可以全世界流通，可以在任意一台接入互联网的电脑上买卖，不管身处何方，任何人都可以（　　）比特币，并且在交易过程中外人无法辨认用户身份信息。

A. 挖掘　　　　　B. 生产　　　　　C. 购买　　　　　D. 出售

E. 收取

2. 比特币常被称为"加密数字货币"，是一种数字形式的特殊商品，具备现在各国法定货币不一样的特征，包括（　　）及跨平台挖掘，用户可以在众多平台上发掘不同硬件的计算能力。

A. 去中心化　　　B. 全世界流通　　C. 专属所有权　　D. 低交易费用

E. 无隐藏成本

三、判断题

1. 区块链技术可能带来互联网的二次革命，把互联网从"信息互联网"带向"价值互联网"。（　　）

2. 比特币是区块链的核心与基础架构，是一个去中心化的账本系统。（　　）

3. 比特币是一种虚拟货币，数量有限，但是不可以用来套现，也不可以兑换成大多数国家的货币。（　　）

4. 每当比特币进入主流媒体的视野时，主流媒体总会请一些主流经济学家分析一下比特币。早先，这些分析总是集中在比特币是不是骗局，而现如今的分析总是集中在比特币能否成为未来的主流货币。（　　）

5. 比特币常被称为一种"加密数字货币"，人们很少关注其中的"货币"二字，它的所有权是由数字钱包的密钥来保证的。（　　）

四、简答题

1. 比特币产生的背景是什么？

2. 比特币的本质是什么？

3. 一个去中心化的账本系统存在哪些不足？

4. 比特币的组成部分有哪些？

5. "挖矿"是什么含义？

6. 比特币为什么保值？

项目二　比特币的实质

【情景设置】

在创造比特币的过程中，中本聪发明了区块链技术，区块链是源自比特币的底层技术。那么，为什么要创造比特币？想解决什么难题？中本聪当初在设计比特币体系的时候，主要想法是解决在去中心化的结构下，如何创造一个可信的价值传输系统这个难题。

【教学重点】

对不同的人来说，比特币有着不同的含义。比特币的发明及其底层区块链技术被广泛解读，催生了许多区块链项目、网络和社区。其中，一些区块链网络是直接相互竞争的，这导致了无休止的冲突和大量的争论。

本项目的教学重点为：

(1) 比特币的特征与发展方向；

(2) 比特币与交易媒介功能；

(3) 数字贸易快速发展引发全球贸易格局重塑；

(4) 货币形态发生改变的根源；

(5) 比特币的矛盾点和局限性。

【教学难点】

本项目的教学难点为：

(1) 比特币"电子现金"系统；

(2) 比特币替代法币的可能性；

(3) 全球数字贸易难题；

(4) 比特币货币交易方法；

(5) 比特币将改变世界的方式。

【教学设计】

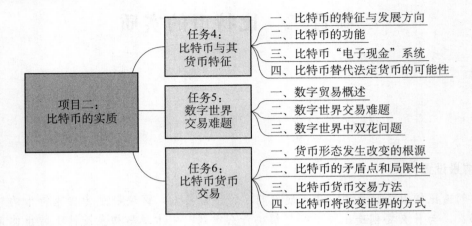

任务4：
比特币与其
货币特征
　　一、比特币的特征与发展方向
　　二、比特币的功能
　　三、比特币"电子现金"系统
　　四、比特币替代法定货币的可能性

任务5：
数字世界
交易难题
　　一、数字贸易概述
　　二、数字世界交易难题
　　三、数字世界中双花问题

任务6：
比特币货币
交易
　　一、货币形态发生改变的根源
　　二、比特币的矛盾点和局限性
　　三、比特币货币交易方法
　　四、比特币将改变世界的方式

项目二：
比特币的实质

任务 4　比特币与其货币特征

【知识目标】

1. 了解比特币的特征与发展方向。

2. 掌握比特币与交易媒介功能。

3. 掌握比特币"电子现金"系统。

4. 掌握比特币替代法币的可能性。

【能力目标】

1. 能够根据比特币产生的时代背景，掌握比特币的使用是在互联网上点对点地进行，不受地域限制，但与现实中货币使用还是有差距的。

2. 能够从比特币的功能条件分析，明白短期内比特币无法取代央行发行的货币的真实原因。

【知识链接】

在创造比特币的过程中，中本聪发明了区块链技术，区块链是源自比特币的底层技术。比特币是当下互联网通信技术进步背景下，与密码学融合的产物，它是在加密基础上设计的去中心化的点对点数字货币，具有匿名、去中心化、交易不可篡改、总供给量有限并可预知等特性。它可以在没有授信的第三方平台存在的情况下，使用互联网和密码学技术保证资金在交易双方之间迅速且安全地转移。

一　比特币的特征与发展方向

比特币最初创立时，被人们不断地质疑，人们需要反思其背后的逻辑，重新认识它，理解它与现实经济活动之间互相影响的关系，比特币的发展前景如何是值得深思的问题。

（一）比特币的特征

比特币具有稀缺性和不可伪造等特性。它打破了中央银行百年来对货币发行的垄断，是一种数字形式的特殊商品，具备现在各国法定货币不一样的特征。与传统货币相比，比特币具有以下五大特征。

1. 去中心化

每条比特币交易记录都会传到网上，比特币网络由全体比特币用户共同控制，除非绝大部分比特币用户一致同意做出某个改变，否则任何人或组织都无法改变或停止比特币运行。因此比特币的数量不受中央银行和政府的控制。

2. 稀缺性

比特币是指由非金融机构发行，借助于互联网在发行者与持有者或中间商与持有者之间流通，能购买信息产品和技术的有价证券。比特币的供给具有上限，当比特币挖掘总量达到 2 100 万个之后不再增加，以保证比特币的价值。而货币的本质是在交换过程中达成的一种信用关系，不同形态的货币信用来源不同，但有一个共同点就是能够固定地充当一般等价物。

3. 高可分

比特币设有最小货币单位，每 0.000 000 01 个比特币，即 1 聪比特币，相当于一美分的百分之一。高可分性在一定程度上可以缓解总量有限的缺点，也可以支持传统货币所不能支持的超小额交易。

4. 高匿名性

交易双方生成一对公私钥进行交易。通过私钥加密、公钥解密完成交易。每一笔交易需要付款人的数字签名，数字签名满足对应性和可鉴别性两个特征。对应性是说，一个签名只能对应一条交易记录，当付款人相同，但是交易内容不同的情况下，数字签名也是不同的；可鉴别性利用了非对称加密法。每一笔交易会生成一对公私钥，加密的时候生产私钥，只有付款人自己知道，解密的时候利用公钥，公钥对所有人开放。私钥可以推算出公钥，公钥不可以反推出私钥。

5. 不可逆性

一旦交易被记录，不可能更改。比特币实际上是一种数字化的信息。没有特定的物质形态，只是用来作为信息商品交易媒介的契约。从这一点上看，它与股票具有相同的特点，可以作为多家高新垄断企业的股权交换物来看待。而作为有价证券，一定范围、一定程度的增发和与高新企业股权的对冲都有利于数字货币的良性发展。

相较于传统货币，比特币的优势在于：第一，随着贸易全球化的进程，市场对于统一货币的需求加大；第二，可以有效解决各国央行对基础货币的操纵所引发的负面问题；第三，可以避免市场大机构对汇率的操纵；第四，比特币具有绝对的技术优势，可以使国际转账更便捷、更便宜、更安全，可以记录完整的交易记录。

（二）比特币的发展方向

越来越多的人关注比特币的未来，也好奇比特币会给人们的生活带来什么样的影响。比特币成为现实生活中的货币，还有很长的路要走，它的特性也决定了它的发展前景。

1. 比特币的价格不断上升

一方面是交易资金推动的，另一方面是产生一个新比特币成本不断抬升。因为比特币在"挖矿"和交易的过程中需要大量的计算成本，所有的人力、物力和时间一同构筑起比特币的货币价值。

2. 比特币缺乏传统货币所拥有的信用

为什么缺乏信用担保的比特币不断上涨，仅仅是资产泡沫吗？我们必须再回到比特币的特性上来，比特币产生的过程耗费了大量人力、物力，它产生的过程是真实可靠的，这不仅一定程度上支持了它的价格，又因为生产它所需要的劳动无法伪造，从而产生了"货币信用"。

3. 比特币没有一个中心机构监管

比特币没有任何机构为它作信用背书，但是通过其自身的特性，它一定程度上产生了"货币信用"，这种自身产生的"货币信用"，不易被外界摧毁，越来越多的人加入"挖矿"的大军中，说明越来越多的人对比特币抱有信念，这种信念与人们对贵金属的信念几乎没有什么差别。

4. 比特币的价格稳定性不强

一般货币，其币值是极其稳定的，币值不稳定的情况下，人们是不敢用它做经济交易的。比特币币值不稳定是一方面，另一方面是政府有没有相应的法律规范来保障比特币的交易。中国到目前为止对比特币并没有完全认可，并要求国内金融机构停止比特币有关的服务，国内金融监管机构也发文明确表示否定比特币的货币属性。

5. 比特币认可度有待提高

各国如果积极对相关法律法规进行完善，将加速比特币成为一种全球范围内的投资工具。未来比特币以何种方式参与人们的生活还是值得期待的。

虽然比特币暂时不能融入人们的生活，但是比特币身后的区块链技术却值得人们重视。区块链技术本身不断地完善，基础技术和底层技术进一步研发，包括共识算法、智能合约、保密算法、跨境交易、多链交互等技术如何做到更加安全和便捷。这些工作完善后，区块链技术就可以真正服务于大众和造福于社会了。

二 》 比特币的功能

（一）比特币与交易媒介功能

根据米什金的定义，某种商品若要有效发挥货币的交易媒介功能就必须符合以下要求：（1）易于标准化；（2）被普遍接受；（3）易于分割；（4）易于携带；（5）不会很快腐化变质。

根据以上五个特点，依次对比特币来分析：（1）易于标准化：比特币仅仅是存在于互联网中的电子数字，是同质的。因此是易于标准化的。（2）被普遍接受：虽然比特币在现阶段还未被全球普遍接受，但比特币问世时间较短，仅几年就引起全球的高度关注并被运用于交易，因此未来很可能会被普遍接受。（3）易于分割：比特币的最小单位取决于目前的数据结构。目前比特币可以分割到 8 位小数（0.000 000 01BTC）。（4）易于携带：使用者只需使用私钥就可以在装有比特币软件的计算机或终端上使用，类似于网上银行的操作。（5）不会很快腐化变质：由于比特币是电子数字，不会损耗变质。综上所述，比特币能够很好地满足成为交易媒介的条件。

（二）比特币与记账单位功能

根据米什金的定义，记账单位是作为经济社会中价值衡量的手段。目前接受比特币交易的商品种类十分有限，虽然比特币与现有主要货币都存在于交易市场，且其他货币的记账功能可以间接传导给比特币，但是由于供给量从长远来看是有上限的，用户期待比特币价格上涨而囤积比特币导致比特币价格波动很大，大幅升值或贬值，使得比特币无法有效发挥记账单位的功能。

（三）比特币与价值储藏功能

根据米什金的定义，价值储藏是跨越时间段的购买力的储藏。若人们把当前获取的收入以比特币的形式保存到未来进行消费，目前比特币是具有一定的价值储藏功能的，但是比特币的价值常常大幅波动，比如以太坊的硬分叉事件（以太坊潜在的矿业经济政策的改变和"困难炸弹"的延迟，旨在使新区块的生产更加复杂和不利于挖矿）诱发 6 000 点失守，并且在之后没有收复 6 000 点这个原本的成本线，引发了比特币持有者的恐慌。大众情绪直接反应在市场的供需上，而资金开始疯狂出逃，由于受到市场情绪影响，比特币的价值越来越低。比特币跌破 6 000 点之后，卖方力量剧增，底部没有重要的心里点位来支撑，于是引发了大幅下跌，这严重影响了其价值储藏功能。因此比特币无法有效发挥价值储藏的功能。

三 》 比特币"电子现金"系统

区块链事实上是一套分布式的数据库，如果再在其中加进一个符号——比特币，并规定一套协议使得这个符号可以在数据库上安全地转移，并且无须信任第三方，这些特征的组合就完美地构造了一个货币传输体系——比特币网络。

（一）比特币"电子现金"系统简介

在数字世界中，想要创造一种去中介化、去中心化的"电子现金"，同样要设计一套完整的系统。这一系统要能解决以下一系列问题：

这种"现金"如何公平、公正地发行出来，不被任何中心化的机构或个人控制？

如何实现像在物理世界中一样，一个人可以直接把现金递给另一个人，无须任何中介的协助？

这种电子现金如何"防伪"？在数字世界中，这个问题可转换为：一笔电子现金如何不被花费两次？

中本聪设计和开发了比特币系统，完美地解决了这些问题。说起比特币，人们常指的是比特币这种做价值表示的电子现金。其实，作为电子现金的比特币只是比特币系统的表层，比特币"电子现金"系统包括三层，如图 2-1 所示。

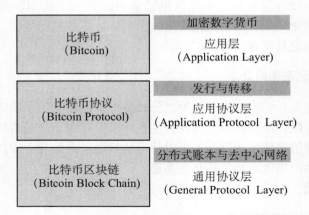

图 2-1　比特币"电子现金"系统示意图

最上一层是比特币电子现金，这是整个系统的应用层。

中间一层的功能是发行比特币与处理用户间的比特币转移。这一层也叫比特币协议，是整个系统的应用协议层。

最底层是比特币的分布式账本和去中心网络。这一层也被称为比特币区块链，是整个系统的通用协议层。

（二）比特币网络架构

比特币采用了基于互联网的点对点（P2P）分布式网络架构。比特币网络可以认为是按照比特币 P2P 协议运行的一系列节点的集合。比特币系统去中心化的点对点电子现金的发行与转账靠的是中间的比特币协议层。

类比现实货币系统，这一层的角色相当于中央银行（发行货币）与银行（处理转账）等金融机构。比特币系统架构图又常被进一步细分为五层，如图 2-2 所示。

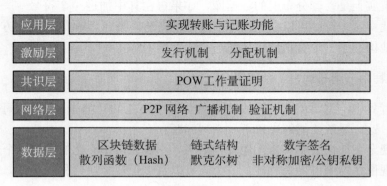

图 2-2　比特币系统架构示意图

这个五层架构对应的是比特币协议和比特币区块链两个部分。在五层架构中，比特币协议层被细分为应用层、激励层和共识层。

（三）节点类型及分工

尽管比特币 P2P 网络中的各个节点相互对等，但是根据所提供的功能不同，各节点可具有不同的分工。每个比特币节点都是路由、区块链数据库、挖矿、钱包服务的功能集合。

图 2-3 为一个包含四个完整功能的比特币网络节点：钱包、矿工、完整区块链、网络路由节点。每个节点都参与全网络的路由功能，同时也可能包含其他功能。每个节点都参与验证并传播交易及区块信息，发现并维持与对等节点的连接。名为"网络路由节点"的圆圈即表示该路由功能。

图 2-3　一个全节包括的四个功能示意图

一些节点保有一份完整的、最新的区块链拷贝，这样的节点被称为"全节点"。全节点能够独立自主地校验所有交易，而不需借由任何外部参照。

另外还有一些节点只保留了区块链的一部分，它们通过一种名为"简易支付验证（Simplified Payment Verification，SPV）"的方式来完成交易验证。这样的节点被称为 SPV 节点，又叫轻量级节点。

四 》 比特币替代法定货币的可能性

（一）内在价值方面

法定货币的内在价值主要表现为两种形式。首先，法定货币自身具有价值。如黄金、白银等贵金属，其自身具有较高的价值，由于人类开采所耗费的社会一般劳动，产生了其固有价值。其次，可与具有价值物品挂钩。代用货币与黄金进行挂钩，具有了较为稳定的价值，而信用货币是依靠国家强制力保证，依靠国家国民生产总值为价值保证，从而具有了内在价值，进而维系了价值的相对稳定。

而比特币本质是资金转移的一种手段，将货币由持有者 A 通过矿工确认后转移给接受者 B，其本身可以是纸或者其他物品，不具有内在价值属性。类似于支票或汇票，持有者通过银行的确认转移给接收者，但支票、汇票仅为一张纸，仅有票面价格，不具有内在价值。

比特币目前价格由市场供需所决定，持币人可通过总量恒定的保证以及内部加密算法，营造比特币短缺性的假象，从而引起人们的投资行为，导致币值的不稳定性。

（二）信用保证方面

法定货币的发行具有国家信用和强制力的保证，具有法偿性，其发行和流通都有国家公信力和主权的基础。因为国家信用而被大众所接受，因此具有广泛的接受范围以及普遍的信用基础。

而比特币基于人际间信任和定量发行而存在。目前，其承认度较低，受众基础较小。比特币高级的加密算法和矿机需要导致进入币圈的门槛较高，流通范围较小。因此，目前而言，比特币尚未被普遍接受，没有达到成为世界货币的条件。另外，人与人之间的信任基础存在多样性，若部分重要人士不承认比特币，将会阻碍比特币的流通，从而导致比特币币值下跌。

（三）运作模式方面

比特币的运作主要由矿工、矿机卖家、交易平台以及交易方构成。矿工通过购买矿机进行挖矿赚得比特币，也可以通过确认交易方交易赚取手续费。交易平台提供交易的场所，组织矿工确认交易。比特币进行兑换法定货币时，通过收取手续费和"加杠杆"的服务费，使得网络平台实现盈利。然而，这种运作模式存在一些漏洞。

在具体运作过程中，有三种方式可以获得比特币。一是通过挖矿获得，矿机运算速度越快，CPU 性能越好则挖出的原始币的数目将会越多，财富保有量将会越大。而较好性能的矿机持有者较为固定，因此众多的财富会集中在少数人的手中；二是拥有相关的商品可以买卖获得比特币，但这种方式能够获得的比特币数量较小；三是通过矿工确认交易，从而获得一定的报酬，这种方式能够获取的比特币数目同样较少，可能导致社会财富分配的极大不均衡。

（四）其他方面

1. 比特币成交受到国家调控的影响

由于比特币可以贩卖毒品，进行黑市交易，并且买卖双方难以溯源，因此多数国家禁止比特币交易，我国先后出台了有关政策禁止比特币的流通。同时，央行也进行自主开发规范化的数字货币，依靠国家强制力进行保证，因此将会出现取代比特币的趋势。

2. 比特币主要解决的是世界货币流通不充分的问题

如果人民币等货币交换和流通速度加强，比特币将丧失一定的作用。例如随着欧元等法定的区域货币的产生，比特币的需求将会大幅下降。

比特币通过数字加密包装的稀缺性虽具有了价格属性，但缺少国家信用的背书，未能获得价值属性。比特币的流通基础是人与人之间的相互信任，然而这种信任由于外界因素的影响具有较高的不确定性，因此比特币无法完成对法币的替代。

3. 比特币在自身运作方面存在漏洞

目前比特币对法定货币不存在替代的可能性。如果比特币想从数字货币转型成为法定货币，需要各国央行完善比特币流通过程和算法，提高比特币的安全性；需要赋予比特币国家信用的背书，扩大其受众范围。同时，需要建立比特币银行，完善交易平台、交易制度，规范交易行为，提高安全性，才能促进比特币的长期发展。

任务 5　数字世界交易难题

【知识目标】

1. 了解数字贸易快速发展引发全球贸易格局重塑。
2. 掌握数字世界交易难题。

【能力目标】

1. 能够从我们的生活越来越数字化中，理解数据收集不再局限于在线生活。
2. 能够理解数字为什么是重要的。

【知识链接】

互联网的全球化和数据的跨境流动性催生了数字贸易在全球范围内的蓬勃发展，为国际经济带来了强劲的推动力。数字贸易作为数字经济的核心，与网上丝绸之路相辅相成，以跨境电商作为发展平台，给未来商业带来了颠覆性的变革和重构，成为经济增长的新引擎。随着中国"互联网＋"战略和"一带一路""网上丝绸之路"倡议的深入发展，中国也全面迎来数字经济新时代。

一　数字贸易概述

（一）数字贸易

数字贸易，简单来说就是用"数字"的形式进行贸易，但必须以计算机网络为基础。互联网与现代通信设备技术的紧密结合，形成了"数字贸易"。

全球数字贸易不仅仅局限于某一国家，还通过数字贸易进行国际贸易，形成走出去的态势，这样就可以建立起全球性的营销网络，从而真正实现全球数字贸易。全球数字贸易一般是以联合运营、统一技术标准构建起来的一个全球公共平台，该平台以实现电子信息交换、数字信息互联互通为主，从而完成商品的贸易活动。

（二）数字贸易平台

21 世纪，电子商务成为中国互联网的主角。对于企业而言，信息交流和信息交换成为商业运作的核心。无论是产品设计、产品生产、交易磋商、产品买卖，还是推销服务、质量控制，以及业务流程的设计，数字贸易已经影响到了全社会所有的企业和社会经济的各个领域。

数字贸易企业运用电子商务直接缩短时空距离，降低交易成本，提高效率和效益，其结果则是优化了贸易体制，简化了贸易流程，增加了贸易机会。数字贸易平台最大的特点是汇集众多公共数字贸易信息平台，因此用户所拥有的信息资源是任何一个单一电子商务网站都无法比拟的。

电子商务使数字贸易真正面向和走向世界市场，可以建立全球性的营销网络。在国外，有人将电子商务称为"数字革命"，其意义不亚于第二次"工业革命"。有专家认为，数字贸易就是现代信息技术以国际互联网为核心在商业上不同程度和不同层次的应用。特别是计算机及其网络技术与现代通信技术日益融合，使人们已经忘记了传统时空的概念。各种力量协同运作加速了全球经济一体化的步伐，使全球商业运作方式正在迎接新的转型挑战，全球 24 小时不停运作、无边界、无障碍的新经济体系正在逐步形成。

（三）数字贸易发展引发全球贸易格局重塑

数字贸易是以互联网为基础，以数字交换技术为手段，为供求双方提供互动所需的数字化电子信息，实现以数字化信息为贸易标准的创新商业模式。随着我们的生活越来越数字化，人们的数字身份会由人们留下的一系列数字足迹（数据点）组成。因此，数字身份与数据是密不可分的。

当今世界，日新月异的网络信息技术深刻改变着世界经济格局、利益格局、竞争格局乃至安全格局。在国际贸易领域，全球互联网普及化速度加快，信息技术迭代更新，这一切变化都在深刻改变贸易模式、贸易主体和贸易对象，改变服务贸易和货物贸易的构成，推动贸易全球化开启一个全新篇章。

在现实经济活动中，跨境数据流和数字技术的广泛应用以及数字服务提供商的出现，推动国际贸易呈现数字化趋势。数字贸易的市场范围和服务类型不断扩大，数字贸易在全球贸易中的占比明显提高。

在现代信息技术推动下，全球电子商务蓬勃发展。2019 年 10 月，世界贸易组织发布了 2019 年世界贸易组织报告，指出：数字技术将在未来进一步影响服务贸易。首先，数字技术使传统上需要面对面进行的服务实现了跨境交易，这就可能会降低服务贸易成本；其次，数字技术将模糊商品和服务贸易活动之间的区别；第三，数字技术将使企业接触到全球更多的以数字化方式连接的客户，并促进贸易活动外包。这些趋势将会提升数据流、知识产权和数字基础设施投资的重要性。

（四）实现全球数字贸易的局限性

虽然数字贸易有着巨大的发展机遇，但也面临诸多挑战。具体有以下几个方面。

1. 相关规章制度不健全

全球数字贸易发展迅猛，跨境数据流动呈现爆炸式增长，迫切需要制定数字贸易的国际规则。首先，数字贸易的前提是网络跨境互联和数据跨境流动，数字贸易依托互联网，伴生出数据保护、网络安全、信息安全、跨境业务准入等监管问题，人们对相关问题的担忧始终在加剧；其次，数字贸易就贸易治理提出了跨领域问题，一方面要坚持市场准入和非歧视原则，另一方面要处理互联网治理问题，二者兼顾并非易事。

当众多公司涌入数字经济，实现全球数字贸易时，首先需要建立合同管理制度、进出口业务操作制度、安全卫生管理制度，以及相关的技术人员管理制度等；其次是健全一个明确的行业法规，无论是对公司还是公司对内部都应该有一个明确的规定。

2. 技术问题有待提高

毫无疑问，数字贸易可以加快商业运作的节奏，缩短企业与客户之间的距离。但如果要实现全球数字贸易，首先考虑的因素还是信息技术问题。技术不稳定就不能有所创新，也不能使其发展壮大。全球数字贸易是一个巨大的平台，它需要装载全球的各种贸易信息。要使这个平台发挥出巨大的潜力，技术水平就必须进行完善以及创新。

3. 缺少专业人员

人员老化、知识结构老化，在一定程度上制约了全球数字贸易的发展。所以培养全球数字贸易专业性人才非常重要。

数字贸易将会促进不同经济体系的融合，激活整合新的创造力，打开新的市场领域，创造企业协作与联合的新机制，甚至会导致人们重新评估企业的组织结构，重新认识企业核心竞争力诸要素的构成。数字贸易不仅改变了企业做生意的方式，而且从根本上改变了人们对原有商务概念的认识。

二》 数字世界交易难题

在物理世界中，当一个人把现金纸币给另一个人，不需要经过诸如银行、支付机构、见证人等中介机构。在数字世界中，当一个人要把现金转给另一个人时，必须要有中介机构的参与。比如，通过支付宝转账的过程是：支付宝在一个人的账户记录里减掉一定金额，在另一个人的账户记录中增加一定金额。

但由于数字文件是可复制的，复制出来的电子文件是一模一样的，因而在数字世界中，不能简单地用一个数字文件作为代表价值的事物。同时，在支付机构中有多少钱，并没有像一张张钞票一样的数字文件可以代表，钱仅是中心化数据库中的记录。在另一条道路即去中介或去中心化的电子现金这条路径上，有很多技术极客一直在做着各种尝试，只是一直未能获得最终的成功。

随着技术带动，消费者行为和期望发生了巨大的变化。客户期望立刻就有数据，最好是快到从口袋中拿出手机就能得到查询结果。数字革命为银行提供了一个机会，让他们能够利用所拥有的大量的消费者交易与消费习惯的相关信息，并与来自社交媒体等信息源的个性化信息相结合，向客户提供真正有价值的服务。

如何向数字未来转型，是银行的难题。银行需要更多的交易，更多的交叉销售，并且想法必须更快，这就要求有一个跨多种渠道的常见用户体验。数字技术和解决方案为银行提供了绝佳的机会，让他们能够在这一极具挑战的市场环境中前行。

三》 数字世界中双花问题

（一）什么是双花问题

所谓"双花"问题，简单讲就是一笔钱能被花两次、三次甚至很多次。在区块链加密技术出现之前，加密数字货币和其他数字资产一样，具有无限可复制性，如果没有一个中心化的媒介机构，人们没有办法确认一笔数字现金是否已经被花掉。

为什么双花问题会成为比特币系统里一个这么重要的问题呢？原因就在于：比特币是虚拟货币，它是通过代码形式呈现出来的，是可以被复制下来的，一旦被攻破了代码漏洞，那么就可以循环使用同一笔比特币。

试想一下，如果一笔钱可以花很多次，即用 500 块钱可以买一件 500 块钱的衣服，钱还能循环使用，再去买一双 500 块钱的鞋，这样一来，就会出现问题。所以，中本聪在设定比特币系统的时候，他所有的技术手段基本上都是围绕着解决"双花问题"的，来保护比特币作为一种货币的支付职能。

比特币的出现是源于技术极客想解决的一个技术难题："在数字世界中，如何创造一种具有现金特性的事物？""比特币：一个点对点电子现金系统"这个标题体现出了中本聪想解决的难题：他想创造在数字世界中可用的电子现金，它可以点对点也就是个人对个人交易，交易中不需要任何中介参与。

与法定货币相比，比特币没有一个集中的发行方，而是由网络节点的计算生成。谁都有可能参与制造比特币，而且可以全世界流通，可以在任意一台接入互联网的电脑上买卖，不管身处何方，任何人都可以挖掘、购买、出售或收取比特币，并且在交易过程中外人无法辨认用户身份信息。

在比特币出现之前，电子现金系统（如 PayPal、支付宝等）都是依靠中心化数据库来避免双花问题，这些可信第三方中介不可或缺，如图 2-4 所示。

图 2-4　比特币与现金、电子现金对比示意图

（二）区块链如何解决双花问题

区块链利用点对点文件分享技术和公钥加密技术，解决了"双花"问题。货币的拥有权是由公共总账来记录，并由加密协议和挖矿社区来确认的。

从货币本身来看，在区块链上账户就是一个二维码的哈希地址，区块链上的数字货币本身是不加密的，加密的是账户，每个账户都具有成对的公私钥，每个账户进行货币转移时都需要用自己的私钥对交易进行数字签名，全网通过公钥对交易进行所有权验证，区块链从密码学的角度解决了货币本身所有权的问题；从交易上，区块链引入工作量证明，也叫共识机制，常见的有 POW（Proof of Work，工作量证明）和 POS（Proof of Stake，权益证明），即区块链去中心化的核心思想，用奖励的方式让全网一起参与计算。

任 务 6　比特币货币交易

【知识目标】

1. 了解货币形态发生改变的根源。
2. 掌握比特币的矛盾点和局限性。

【能力目标】

1. 能够掌握比特币货币交易方法。
2. 能够通过学习，掌握比特币将改变世界的方式。

【知识链接】

一 货币形态发生改变的根源

从历史上来看，黄金白银作为持久的货币形态，实际上是人们在对社会"制度"没有信仰的情况下，形成的一种自下而上的天然货币意识。几千年来，任何统治者都没有成功地自主设计出一种能够持续使用上百年的货币。这也是截至 20 世纪 70 年代，人类货币体系依然需要用"金本位"来维持的根本原因。在货币竞争再次激烈的未来世界，已经备受诟病的主权信用货币也只是一个过客。

中国流行一句话，叫"黄金有价玉无价"。对这句话的解读有很多种，有人认为这是对玉的赞美，也有人指出，这说明黄金和玉是两个标准化完全不同的物品，黄金论重量定价，没有唯一性，玉则独一无二，凭借买家的喜好产生价格。实际上黄金和玉在古代都可以当作货币。

几千年之后，人类出现了新的货币形态，包括主权信用货币（纸币）、比特币（电子货币）。回到几千年前，如果把纸币比作黄金，那么比特币可以看成当时的玉。现代社会，在很多规则和制度的约束下，纸币拥有了跟黄金一样的信用，作为货币得到了广泛使用。而比特币虽然具备"接受度""稀有性""可储存"等特点，但信用及价值是凭借买家的喜好来产生，跟"玉"一样，纵然昂贵，却很难成为大众所使用的货币。货币到底需要具备什么样的特点，实际上随着人类的进步，也在发生着众多变化。在漫长的货币进化史当中，玉、钻石等实际上比黄金更稀有、更珍贵，但为什么没有打败黄金，成为大众流通的货币呢？马克思在思考之后，得出一个结论：金银天然不是货币，但货币天然是金银。

主权信用货币能够完全取代金银，成为流通的大众货币，事实上是货币形态已经因一些原因发生了重大改变。金银能够在几千年的时间里充当货币，实际上是无论是统治者还是老百姓，都把金银当成了一种"制度"，就像现代人相信"法治"一样。无论统治者如何更换，最多是给金银上面烙上不同的标志罢了，并没有改变金银作为货币的形态。

在权大于法的年代，金银不仅代表着一种制度，还代表着一种对权力的制衡。金银之所以能够一直充当货币，正是因为人类社会的管理制度并未发生重大改变。在金银作为货币的年代，统治者可以随时、任意改变律条，但无法改变金银的地位。

对于货币来说，现代社会的不同在于，执政者可以改变货币形式，但很难改变社会制度，因此金银作为货币的历史也将随之发生变化；人们开始转而信仰制度，而非金银。只要符合相关法律制度，任何东西都可以成为货币，哪怕是一张纸。

二 比特币的矛盾点和局限性

当比特币的发明者以颠覆支付体系的思想推出比特币的时候，很多参与者认为这是一项伟大的发明，给货币和经济领域带来了新的曙光。但比特币并没有从制度层面解决任何问题，比特币无论是从去中心化还是稀有性方面，都没有超越钻石、玉等作为货币的"优良"属性。比特币标榜的便捷性和安全性早已不是人们担忧纸币前途的依据。在比特币没有出现之前，网络银行及互联网支付体系已运行良久。

（一）比特币的矛盾点

比特币确实是一种"小众"货币形态。这种形态就像黄金作为货币时期的"玉"和"钻石"等一样，价格可以很高，可以出售变现，换来等价或价值更高的东西，但它天然不是货币，货币天然更不是它，因为未来的人类，对制度的依赖胜过对技术和人本身的依赖。

在对"制度"取代金银成为人们新信仰的过程当中，金银也逐渐被淘汰。人们不再关心货币是什么，而在乎的是，货币如何产生、如何管理。从设计未来货币的角度来讲，比特币不是进步，是倒退，它只是将一种形式的不公平转换为另一种形式的更大的不公平。

（二）比特币的局限性

比特币发明者中本聪本身有很多矛盾思想：一方面他认为比特币是对支付体系的革新，会让整个交易变得更加安全，成本更低；但另一方面又希望比特币能够取代纸币，解决纸币面临的所有问题。支付问题和货币问题看上去联系紧密，实际上是两个不同的问题，货币是交易媒介，支付则仅仅是交易的过程和证据。

中本聪真正的想法跟普通人一样，充满着对现有货币制度的担忧。他曾不加掩饰地说，传统货币（指的是主权信用货币）最根本的问题是信任。

（三）比特币的出发点

中本聪反感"放贷"，而放贷又是有效的货币运转方式。主权信用货币最根本的问题是信任，说明中本聪并没有否认主权信用货币这种货币形式，只是对目前各国货币管理制度表示不满意、不信任，而比特币所解决的，并不是货币的信任问题，比特币也无法限制拥有比特币的人去放贷。

三 》 比特币货币交易方法

中本聪借鉴和综合前人的成果，特别是现在常被统称为密码朋克的群体的成果，改进之前各类中心化和去中心化的电子现金，加上自己的独特创新，创造了比特币这个点对点电子现金系统，在无须中介的情况下解决了双花问题。

（一）购买方法

用户可以买到比特币，同时还可以使用计算机依照算法进行大量的运算来"开采"比特币。在用户"开采"比特币时，需要用电脑搜寻64位的数字，然后通过反复解密与其他淘金者相互竞争，为比特币网络提供所需的数字，如果用户的电脑成功地创造出一组数字，那么就会获得 25 个比特币。由于比特币系统采用了分散化编程，所以每 10 分钟只能获得 25 个比特币，而到 2140 年，流通的比特币上限达到 2 100 万。比特币系统是能够实现自给自足的，通过编码来抵御通胀，并防止他人对这些代码进行破坏。

（二）交易方式

比特币交易数字资产的方法众多，各交易所的模式也是各不相同。目前市场上有以下几大主流模式。

1. 场外交易

场外交易系统为数字资产买卖方提供信息发布场所，场外交易没有固定交易场所，没有固定交易规则，不限定交易形式。

2. 币币交易

币币交易主要是针对数字资产和数字资产之间的交易，以其中一种币作为计价单位去购买其他币种。币币交易规则同样是按照价格优先、时间优先顺序完成撮合交易。

3. 永续合约交易系统

永续合约是期货合作的衍生品，和期货一样，它是合约交易，不是现货交易，买入后不会得到数字资产。

4. 数字资产抵押借贷系统

数字资产抵押借贷系统是一个为全球数字资产玩家提供抵押借贷投资的平台，全球玩家都可以在抵押平台上面抵押一定的数字资产。

四》比特币将改变世界的方式

比特币是一种基于区块链的加密货币，而区块链能够彻底改变今天所知的世界。未来，区块链很可能会带来许多社会进步。例如，人类社会完全依赖于在众多过程中充当调解者的大型机构、公司和基金会，但它们并不总是符合普通人的最佳利益。区块链作为"共识机器"，能够成为一种非常有潜力的解决方案，它能抵抗侵蚀，创造一番新的景象，让我们越过怀疑、建立信任并协作互动，这种潜力将对社会和文明产生深远的影响。

【测验题】

一、单选题

1. 比特币是当下互联网通信技术进步背景下，与密码学融合的产物，它是在加密基础上设计的去中心化的点对点（　　　）。

A. 交易货币　　　　B. 数字货币　　　　C. 虚拟货币　　　　D. 加密货币

2. 比特币的供给具有上限，当比特币挖掘总量达到（　　　）万个之后不再增加，以保证比特币的价值。

A. 50　　　　　　　B. 1 440　　　　　　C. 2 100　　　　　　D. 6 400

3.（　　　）包含虚拟货币、加密货币、电子货币等概念。网上银行、支付宝、微信支付等都属于电子货币范畴，而其他的一些虚拟币以及游戏币等则属于虚拟货币。

A. 数字货币　　　　B. 比特币　　　　C. 代币　　　　D. 交易币

4. 中本聪真正的想法跟普通人一样，充满着对现有货币制度的担忧。他曾不加掩饰地说，传统货币最根本的问题是（　　　）。

A. 保值　　　　　　B. 真实　　　　　　C. 信任　　　　　　D. 方便

5. 区块链利用点对点文件分享技术和公钥加密技术，从而解决了（　　　）问题。

A. 被盗　　　　　　B. 报名　　　　　　C. "双花"　　　　　D. 传输速度

二、多选题

1. 比特币交易双方生成一对公私钥进行交易。通过私钥加密、公钥解密完成交易。每一笔交易需要付款人的数字签名，数字签名满足（　　　）和（　　　）特征。

A. 真实性　　　　　B. 可认识性　　　　C. 对应性　　　　　D. 可鉴别性

E. 不易仿冒性

2. 根据米什金的定义，某种商品若要有效发挥货币的交易媒介功能必须符合（　　　）等要求。

A. 易于标准化　　　B. 被普遍接受　　　C. 易于分割　　　　D. 易于携带

E. 不会很快腐化变质

3. 尽管比特币 P2P 网络中的各个节点相互对等，但是根据所提供的功能不同，各节点可能具有不同的分工，每个比特币节点都是（　　　）的功能集合。

A. 电子现金　　　　B. 路由　　　　　　C. 区块链数据库　　D. 挖矿

E. 钱包服务

4. 比特币交易数字资产的方法众多，各交易所的模式也是各不相同。目前市场上的主流模式有（　　　）。

A. 场外交易　　　　B. 币币交易　　　　C. 自己制造交易　　D. 永续合约交易系统

E. 数字资产抵押借贷系统

三、判断题

1. 货币本质上是一般等价物，也是一种特殊的"商品"。（　　　）

2. 比特币的使用是在互联网上点对点地进行，要受地域限制，具有较高的匿名性，无须银行等中间机构参与。（　　　）

3. 比特币没有一个中心机构监管，也没有任何机构为它作信用背书，但是通过其自身的特性，在一定程度上产生了"货币信用"，这种自身产生的"货币信用"不易被外界摧毁。（　　　）

4. 几千年来，任何统治者都没有成功地自主设计出一种能够持续使用上百年的货币。（　　　）

四、简答题

1. 与传统货币相比，比特币具有哪些特征？

2. 简述数字贸易。

3. 实现全球数字贸易的局限性有哪些？

4. 比特币的局限性是什么？

5. 比特币货币交易方式有哪几种？

6. 比特币将如何改变世界？

项目三　区块链发展脉络

【情景设置】

区块链的诞生，标志着人类开始构建真正可以信任的互联网。从科技方面来看，区块链包含数学、密码学、互联网和计算机编程等很多科学技术问题。从应用视角来看，区块链是一个分布式的共享账本，具有去中心化、不可篡改、全程留痕、可以追溯、集体维护、公开透明等特点。这些特点保证了区块链的"诚实"与"透明"，为区块链创造信任奠定基础。

【教学重点】

关于区块链的发展脉络这个问题，著名的区块链科学研究所创始人梅兰妮·斯万将区块链的发展阶段分成了三个阶段：区块链1.0、区块链2.0和区块链3.0。

本项目的教学重点为：

（1）区块链1.0数字货币时代特点；

（2）区块链1.0的基本特征；

（3）智能合约背景；

（4）智能合约构筑平台；

（5）区块链3.0的主要应用。

【教学难点】

区块链顺应信息互联网走向价值互联网是大趋势，但对于区块链的价值是什么、价值有多大、价值是否大于弊端等仍存争议。

本项目的教学难点为：

（1）区块链1.0的基本问题："拜占庭将军"问题；

（2）智能合约工作原理；

（3）区块链生态系统；

（4）区块链的主要应用场景特点；

（5）区块链的发展趋势。

【教学设计】

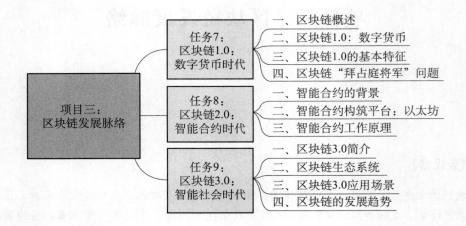

任务 7　区块链 1.0：数字货币时代

【知识目标】

1. 了解区块链 1.0 数字货币时代的特点。
2. 掌握区块链 1.0 的基本特征。
3. 掌握区块链 1.0 的基本问题："拜占庭将军"问题。

【能力目标】

　　能够根据区块链 1.0 数字货币时代特点，理解区块链就是一本安全的全球总账本，可以实现所有的可数字化交易通过这个总账本来记录的目的。

【知识链接】

　　当前，全球主要国家已经开始围绕区块链技术，在物联网、智能制造、供应链管理、数字资产交易等重点领域积极部署应用。我国区块链技术在数字金融、社会治理领域的应用方面取得了一定进展，拥有良好基础，要紧密结合实体经济发展和社会福祉提升等切实需求，积极推进区块链和经济社会深度融合发展，给经济发展和社会进步带来新动力。业内普遍将区块链发展从应用角度分为区块链 1.0、2.0 和 3.0 阶段。2008—2013 年为区块链 1.0 阶段，是以比特币为代表的数字货币应用阶段，其场景包括支付、流通等货币职能，经济形态以比特币及其产业生态为主。

一》　区块链概述

　　2008 年，中本聪发表了一篇奠基性论文《比特币：一种点对点的电子现金系统》，区块链技术起源于此。

（一）区块链的概念

狭义来讲，区块链是一种按照时间顺序将数据区块以顺序相连的方式组合成的一种链式数据结构，并以密码学方式保证的不可篡改和不可伪造的分布式账本；广义来讲，区块链技术是利用块链式数据结构来验证与存储数据，利用分布式节点共识算法来生成和更新数据，利用密码学的方式保证数据传输和访问的安全，利用由自动化脚本代码组成的智能合约来编程和操作数据的一种全新的分布式基础架构与计算范式。不同组织或机构给出的区块链定义如下：

（1）维基百科给出的定义为：区块链是一个分布式的账本，区块链网络系统无中心地维护着一条不停增长的有序的数据区块，每一个数据区块内都有一个时间戳和一个指针，指向上一个区块，一旦数据上链之后便不能更改。该定义中，将区块链类比为一种分布式数据库技术，通过维护数据块的链式结构，可以维持持续增长的、不可篡改的数据记录。

（2）中国区块链技术与产业发展论坛给出的定义为：区块链是分布式数据存储、点对点传输、共识机制、加密算法等计算机技术的新型应用模式。

（3）数据中心联盟给出的定义为：区块链是一种由多方共同维护，使用密码学保证传输和访问安全，能够实现数据一致存储、无法篡改、无法抵赖的技术体系。典型的区块链是以块链结构实现数据存储的。

（4）《京东区块链技术实践白皮书（2018）》认为：区块链技术是利用块链式数据结构来验证与存储数据，利用分布式节点共识算法来生成和更新数据，利用密码学的方式保证数据传输和访问的安全，利用由自动化脚本代码组成的智能合约来编程和操作数据的一种全新的分布式基础架构与计算范式。

（5）《华为区块链白皮书》认为：区块链是一系列现有成熟技术的有机组合，它对账本进行分布式的有效记录，并且提供完善的脚本以支持不同的业务逻辑。

（6）高盛《区块链，从理论走向实践》认为：区块链是一种共享的分布式数据库，记录各方交易，增强透明度、安全性和效率。

（7）《腾讯区块链方案白皮书》认为：区块链是一种由多方共同维护，以块链结构存储数据，使用密码学保证传输和访问安全，能够实现数据一致存储、无法篡改、无法抵赖的技术体系。

（8）《贵阳区块链发展和应用》认为：区块链技术是构建在点对点网络上，利用链式数据结构来验证与存储数据，利用分布式节点共识算法来生成和更新数据，利用密码学的方式保证数据传输和访问的安全，利用由自动化脚本代码组成的智能合约来编程和操作数据的一种全新的分布式基础架构和计算范式。

（二）区块链的实质

区块链是一个信息技术领域的术语。从本质上讲，它是一个共享数据库，存储于其中的数据或信息，具有"去中心化、开放性、独立性、不可篡改、匿名性"等特征。区块链的意义在于"去中心化"，不同于中心化网络模式，区块链应用的 P2P 网络中各节点的计算机地位平等，每个节点有相同的网络权力，不存在中心化的服务器。

从应用视角来看，简单来说，区块链是一个分布式的共享账本和数据库，由网络中所有参与的用户共同在账本上记账与核账。所有的数据都是公开透明的，且可用于验证信息的有效性。所有节点间通过特定的软件协议共享部分计算资源、软件或者信息内容。其这些特点保证了区块链的"诚实"与"透明"，为区块链创造信任奠定基础。区块链的链状数据块结构示意图如图3-1所示。

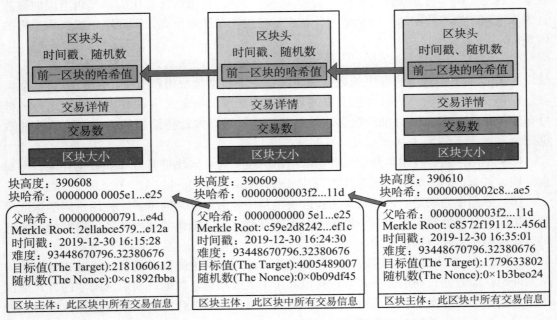

图3-1 区块链：以区块为单位的链状数据块结构示意图

在区块链丰富的应用场景中，不需要中心服务器作为信任中介，基本上基于区块链能够解决信息不对称问题，能在技术层面保证信息的真实性和不可篡改性。实现多个主体之间的协作信任与一致行动。

1. 区块链是一项应用协议

区块链技术是构建在互联网TCP/IP基础协议之上，将全新加密认证技术与互联网分布式技术相结合，提出了一种基于算法的解决方案，推动互联网从"信息"向"价值"的转变。

2. 区块链是一种记录方式

区块链是一种按照时间顺序将数据区块以顺序相连的方式组合成的一种链式数据结构，并以密码学方式保证的不可篡改和不可伪造的分布式账本。在区块链中，数据信息是按照时间顺序被记录下来的，区块链是对达到指定大小的数据进行打包、形成区块并链接进入往期区块形成统数据链的数据记录方式。

3. 区块链是一种技术方案

就像云计算、大数据、物联网等新一代信息技术一样，区块链技术并不是单一信息技术，而是依托于现有技术加以独创性的组合及创新，从而实现以前未实现的功能。其关键技术包括 P2P 网络技术、非对称加密算法、数据库技术、数字货币等，通过综合运用这些技术，区块链创造出新的记录模式与管理方法。

4. 区块链是一种管理范式

区块链技术是一种去中心化的、无须信任积累的信用建立范式。任何互不了解的个体通过一定的合约机制可以加入一个公开透明的数据库，通过点对点的记账、数据传输、认证或是合约，而不需要借助任何一个中间方来达成信用共识。

（三）区块链发展阶段

从应用角度方面来看，区块链就是一本安全的全球总账本，所有的可数字化的交易都是通过这个总账本来记录，所以从应用层面形成了区块链 1.0、区块链 2.0 和区块链 3.0 的概念。1.0 是货币（如比特币）；2.0 是合约；3.0 是超越金融经济外，特别是在政府、文化健康等领域的新应用。

二》 区块链 1.0：数字货币

（一）数字货币的发展历程

区块链 1.0 是以比特币为代表的数字货币应用，其场景包括支付、流通等货币职能，主要具备的是去中心化的数字货币和支付平台的功能，目标是去中心化。在区块链 1.0 时代下，数字货币的发展历程如下：

（1）2008 年 8 月 18 日域名"bitcoin.org"被注册。

（2）2008 年 11 月，中本聪发表论文，提出了 BlockChain 这种数据结构，能在不具信任的基础之上，建立一套去中心化的电子交易体系。

（3）2009 年 1 月 3 日，比特币网络正式上线，版本开源客户端发表。

（4）2010 年 9 月，第一个矿场 Slush 发明了多个节点合作挖矿的方式，成为比特币挖矿这个行业的开端。

（5）2011 年 4 月 27 日，官方有历史记载的 0.3.21 版本上线，支持非常多的新特性，包括 UPNP 以聪为单位等，比特币系统逐渐成熟。

（6）2011 年 10 月，莱特币（Litecoin）诞生。莱特币受到了比特币的启发，并且在技术上具有相同的实现原理，莱特币的创造和转让基于一种开源的加密协议，不受到任何中央机构的管理。

（7）2012 年 8 月，Sunny King 发布了 Peercoin（也被称为 PPCoin、PPC、点点币）。PPC 的最大创新是其采矿方式混合了 POW 工作量证明及 POS 权益证明方式。PPC 也是第一个采用 POS 共识的加密数字货币。

（8）2013 年 1 月 OpenCoin 公司推出了 XRP，又称为 Ripple 币或瑞波币。它是基于 Ripple 协议的虚拟货币，主要功能有防止恶意攻击和作为桥梁货币。

（9）2013 年 7 月，Sunny King 创立了 Primecoin（代号 XPM，也叫作质数币）。

（10）2013 年 8 月，德国正式承认比特币，纳斯达克通过自身的区块链平台完成交易。中国人民银行虽然它否定了比特币的地位，但是却是全球唯一的一个立刻宣布要做自己的密码学货币/数字货币的银行。

（二）数字货币的功能

数字货币是电子货币形式的替代货币，数字金币和密码货币都属于数字货币，但它不能完全等同于虚拟世界中的虚拟货币。

数字货币作为一种货币支付系统，与传统货币相比，有着耗时更短、手续费更低等优势，可以在互联网上进行直接汇款交易，而无须第三方介入。

三》 区块链 1.0 的基本特征

区块链 1.0 时代最显著的特征就是数字货币的使用和支付。全世界产生了数千种的以比特币为代表的各种加密数字货币：如 ETH、EOS、瑞波币、莱特币、未来币、IOST等，通过这些加密货币的使用，在这种分布式、去中心化、全球化的方式下，每个人都可以与别人分配交易各种资源。

（一）区块链 1.0 时代的特征

区块链 1.0 时代以区块链技术为基础，促进了一系列数字货币的出现并进入市场行使职能。区块链 1.0 时代的特征主要有三个方面：

（1）从技术上实现了去中心化。去中心化的系统并非是从比特币开始首次被人提出，在此之前，还有许多"密码朋克"成员，作为密码学信仰者试图破除现在中心化的货币体系，他们也曾经提出了数字货币，最后均以失败告终。直到中本聪将这些技术整合起来，用"时间戳"这一概念解决了"交易重复"的"双花"问题，并给予维护系统（竞争打包权）的人以比特币作为"挖矿奖励"，才真正从技术层面上实现了"全网自由交易、全网共同维护"的去中心化系统。

（2）源代码开源，山寨币出现。区块链 1.0 时代最显著的特征就是数字货币的使用和支付。也正是有了源代码开源这一点，比特币网络才有了可复制性，从而催生了当时在世界范围内数百以比特币为代表的各种数字货币。共识机制是区块链技术的一个非常重要的环节，而这个共识机制就可以通过开源的源代码进行验证。

（3）仅限于金融行业货币支付这垂直应用场景。在金融领域的货币场景，区块链 1.0 时代掀起了一场浪潮。区块链技术最先也是最成功的落地应用即为数字货币，这与传统金融行业中的数字化支付、汇款以及转账等很多相关的领域产生共鸣，因而备受关注。

（二）区块链 1.0 底层技术特征

区块链技术的使用可以省掉中间繁杂的处理过程，直接进行点对点的支付就可以了。虽然数字货币在这一阶段并没有被传统金融行业所接受，可它背后的区块链技术却早早就被人察觉也许能够在处理效率上为金融行业带来巨大福音。区块链 1.0 是从比特币衍生出来的底层技术，具有如下特征，如图 3-2 所示。

图 3-2　区块链 1.0 的特征示意图

1. 数据结构

以区块为单位的链状数据结构。首先把系统中的数据块通过加时间戳的方式按照时间顺序，并且通过密码学的技术手段进行有序的链接。当系统中的节点生成新的区块时，它需要将当前时间戳，区块中的所有有效交易，前一个区块的散列值以及梅克尔树根值等内容全部打包上传，并且要向全网广播。

因此，区块链中的每一个区块信息都与前一个区块信息相联系，随着区块长度的加长，如果想要改变某一个区块的信息，那么该区块之前所有的信息都需要改变，很明显，这是不可能发生的事情，从而保证了账本的安全性和不可篡改性。

2. 账本信息的真实性、全网共享账本

记录交易历史的区块链条被传递给了区块链网络中的每一个节点，因此每一个节点都拥有一个完整且信息一致的总账。这样，就算某个节点的账本数据遭到了篡改，也不会影响到总账的安全。区块链网络的节点都是通过点对点连接起来的，不存在中心化的服务器，从而不可能有单一的攻击入口。

3. 非对称加密

非对称加密使用公钥和私钥相结合的方式，成为计算机技术在区块链领域的一个非常重要的应用，它搭建了比特币使用的安全防御系统。

4. 源代码开源

共识机制是区块链技术的一个非常重要的环节，而这个共识机制就可以通过开源的源代码进行验证。区块链 1.0 时代最显著的特征就是数字货币的使用和支付。

四 》 区块链"拜占庭将军"问题

拜占庭将军问题是由莱斯利·兰伯特提出的点对点通信中的基本问题。其含义是在存在消息丢失的不可靠信道上试图通过消息传递的方式达到一致性是不可能的。因此对一致性的研究一般假设信道是可靠的，或不存在本问题。

拜占庭将军问题是一个协议问题，拜占庭帝国军队的将军们必须全体一致地决定是否攻击某一支敌军。问题是这些将军在地理上是分隔开来的，并且将军中存在叛徒。叛徒可以任意行动以达到以下目标：欺骗某些将军采取进攻行动；促成一个不是所有将军都同意的决定，如当将军们不希望进攻时促成进攻行动，或者迷惑某些将军，使他们无法做出决定。如果叛徒达到了这些目的之一，则任何攻击行动的结果都是注定要失败的，只有完全达成一致的努力才能获得胜利。

拜占庭假设是对现实世界的模型化，由于硬件错误、网络拥塞或断开以及遭到恶意攻击，计算机和网络可能出现不可预料的行为。拜占庭容错协议必须处理这些失效，并且这些协议还要满足所要解决的问题要求的规范。

所谓拜占庭失效指一方向另一方发送消息，另一方没有收到，或者收到了错误的信息的情形。

在容错的分布式计算中，拜占庭失效可以是分布式系统中算法执行过程中的任意一个错误。这些错误被统称为"崩溃失效"和"发送与遗漏式失效"。当拜占庭失效发生时，系统可能会做出任何不可预料的反应。这些任意的失效可以粗略地分成以下几类：（1）进行算法的另一步时失效，即崩溃失效；（2）无法正确执行算法的一个步骤；（3）执行了任意一个非算法指定的步骤。

各个步骤由各进程执行，算法就是由这些进程执行的。一个错误的进程是在某个点出现了上述情况的进程。没有出现错误的进程是正确的进程。

任务 8 区块链 2.0：智能合约时代

【知识目标】

1. 了解智能合约的背景。
2. 掌握智能合约构筑平台。
3. 掌握智能合约工作原理。

【能力目标】

1. 能够根据区块链 2.0 的技术特点，用区块链的非中心化交易账本功能来注册、确认和转移各种不同类型的资产和合约。
2. 能够根据智能合约运行主要要素：自治、自足和非中心化，实现公共记录、证件、公证文件、有形或无形的资产自由迁移到区块链上，并能得到相应的证明。

【知识链接】

智能合约是在区块链上验证和创建新"数据块"的基本协议，它被吹捧为该系统未来发展和应用的焦点。然而，像所有"万灵药"一样，它不是一切的答案。一般来说，业内将区块链在数字货币以外领域的应用称为"区块链 2.0"。区块链 2.0 是区块链行业发展的下一个巨大空间，关于其定义和分类标准有许多不同的看法。

一 》 智能合约的背景

传统合约是目前我们最常用的，可以是口头合约，也可以是纸质合约。无论大型公司还是小型企业，所有的合约都是要依赖于诚信的约束，一旦发生合同违约，就需要付出大量的财力和物力解决问题。

　　智能合约比传统合约简单很多，它是通过代码执行的。只要是某种条件发出了智能合约的条款，代码自动执行，这个执行的过程是不会因为当事人不愿意就不执行。智能合约一定会按照预先设定的代码来运行，无须人为干扰，这样的设计既有优势，也存在诸多不足。

　　区块链 1.0 是为了实现货币与支付手段的非中心化；而区块链 2.0 则是更宏观地把整个市场非中心化，将可以用区块链的非中心化交易账本功能来注册、确认和转移各种不同类型的资产和合约。

　　智能合约的内容将远远不止简单的资产买卖，而是会包括更为广泛的内容；与传统合约同样都是当事人彼此同意为或不为某事，智能合约的特点是双方无须再信任彼此。这是因为，智能合约由代码进行定义，由代码执行，完全自动且无法干预。智能合约能够如此运行主要是因为它包含了三个要素：自治、自足和非中心化，如图 3-3 所示。

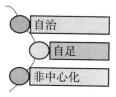

图 3-3　智能合约运行的三要素示意图

　　（1）自治。自治表示合约一旦启动就自动运行，而不需要它的发起者进行任何的干预。

　　（2）自足。智能合约能够自足地获取资源，也就是说，能够通过服务或发行资产来获取资金，当需要时也能使用这些资金。

　　（3）非中心化。智能合约并不依赖单个中心化的服务器，它们是分布式的，并且通过网络节点来自动运行。

二》 智能合约构筑平台：以太坊

（一）以太坊概述

　　以太坊（Ethereum）是一个开源的有智能合约功能的公共区块链平台，通过其专用加密货币以太币（Ether，简称"ETH"）提供去中心化的以太坊虚拟机（Ethereum Virtual Machine，EVM）来处理点对点合约。

　　以太坊目标是打造成一个运行智能合约的去中心化平台，平台上的应用按程序设定运行，不存在停机、审查、欺诈、第三方人为干预的可能。为了打造这个平台，以太坊提供了一条公开的区块链，并制定了面向智能合约的一套编程语言 Solidity。智能合约开发者可以在其上使用官方提供的工具来开发支持以太坊区块链协议的应用。

　　以太坊的特点主要包括：（1）单独为智能合约指定编程语言 Solidity；（2）使用了内存需求较高的哈希函数，避免出现算力矿机；（3）uncle 块激励机制，降低矿池的优势，减少区块产生间隔为 15 秒；（4）难度调整算法，一定的自动反馈机制；（5）Gas 限制调整算法，限制代码执行指令数，避免循环攻击；（6）记录当前状态的哈希树的根哈希值到区块，某些情形下实现轻量级客户端；（7）为执行智能合约而设计的简化的虚拟机 EVM

（可以说这是以太坊的最大贡献）。

（二）以太坊的核心概念

1. 以太坊虚拟机

以太坊虚拟机是智能合约的运行环境。它是一个完全独立的沙盒，合约代码在 EVM 内部运行，对外是完全隔离的，甚至不同合约之间也只有有限的访问权限。

2. 账户

以太坊中有两类账户，它们共用同一个地址空间。外部账户，该类账户被公钥—私钥对控制；合约账户，该类账户被存储在账户中的代码控制。外部账户的地址是由公钥决定的，合约账户的地址是在创建合约时由合约创建者的地址和该地址发出过的交易数量计算得到。两类账户的唯一区别是：外部账户没有代码，人们可以通过创建和签名一笔交易从一个外部账户发送消息。每当合约账户收到一条消息，合约内部的代码就会被激活，允许它对内部存储进行读取、写入、发送其他消息和创建合约。

以太坊的账户包含 4 个部分：（1）随机数，用于确定每笔交易只能被处理一次的计数器；（2）账户目前的以太币余额；（3）账户的合约代码（如果有的话）；（4）账户的存储（默认为空）。

3. 消息

以太坊的消息在某种程度上类似于比特币的交易，但是两者之间存在三点重要的不同：（1）以太坊的消息可以由外部实体或者合约创建，然而比特币的交易只能从外部创建；（2）以太坊消息可以选择包含数据；（3）如果以太坊消息的接收者是合约账户，可以选择进行回应，这意味着以太坊消息也包含函数概念。

4. 交易

以太坊中"交易"是指存储从外部账户发出的消息的签名数据包。交易包含消息的接收者、用于确认发送者的签名、以太币账户余额、要发送的数据和被称为 Start Gas 和 Gas Price 的两个数值。为了防止代码出现指数型爆炸和无限循环，每笔交易需要对执行代码所引发的计算步骤做出限制。

5. Gas

以太坊上的每笔交易都会被收取一定数量的燃料（Gas），设置 Gas 的目的是限制交易执行所需的工作量，同时为交易的执行支付费用。当 EVM 执行交易时，Gas 将按照特定规则被逐渐消耗。Gas 价格由交易创建者设置，发送账户需要预付的交易费用＝Gas Price×Gas Amount。如果执行结束还有 Gas 剩余，这些 Gas 将被返还给发送账户。

6. 存储、主存和栈

每个账户都有一块永久的内存区域，被称为存储，其形式为 key-value，key 和 value 的长度均为 256 位。在合约里，不能遍历账户的存储。相对于主存和栈，存储的读操作开销较大，修改存储甚至更多。一个合约只能对它自己的存储进行读写。

第二个内存区被称为主存。合约执行每次消息调用时都有一块新的被清除过的主存。主存可以按字节寻址，但是读写的最小单位为 32 字节。操作主存的开销随着主存的增长而变大。

7. 指令集

EVM 的指令集被刻意保持在最小规模，以尽可能避免可能导致共识问题的错误。所有的指令都是针对 256 位这个基本的数据单位进行的操作，具备常用的算术、位、逻辑和比较操作，也可以进行条件和无条件跳转。此外，合约可以访问当前区块的相关属性，比如它的编号和时间戳。

8. 消息调用

合约可以通过消息调用的方式来调用其他合约，或者发送以太币到非合约账户。消息调用和交易非常类似，它们都有一个源、一个目标、数据负载、以太币、Gas 和返回数据。事实上每个交易都可以被认为是一个顶层消息调用，这个消息调用会依次产生更多的消息调用。

9. 代码调用和库

以太坊中存在一种特殊类型的消息调用，被称为 callcode。它跟消息调用几乎完全一样，只是加载来自目标地址的代码将在发起调用的合约上下文中运行。这意味着一个合约可以在运行时从另外一个地址动态加载代码。存储、当前地址和余额都指向发起调用的合约，只有代码是从被调用地址获取的。

（三）以太坊的状态转换

以太坊的状态转换是指在一个交易发生时，以太坊从一个正确状态 S 转变到下一个正确状态 S′的转换过程，如图 3-4 所示。

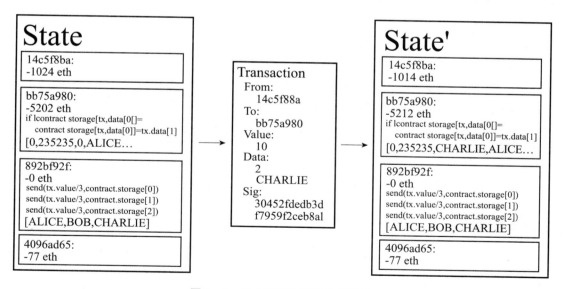

图 3-4 以太坊的状态转换示意图

状态转换函数 APPLY（S，TX）＞S′的具体过程如下：

（1）检查交易的格式是否正确，签名是否有效，以及随机数是否与发送者账户的随机数匹配；如否，返回错误。

（2）计算交易费用 fee＝Start Gas×Gas Price 并从签名中确定发送者的地址。从发送者的账户中减去交易费用和增加发送者的随机数。如果账户余额不足，返回错误。

（3）设定初值 Gas＝Start Gas，并根据交易中的字节数减去一定量的燃料值。

（4）从发送者的账户转移价值到接收者的账户。如接收账户不存在，创建此账户。如果接收账户是一个合约，运行合约的代码，直到代码运行结束或者燃料用完。

（5）如果因为发送者账户没有足够的费用或者代码执行耗尽燃料导致价值转移失败，恢复原来的状态，但是还需要支付交易费用，交易费用加至矿工账户。

（6）若代码执行成功，将所有剩余的燃料归还给发送者，消耗掉的燃料作为交易费用发送给矿工。

（四）以太坊智能合约

1. 智能合约

区块链可以为智能合约提供可信的执行环境，以太坊实现了区块链和智能合约的完整契合。

2. 开发语言

以太坊有 4 种专用语言：（1）Serpent（受 Python 启发）；（2）Solidity（受 JavaScript 启发）；（3）Mutan（受 Go 启发）；（4）LLL（受 Lisp 启发）。

3. 代码执行

以太坊合约的代码是使用低级的基于堆栈的字节码的语言写成的，被称为"以太坊虚拟机代码"（"EVM 代码"）。

4. 以太坊架构

以太坊架构示意图如图 3-5 所示。

简单描述如下：

（1）EVM 高级语言。以太坊提供高级语言让用户编写智能合约。以太坊的高级语言最后会编译成在 EVM 中执行的 EVM 字节码，部署在以太坊区块链上。

（2）Whisper 协议。Whisper 协议是 DApp 间通信的通信协议。Whisper 是为需要大规模的多对多数据发现、信号谈判和最少的传输通信、完全的隐私保护的下一代 DApp 而设计的。

（3）事件。以太坊中的事件是一个以太坊日志和事件监测的协议的抽象。

（五）以太坊功能应用

以太坊是一个平台，它提供各种模块让用户来搭建应用，如果将搭建应用比作造房子，那么以太坊就提供了墙面、屋顶、地板等模块，用户只需像搭积木一样把房子搭起来，因此在以太坊上建立应用的成本和速度都大大改善。

在平台之上的应用，其实就是合约，这是以太坊的核心。合约是一个活在以太坊系统里的自动代理人，它有一个自己的以太币地址，当用户向合约的地址里发送一笔交易后，该合约就被激活，然后根据交易中的额外信息，合约会运行自身的代码，最后返回一个结果，这个结果可能是从合约的地址发出另外一笔交易。

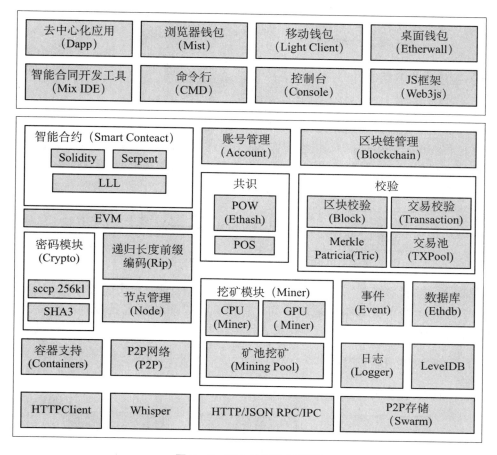

图3-5　以太坊架构示意图

合约所能提供的业务，几乎是无穷无尽的，它的边界就是人们的想象力，因为图灵完备的语言提供了完整的自由度，让用户搭建各种应用。

（六）以太坊的作用

从作用上讲，以太坊不是以创造某种加密货币为目的，而是致力于成为一个通用的、提供图灵完备的脚本语言的优秀底层协议。以太坊的系统提供了一组图灵完备的编程语言，可以编写智能合约在系统上执行。

这些编程语言包括类似 JavaScript 的语言 Solidity、类似 Python 的语言 Serpent，以及类似 Lisp 的语言 LLL。使用这些语言编写的代码样本在 Github 网站上公开，可以自由下载。利用这些语言经过以下三个步骤即可实现智能合约：（1）写入程序代码；（2）将程序代码保存在区块链上；（3）发送信息调用函数，如图3-6所示。

图3-6　以太坊上执行智能合约的流程示意图

三》 智能合约工作原理

(一) 智能合约的组成

智能合约的组成：事务（事件）处理和保存机制＋完备的状态机。

事务——主要是需要发送的数据；事件——对数据的描述信息。

主要过程：事务和事件传入智能合约，其中事件描述信息中包含了触发条件，智能合约会进行状态机判断。如果触发条件满足（可能是一个或者几个），智能合约就会自动发出设定好的数据以及包含触发条件的事件，如图 3-7 所示。

图 3-7 事务和事件传入智能合约过程示意图

简单地说，就是事务和事件 A 进去，经过智能合约处理，产出事务和事件 B，触发条件不同，B 中包含的事务和事件也就不同，智能合约扮演的角色是裁判，负责判断并执行。通过智能合约，承诺可以以数字化形式按照参与者的意志被正确、高效地执行。

(二) 智能合约的执行流程

智能合约执行流程为：构建→存储→执行，如图 3-8 所示。

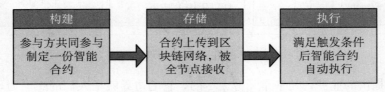

图 3-8 智能合约执行流程示意图

1. 构建

首先，用户需要在区块链上注册，获得一对公匙和私匙（公匙是账户地址，私匙是账户钥匙）。参与方根据彼此的需求达成一份承诺协议，其中包含数个权利和义务，这一步与传统合约是相同的。接下来，就要把这个承诺通过编程语言转换成数字形式，参与方分别用各自的私匙在这份数字协议上签名。这样，智能合约就生效了。

2. 存储

签名生效后的智能合约将会被传到区块链网络，被全网节点接收并存储。这个过程就是建立新区块的过程，首先要进行哈希计算获得区块的创建权，然后全网广播，所有的验证节点进行验证。同时，验证节点还会对每条合约进行验证，主要验证参与方的私匙签名与账户是否匹配。验证通过之后，合约就被区块链中各节点接收储存了。

3. 执行

首先，智能合约会定期逐条检查自动机、事务以及触发条件，然后处理信息，将其分为两类，一类是满足触发条件的事务，被推送到待验证行列，另一类是未满足触发条件的事务，将其继续返回到区块链上，如图3-9所示。

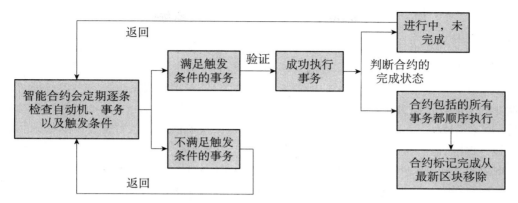

图3-9　智能合约执行过程流程示意图

当满足触发点的事务被全网节点验证通过后，就会被成功执行。接下来需要判断这份合约是否已经全部完成，如果全部完成，就会将其标记为完成状态，从最新的区块中移除；如果还有未完成事务，仍需继续，就将其在区块中更新，继续等待下一次触发条件。

任务 9　区块链3.0：智能社会时代

【知识目标】

1. 了解区块链3.0主要应用在社会治理领域。
2. 掌握区块链生态系统。
3. 掌握区块链的主要应用场景特点。
4. 掌握区块链的发展趋势。

【能力目标】

1. 能够根据区块链3.0的技术特征，实现每一个互联网中代表价值的信息和字节进行产权确认、计量和存储，从而到达资产在区块链上可被追踪、控制和交易目的。
2. 能够根据区块链3.0的应用场景特点，将区块链技术应用于数字加密货币领域及经济、金融和社会系统中。

【知识链接】

以以太坊为代表的区块链2.0应用加入智能合约功能，使得区块链从最初的货币体系拓展到股权、债权和产权的登记、转让，证券和金融合约的交易、执行，甚至博彩和防伪等金融领域。伴随可扩展性和效率的提高，区块链应用范围将超越金融范畴，拓展到身份认证、公证、审计、域名、物流、医疗、能源、签证等领域，成为未来社会的一种最底层的协议，区块链将进入3.0时代。

一 》 区块链 3.0 简介

区块链 3.0 是价值互联网的内核。区块链能够对于每一个互联网中代表价值的信息和字节进行产权确认、计量和存储，从而实现资产在区块链上可被追踪、控制和交易。

价值互联网的核心是由区块链构造一个全球性的分布式记账系统，它不仅仅能够记录金融业的交易，而是几乎可以记录任何有价值的能以代码形式进行表达的事物，包括对共享汽车的使用权、信号灯的状态、出生和死亡证明、结婚证明、教育程度、财务账目、医疗过程、保险理赔、投票、能源等。

区块链 3.0 主要应用在社会治理领域，包括了身份认证、公证、仲裁、审计、域名、物流、医疗、邮件、签证、投票等领域。随着区块链技术的发展，人们认识到，区块链的应用不仅局限在金融领域，还可以扩展到任何有需求的领域中去，如图 3-10 所示。

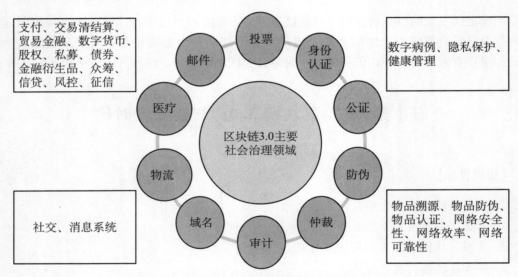

图 3-10　区块链 3.0 主要社会治理领域示意图

二 》 区块链生态系统

随着区块链技术的进一步发展，其"去中心化"功能及"数据防伪"功能在其他领域逐步受到重视。区块链技术应用范围扩大到了整个社会，区块链技术有可能成为"万物互联"的一种最底层的协议。区块链生态系统示意图如图 3-11 所示。

区块链 3.0 时代超出金融领域，区块链的应用覆盖人类社会生活的方方面面，从图 3-11 的整个生态中，可以看到个人、联盟、企业机构都在布局区块链，其中主要包含了开源社区、产业联盟、金融机构、投资机构、初创企业、监管机构等。

（一）开源社区

不同于很多其他技术，区块链技术并非发源于科研院所，也不是来自企业，而是发源

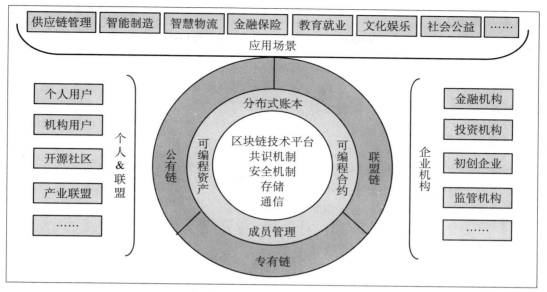

图 3-11 区块链生态系统示意图

于开源社区，并在社区中发展壮大，此后逐渐受到金融机构、IT 巨头等机构的关注。目前，具有代表性的区块链开源项目包括以比特币、以太坊为代表的源自技术社区的开源项目。这一类项目主要以公有链为主，大部分项目采用 POW 作为共识机制。相应的社区组成包括了开发者、矿工、代币持有者及代币交易平台等。

（二）产业联盟

随着区块链技术的发展，其在各行业的应用潜力开始受到参与者的关注。为了协调推进区块链技术和应用发展，国内外先后成立各种类型的区块链产业联盟。例如，美国银行、花旗银行、纽约梅隆银行、德意志银行、法国兴业银行、摩根史丹利等国际大型金融机构参加的 R3 区块链联盟，微众银行、平安银行、招银网络、恒生电子等共同发起成立的金融区块链合作联盟（简称"金联盟"）。

（三）金融机构

自 2015 年以来，全球主流金融机构纷纷开始布局区块链，以高盛、摩根大通、瑞银集团为代表的银行业巨头分别成立各自的区块链实验室，发布区块链研究报告或申请区块链专利，并参与投资区块链初创公司。其中，高盛不仅参与投资了区块链创业公司 Circle，还在 2015 年 11 月提交了一份专利申请，描述了一种可以用于证券结算系统的全新数字货币"SETLcoin"。

（四）投资机构

资金是推动区块链技术发展不可或缺的力量之一，各类投资机构也是区块链生态的重要组成部分。由于区块链技术仍处于较为早期的阶段，风险投资机构则是区块链领域内的主要投资力量。

（五）初创企业

随着区块链技术的发展，区块链领域的初创企业也如雨后春笋般涌现出来。这些初创企业将区块链技术应用到包括金融与非金融在内的多个领域中。其中，金融领域包含支付汇款、智能债券、资产发行与交易后清结算等应用；在非金融领域包括数字存证、物联网、供应链、医疗、公益、文化娱乐等应用。

（六）监管机构

区块链涉及了包括金融在内的多个行业，各国监管机构在区块链技术的发展与落地中势必会发挥重要作用。当前，各国政府对与以比特币为代表的数字货币政策定义不一，但对于区块链技术，各国政府普遍采取积极支持的态度。

三 》 区块链 3.0 应用场景

区块链技术不仅可以成功应用于数字加密货币领域，同时在经济、金融和社会系统中也存在广泛的应用场景。

（一）数字货币

以比特币为代表，本质上是由分布式网络系统生成的数字货币，其发行过程不依赖特定的中心化机构。

（二）数据存储

区块链的高冗余存储、去中心化、高安全性和隐私保护等特点使其特别适合存储和保护重要隐私数据，以避免因中心化机构遭受攻击或权限管理不当而造成的大规模数据丢失或泄露。

（三）数据鉴证

区块链数据带有时间戳，由共识节点共同验证和记录，不可篡改和伪造，这些特点使得区块链可广泛应用于各类数据公证和审计场景。

（四）金融交易

区块链技术与金融市场应用有非常高的契合度。区块链可以在去中心化系统中自发地产生信用，能够建立无区块链市场发展及区域布局中心机构信用背书的金融市场，从而在很大程度上实现了"金融脱媒"；同时，利用区块链自动化智能合约和可编程的特点，能够极大地降低成本和提高效率。

（五）资产管理

区块链能够实现有形和无形资产的确权、授权和实时监控。无形资产管理方面可广泛应用于知识产权保护、域名管理、积分管理等领域；有形资产管理方面则可结合物联网技术形成"数字智能资产",实现基于区块链的分布式授权与控制。

(六)选举投票

区块链可以低成本、高效地实现政治选举、企业股东投票等应用,同时基于投票可广泛应用于博彩、预测市场和社会制造等领域。

四》区块链的发展趋势

区块链改变了很多行业的现状,在一定程度上引领着互联网进入第三次的巨变。有观点认为,到 2020 年,56%的大型企业将计划采用区块链技术。区块链技术将在 2020 年实现完整的产品和全面的价值定位。

(一)区块链行业的变化

区块链行业产生了六个方面的变化,主要包括:(1)从存储来说,由单方维护一个数据库或者说一个账本走向多方维护;(2)通过智能合约,外挂式合约走向内置式合约;(3)通过提升信息透明度,由信用机构转向信用机器;(4)通过区块链可以即时清算和结算,使信息流和资金流更加紧密地结合在一起;(5)通过块链式结构,以前数据库是征、核、改、查四大操作,如今只剩读和写,也就是不可篡改;(6)数据越来越资产化,资产越来越数据化,需要一种新机制来更加高效、便捷地传递资产。

(二)区块链的发展趋势

区块链 3.0 阶段是构建一个完全去中心化的社会网络,区块链技术将使政府管理日益数字化。区块链技术发展趋势如下。

1. "区块链+供应链"实现商品信息全流程追溯

传统供应链的溯源防伪系统存在信息不透明、数据容易篡改、安全性差、相对封闭等弊端,而利用区块链和物联网技术,可将商品的原材料采买过程、生产过程、流通过程的信息进行整合和追溯,真正实现跨越品牌商、渠道商、零售商、消费者,精细到一物一码的全流程正品追溯,并通过多个网络渠道全面展示给消费者,显著提升用户信任体验。

2. "区块链+跨境支付"简化流程,实现降本增效

跨境汇款业务涉及多国参与机构、多国法律法规及汇率变动等诸多问题,流程复杂,到账时间长,费用较高,高成本和低效率已成为阻碍跨境支付业务高速发展的瓶颈之一。通过基于区块链技术的分布式共享账本与智能合约可在跨国收付款人之间建立直接交互,显著简化处理流程,实现交易信息实时共享、交易实时结算。基于区块链的跨境支付可提供全天候不间断服务,减少业务流程中人工处理环节,大幅缩短清算结算时间。同时,通过区块链技术的应用削弱交易流程中的中介机构作用,可有效降低交易各环节中的直接和间接成本。

3. "区块链+清算结算"提升公开透明水平

在现有交易模式中,机构间清算结算都要借助第三方中央清算机构,且不同清算机构

间的基础构架、业务流程各不相同，造成清算结算业务环节多、流程烦琐、效率低下且成本高昂。使用基于区块链的通用数字货币可实现点对点准实时清算结算，可以减少中间流程，提升清算结算效率。基于区块链的智能合约还能够实现自动的交易清结算，可显著节省时间，降低人工成本。

4. "区块链＋智能制造" 打造安全高效的智能制造生态体系

针对传统生产模式中设备的操作和维护记录存储形式单一、可靠性不强等问题，利用区块链智能合约技术，可整合串联设计、制造、使用、维护、回收等智能制造与服务关键环节的重要信息，由智能合约执行交易，实现零部件与制造单元全生命周期跟踪维护，严格保障制造流程与产品质量，提升制造业内在发展质量。同时，区块链在全球智能制造生态系统的参与主体之间架起安全、互信、高效的桥梁，为智能制造系统的每一位参与方提供低成本、高收益且私密的沟通方式，促进各参与方之间的高效协同。

5. "区块链＋物联网" 搭建万物互联时代的信息交流网络

分布异构的区块链系统网络是典型的 P2P 网络，而物联网天然具备分布式基因，网中的每个设备都能管理其在交互作用中的角色、行为和规则，对建立区块链系统的共识机制具有重要的支持作用。

6. "区块链＋医疗" 保障医疗数据安全共享

运用区块链技术对医疗数据进行数学加密，可有效防止医疗数据被恶意修改等风险。应用区块链技术开发的医疗数据共享和交换系统，将加密后的医疗数据上传，可以实现数据在患者、各医疗机构之间快速、高效、安全地进行共享和流通，有效简化了医疗数据的调用流程，为精确诊断病情提供数据保障。

目前，中国的区块链还处于萌芽发展的阶段，要想走向更成熟的阶段也许还需要 5～10 年，甚至更长的时间。区块链技术将使政府管理日益数字化，各种业务从精细和复杂的数据管理和治理管理中解放出来，区块链周围的结构将使这成为可能。

【测验题】

一、单选题

1. 从应用角度方面来看，区块链就是一本安全的（   ），所有的可数字化的交易都是通过这个总账本来记录。

A. 电子账本   B. 通信密码   C. 数字黄页本   D. 全球总账本

2. 以太坊是一个（   ），它提供各种模块让用户来搭建应用，如果将搭建应用比作造房子，那么以太坊就提供了墙面、屋顶、地板等模块，用户只需像搭积木一样把房子搭起来，因此在以太坊上建立应用的成本和速度都大大改善。

A. 平台   B. 数字   C. 模型   D. 程序

3. 区块链能够对于每一个互联网中代表价值的（   ）进行产权确认、计量和存储，从而实现资产在区块链上可被追踪、控制和交易。

A. 密钥和字符   B. 信息和字节   C. 图像和视频   D. 网站和通道

4. 价值互联网核心是由区块链构造一个全球性的分布式（   ），它不仅仅能够记录金融业的交易，而是几乎可以记录任何有价值的能以代码形式进行表达的事物。

A. 记账系统   B. 编程系统   C. 传播系统   D. 确权系统

二、多选题

1. 传统合约是目前我们最常用的,既可以是(　　　),也可以是(　　　)。无论大型公司还是小型企业,所有的合约都是要依赖于诚信的约束,一旦发生合同违约,就需要付出大量的财力和物力解决问题。

A. 口头合约　　　　　B. 纸质合约　　　　　C. 电子合约　　　　　D. 密匙合约

E. 法律合约

2. 区块链的(　　　)等特点使其特别适合存储和保护重要隐私数据,以避免因中心化机构遭受攻击或权限管理不当而造成的大规模数据丢失或泄露。

A. 总账本　　　　　B. 高冗余存储　　　　　C. 去中心化　　　　　D. 高安全性

E. 隐私保护

三、判断题

1. 从应用角度方面来看,区块链就是一本安全的全球总账本,所有的可数字化的交易都是通过这个总账本来记录。(　　　)

2. 拜占庭假设是对现实世界的模型化,由于硬件错误、网络拥塞或断开以及遭到恶意攻击,计算机和网络可能出现不可预料的行为;拜占庭容错协议不能单独处理这些失效,并且这些协议还要满足所要解决的问题要求的规范。(　　　)

3. 区块链 1.0 是为了实现货币与支付手段的非中心化;而区块链 2.0 则是更宏观地把整个市场非中心化,将可以用区块链的非中心化交易账本功能来注册、确认和转移各种不同类型的资产和合约。(　　　)

4. 从作用上讲,以太坊是以创造某种加密货币为目的,致力于成为一个通用的、提供图灵完备的脚本语言的优秀底层协议。(　　　)

四、简答题

1. 区块链 1.0 的基本特征有哪些?

2. 拜占庭将军问题是什么?

3. 智能合约运行的三要素是什么?

4. 以太坊的概念是什么?

5. 价值互联网的核心是什么?

6. 区块链 3.0 主要应用在社会治理的哪些领域?

7. 区块链 3.0 的主要应用场景有哪些?

8. 区块链行业产生了哪六方面的变化?

项目四　区块链基本原理

【情景设置】

政治经济学家弗朗西斯·福山先生曾经预言：在未来，社会资本将变得与有形资本一样重要，只有具有高度社会信任度的社会，才能够在新经济中创造出具有竞争力的大型组织。区块链技术最早的使用场景是记录发生在散布全世界的数据库中比特币交易的分类账簿，今天，区块链技术的应用远远超出了货币领域，可以在全球范围内解决涉及社会信任的交易问题。

【教学重点】

科技史上大部分创新都是与生产力有关的，区块链带来的最主要的颠覆却是生产关系上的。互联网实现了信息的传播，区块链实现了价值的转移。

本项目的教学重点为：

(1) 分布式账本与中心式账本对比；

(2) 区块链的分类；

(3) 区块链实质、特点与结构；

(4) 区块链技术特性。

【教学难点】

区块链并不是一个全新的技术，而是结合了多种现有技术进行的组合式创新，是一种新形式的分布式加密存储系统，是一种健壮和安全的分布式状态机。

本项目的教学难点为：

(1) 区块链商业领域应用模式；

(2) 区块链技术结构特征；

(3) 区块链技术存在的问题和未来展望；

(4) 区块链技术发展路径。

【教学设计】

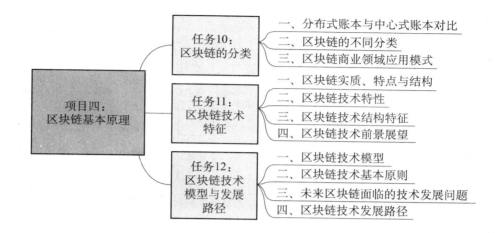

任务10：
区块链的分类

一、分布式账本与中心式账本对比
二、区块链的不同分类
三、区块链商业领域应用模式

项目四：
区块链基本原理

任务11：
区块链技术
特征

一、区块链实质、特点与结构
二、区块链技术特性
三、区块链技术结构特征
四、区块链技术前景展望

任务12：
区块链技术
模型与发展
路径

一、区块链技术模型
二、区块链技术基本原则
三、未来区块链面临的技术发展问题
四、区块链技术发展路径

<h1 style="text-align:center">任 务 10　区块链的分类</h1>

【知识目标】

1. 了解分布式账本与中心式账本对比。
2. 掌握区块链的分类。
3. 掌握区块链商业领域应用模式。

【能力目标】

1. 能够根据不同类型区块链的对比，理解区块链实质是由多方参与、共同维护一个持续增长的分布式数据库，有效去中心化能够比绝对的去中心化带来更多的好处。
2. 能够根据区块链在具体商业领域应用模式，进行相关的技术探索。

【知识链接】

区块链作为比特币的一个重要概念，可分为多种类型。根据不同的环境所选择的区块链类型也各不相同，作为一个中心化的数据库，同时作为底层技术，它到底是怎样产生联动数据的？从本质上来说，区块链就是一个采用分布式一致性算法的数据库。区块链的应用十分广泛，前景也十分明朗。

一 》 分布式账本与中心式账本对比

当前，对于区块链的定义，各方不尽相同。区块链是一种分布式账本构造技术，可以在去中心化系统中构建不可篡改、不可伪造的分布式账本，并保证系统中各个节点所拥有账本的动态一致性。分布式账本与中心式账本的对比如图 4-1 所示。

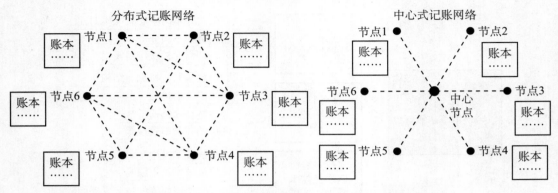

图 4-1　分布式账本与中心式账本的对比示意图

（一）中心节点的特点

中心节点掌握分布节点信息，分节点不掌握其他节点信息，即只有中心节点才具有记账权，节点之间的联系都需要通过中心节点。

（二）每个节点特点

每个节点都有一本一模一样的账本，每个节点都有记账权，由于区块链内每个节点掌握各个节点信息，信息可以采用匿名原则（交易公开），系统内交易批准取决于所有节点共识性原则，规则对于所有节点公平且具有强制性。

二》 区块链的分类

（一）按开放程度，可划分为公有链、私有链、联盟链

公有链、私有链、联盟链结构示意图如图 4-2 所示。

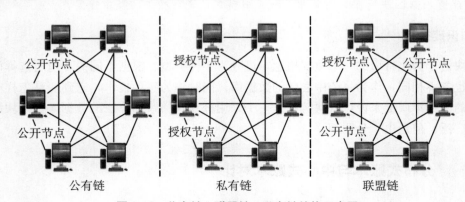

图 4-2　公有链、联盟链、私有链结构示意图

根据区块链的性质和开放程度的不同，普遍形成的共识是：对所有开放的是"公有链"，针对单独个人和实体的是"私有链"，介于两者之间的是"联盟链"，如图4-3所示。分类的核心在于应用系统中存在的中心节点的数量。

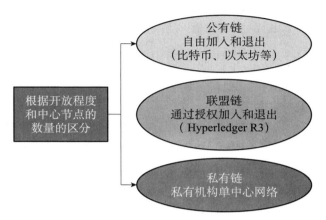

图4-3　根据开放程度和中心节点的数量进行分类示意图

1. 公有链（Public Block Chain）

公有链是指全世界任何人都可以随时进入系统中读取数据、发送可确认交易、竞争记账的区块链。公有链通常被认为是"完全去中心化"的，因为没有任何个人或者机构可以控制或篡改其中数据的读写。公有链一般会通过代币机制来鼓励参与者竞争记账，来确保数据的安全性。

特征：系统最为开放，任何人都可以参与区块链数据的维护和读取，容易部署应用程序，完全去中心化，不受任何机构控制。

（1）公有链的优点。公有链可以保护用户权益免受程序开发者的影响。在公有链中，程序的开发者没有权力干涉用户，所以公有链可以保护使用该程序的用户权益。

（2）公有链产生网络效应。共有链是开放的，可能会被很多的外界用户应用并且产生一定程度的网络效应。举个例子来说，比如A想出售给B一个域名，就有个亟待解决的风险问题：如果A先卖出了域名，但是B可能没有付款；或者是B已经付钱了，但是A还没有卖出域名，但是需要支付3～6个百分点的手续费。

如果我们可以在区块链上建立一个域名系统，并且使用这个区块链的货币，可以建立费用低于零的智能合约：A向域名系统卖出域名，首先支付费用的用户就可以得到该域名，但是更快更高效的是把不同行业和不同资产建立在一个共有链数据库上。

（3）公有链系统存在的主要问题。

1）激励问题：为促使全节点提供资源，自发维护整个网络，公有链系统需设计激励机制，以保证公有链系统持续健康运行。

2）效率和安全问题：比特币目前平均每10分钟产生1个区块。

3）公有链面临的安全风险：包括来自外部实体的攻击和来自内部参与者的攻击。

4）隐私问题：目前公有链上传输和存储的数据都是公开可见的，仅通过"伪匿名"的方式对交易双方进行一定隐私保护。

5）最终确定性问题：交易的最终确定性指特定的某笔交易是否会最终被包含进区块

链中。

2. 私有链（Private Block Chain）

私有链是指其写入权限由某个组织和机构控制的区块链，参与节点的资格会被严格限制。由于参与节点是有限和可控的，因此私有链往往可以有极快的交易速度、更好的隐私保护、更低的交易成本、不容易被恶意攻击，并且能做到身份认证等金融行业必需的要求。

特征：系统最为封闭，仅限于企业、国家机构或者单独个体内部使用，不完全能够解决信任问题，但是可以改善可审计性。

私有链特点主要体现为：

（1）交易速度非常快。私有链的交易速度可以比任何其他的区块链都快，甚至接近并不是一个区块链的常规数据库的速度。这是因为就算少量的节点也都具有很高的信任度，并不需要每个节点来验证一个交易。

（2）给隐私更好的保障。私有链使得在那个区块链上的数据隐私政策像在另一个数据库中似的完全一致；不用处理访问权限和使用所有的老办法，但至少说，这个数据不会公开地被拥有网络连接的任何人获得。

（3）交易成本大幅降低甚至为零。私有链上可以进行完全免费或者至少说是非常廉价的交易。如果一个实体机构控制和处理所有的交易，那么它们就不再需要为工作而收取费用。

3. 联盟链（Consortium Block Chain）

联盟链是指有若干个机构共同参与管理的区块链，内部指定多个预选的节点为记账人，每个块的生成由所有的预选节点共同决定，其他接入节点可以参与交易，但不过问记账过程，其他第三方可以通过该区块链开放的 API 进行限定查询。为了获得更好的性能，联盟链对于共识或验证节点的配置和网络环境有一定要求。有了准入机制，可以使得交易性能更容易提高，避免有参差不齐的参与者而产生的一些问题。

特征：系统半开放，需要注册许可才能访问的区块链。从使用对象来看，联盟链仅限于联盟成员参与，联盟规模可以大到国与国之间，也可以是不同的机构企业之间。

联盟链往往采取指定节点计算的方式，且记账节点数量相对较少。从参与者信用的角度，区块链分为两种类型：

（1）"无须互信的"区块链（Trustless Block Chain），不需要参加者之间的相互信任，比特币区块链就属于这一类型；

（2）"互信的"区块链（Trusted Block Chain），是基于参与者之间的信任而成立的区块链。

联盟区块链优势：相比于公共区块链，联盟区块链在效率和灵活性上更有优势，主要体现为以下几点：

（1）交易成本更便宜。交易只需被几个受信的高算力节点验证就可以了，而无须全网确认。

（2）节点可以很好地连接，故障可以迅速通过人工干预来修复，并允许使用共识算法减少区块时间，从而更快完成交易。

（3）如果读取权限受到限制，可以提供更好的隐私保护。

（4）更灵活，如果需要的话，运行私有区块链的共同体或公司可以很容易地修改该区块链的规则，还原交易，修改余额等。

公有链、私有链、联盟链的对比如表 4-1 所示。

表 4-1　公有链、私有链、联盟链的对比

类型	公有链	私有链	联盟链
参与决策	任何节点都可以参与决策	只有内部节点可以参与决策	只有被特殊允许的节点可以参与决策
参加决策者	数量庞大	数量小	数量中等
决策速度	慢	快	中
网络	P2P 网络	高速网络	高速网络
交易数据	公开	非公开	非公开
属性	不变的数据存储，加密，时间戳技术	不变的数据存储，加密，时间戳技术	不变的数据存储，加密，时间戳技术

（二）按应用范围，可划分为基础链、行业链

有专家认为，币讲的是共识，链讲的是生态。在区块链的划分中，按照应用范围，可以分为基础链和行业链两种类型，如图 4-4 所示。

图 4-4　基础链、行业链示意图

1. 基础链

基础链，即具有不依赖第三方、通过自身分布式节点进行网络数据存储、验证、传递和交流的区块链平台，具有去中心化、系统开放性、自治性、信息不可篡改、匿名性等特点。基础链发展经历了三个阶段：以 BTC 为代表的 1.0 时代，以 ETH 为代表的 2.0 时代，以 ADA、EOS 为代表的 3.0 时代。

特征：所谓基础链，在理解起来就是提供底层的且通用的各类开发协议和工具，方便开发者在上面快速开发出各种 DAPP 的一种区块链，一般以公有链为主。

2. 行业链

行业链，类似我们日常生活中的某些行业标准，比如 BTM 就是资产类公链，GXS 是数据公链，而 SEER 是预测类公链。

特征：所谓行业链，业内似乎没有统一的定义，其在底层技术上一般不如基础链，且为某些行业特别定制的基础协议和工具。如果把基础链称为通用性公链，则可以把行业链理解为专用性公链。

（三）按原创程序，可划分为原链、分叉链

按原创程序划分，可分为原链、分叉链，如图4-5所示。这个划分可能更为小众一些，这方面的研究没有太多的资料。

图4-5　原链、分叉链示意图

1. 原链

原链主要致力于搭建企业级区块链SaaS平台，可以应用于供应链金融、票据、积分等行业。原链这种叫法可能不够准确，原链平台结合了热交换智能合约，区块链跨链等多项创新技术。这里指的是原创的区块链，单独设计出整套区块链规则算法。

2. 分叉链

区块链发生永久性分歧，在新共识规则发布后，部分没有升级的节点无法验证已经升级的节点生产的区块形成分叉，简单一句话讲，分叉就是指在升级的时候发生了冲突，从而导致区块链分叉。

（四）按独立程度，可划分为主链、侧链

根据这条区块链是否足够独立，区块链还有一种分法。按独立程度划分，可分为主链、侧链，如图4-6所示。

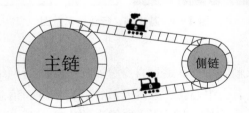

图4-6　主链、侧链示意图

1. 主链

"主链"一词源于"主网"（相对于测试网而言），即正式上线的、独立的区块链网络。目前，市值排名前50名的区块链项目中，有12个项目是"主链"（当下数据有变化），运行最成功的主链非以太坊莫属。

2. 侧链

侧链（Side chain）是用于确认来自其他区块链的数据的区块链，通过双向挂钩（Two-Way Peg）机制使比特币、Ripple币等多种资产在不同区块链上以一定的汇率实现转移。侧链本身也可以理解为一条主链。如果一条主链符合侧链协议，它也可以被叫作侧链。

（五）按层级关系，可划分为母链、子链

按层级关系划分，可分为母链、子链，这种划分方式也比较小众，如图 4 - 7 所示。

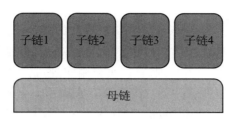

图 4 - 7　母链、子链示意图

1. 母链

万链之母，能生链的链就叫作母链，可以说是底层的底层。

2. 子链

构建在底层母链基础上的区块链，链上之链，即为子链。

（六）从权限控制的角度分类

从权限管理的角度看，区块链涉及各个节点的权限问题：如是否可以接入区块链网络、是否可以参与认证新区块、是否可以进行交易、是否可以执行智能合约等，不同节点可能拥有不同的权限，在区块链的网络上扮演不同的角色。另外，还有更为高级的权限，可以对其他节点的权限进行管理、授予或剥夺其他节点的权限。从这一角度，即从权限控制角度的区块链分类，则可以把区块链分为三种类型，如图 4 - 8 所示。

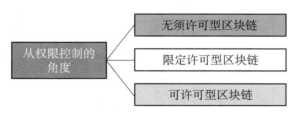

图 4 - 8　从权限控制角度的区块链分类示意图

1. 无须许可型区块链（Permissionless Bloek Chain）

无须许可型区块链是没有权限管理的区块链系统，所有参与者都拥有相同的完整权限，可以开展全部活动，比特币的区块链就属于此类型。

2. 限定许可型区块链（Permissioned Block Chain）

限定许可型区块链是不同节点拥有不同权限的区块链系统。在此类系统下，参与者活动受到一定限制，例如部分参与者仅能进行现有资产的交易，另一些参与者可以发行新资产；部分参与者仅能验证交易，另一些参与者可以将交易记录同步到账本中；部分参与者仅能读取账本数据，另一些参与者则可以写入数据。金融行业开发、应用的区块链多属于这一类型。

3. 可许可型区块链（Permissionable Block Chain）

可许可型区块链不仅不同参加者的权限不同，而且还有一些高级节点能够进行权限管理，可以授予或剥夺其他节点的权限。

三》 区块链商业领域应用模式

(一) 区块链带来的价值

第一，区块链的核心是解决了信用问题。信用是一切商业活动与金融的基础。美国自2011年起实行可信身份识别，而中国则通过实名制实现可监管的信息传播。区块链的意义在于第一次从技术层面建立了去中心化的信任，实现了完全分布式的信用体系。

第二，区块链解决了价值交换的问题。传统网络可以实现信息的点到点传递，但无法实现价值的点到点传递。因为信息是允许复制的，而价值必须确权且具有唯一性，因此必须依赖一个中心化机构才能做到价值传递。区块链完美地解决了此问题，提供了一个实现价值点到点传递的方法，在价值传递过程中，由网络来实现记账而不依赖某个中心化的机构。

(二) 区块链的商业模式分析

目前区块链的应用主要有两种模式：

(1) 原生型的区块链应用：直接基于去中心化的区块链技术，实现价值传递和交易等应用，例如数字货币。

(2) "区块链＋"模式：将传统的场景和区块链底层协议相结合，以便提高效率，降低成本。预计区块链在各行业的应用，将以第二种模式为主。

区块链具有五大核心属性，即：交易属性（价值属性）、存证属性、信任属性、智能属性、溯源属性。如将核心属性与行业的需求相结合，可解决行业痛点问题，成为区块链在各行业应用的商业模式。

分类标准不是相互包含的，而是平行、独立的。区块链在具体商业领域中的应用模式可分为：账本模式、存储模式、平台模式和局部模式。

(1) 账本模式：财务类应用，如：各类代币、数字产权交易、电子票据、积分等类型的系统。

(2) 存储模式：存证类应用，如：各类信息确权、溯源存证等类型的系统。

(3) 平台模式：通用系统，如：各类智能合约的基础链，BaaS区块链通用云等。

(4) 局部模式：仅需区块链系统中的某些特性，如P2P广播互联网广告系统，利用区块链加密能力的数据存储系统等。

任 务 11 区块链技术特征

【知识目标】

1. 了解区块链实质、特点与结构。

2. 掌握区块链技术特性。

3. 掌握区块链技术结构特征。

4.掌握区块链技术存在的问题和未来展望。

【能力目标】

1.能够理解区块链技术是一个全民参与记账的方式，它将带来的是记账方式的革新；在应用层面，有助于规范互联网金融的发展，以及促进物联网和共享经济的普及与创新。

2.能够根据区块链技术在资本市场上的表现，实现将区块链这项技术推广应用于社会的各方面。

【知识链接】

互联网发展至今，每一项新技术的诞生都在深刻改变着人们的生活方式。如今，一个冉冉升起的新技术——区块链，来到社会舞台前沿，它让全世界范围内任何一笔比特币资产交易在短时间内就可以成功确认。不仅仅是信息的互联，区块链技术还可以帮助实现价值的互联，这使得越来越多的人关注到区块链技术，了解其原理并应用于实践。

一 》 区块链实质、特点与结构

（一）区块链实质

区块链就是通过标准算法，并且使用加密技术将数据压缩为一个 64 位字节的代码，称为"哈希"或者"散列"。这个数据可以代表一个记录、一笔资产、一项交易等，将其同真实世界联系起来。由于哈希值难以解密，同时区块链的数据记录都会盖上一个时间戳，这样就确保了记录数据与真实世界交易的完全对应。

简而言之，区块链实质是一种基于密码学原理构建的、由多方参与、共同维护一个持续增长的分布式数据库，也被称为分布式共享总账（Distributed Shared Ledger）；是一个使用区块记录交易信息的账本，这个账本具有严格的记账规则。每个用户节点都可以查看账本上的记录，但是其中的记录内容没有人可以修改，其核心在于通过分布式网络、时序不可篡改的密码学账本及分布式共识机制建立彼此之间的信任关系，利用由自动化脚本代码组成的智能合约来编程和操作数据，最终实现由信息互联向价值互联的进化。

（二）区块链特点

区块链技术具有弱中心化、可追溯性、开放性、防篡改性和匿名性技术特点。

1. 弱中心化

弱中心化的特点又称分布式特点，就是所有在整个区块链网络里面跑的节点，都可以进行记账，都有一个记账权，这个就完全规避了操作中心化的弊端。它不是一个中心化，而是一个去中心化系统。

在这个过程中省略了第三方机构，例如在转账中的银行。而不可篡改的特点是利用了密码学原理、时间戳等技术，用随机散列算法（哈希算法）对区块内的数据进行加密。同时，通过公钥、私钥不同的非对称加密法来保证节点用户的信息安全，如图 4-9 所示。

并且根据区块链信息全网广播的机制，若攻击者意欲更改交易数据，其付出的努力可

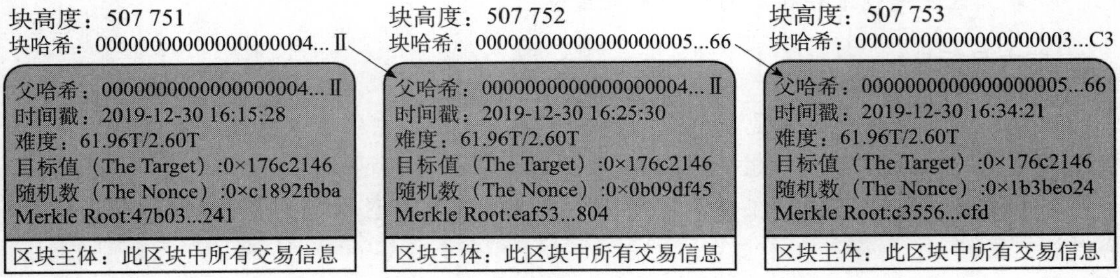

块高度：507 751 块哈希：0000000000000000004...Ⅱ	块高度：507 752 块哈希：0000000000000000005...66	块高度：507 753 块哈希：0000000000000000003...C3
父哈希：0000000000000000004...Ⅱ 时间戳：2019-12-30 16:15:28 难度：61.96T/2.60T 目标值（The Target）:0×176c2146 随机数（The Nonce）:0×c1892fbba Merkle Root:47b03...241	父哈希：0000000000000000004...Ⅱ 时间戳：2019-12-30 16:25:30 难度：61.96T/2.60T 目标值（The Target）:0×176c2146 随机数（The Nonce）:0×0b09df45 Merkle Root:eaf53...804	父哈希：0000000000000000005...66 时间戳：2019-12-30 16:34:21 难度：61.96T/2.60T 目标值（The Target）:0×176c2146 随机数（The Nonce）:0×1b3beo24 Merkle Root:c3556...cfd
区块主体：此区块中所有交易信息	区块主体：此区块中所有交易信息	区块主体：此区块中所有交易信息

图4-9　区块链工作原理示意图

能远大于成为一名诚实参与者。

2. 可追溯性

在每一个区块的区块头，都记录了前一个区块的哈希值，这就保留了从第一个区块开始的所有数据，区块链上的任意一条记录都可以通过其链式结构追溯本源。机制就是设定后面一个区块拥有前面一个区块的哈希值，就像一个挂钩一样，只有识别了前面的哈希值才能挂得上去，形成一整条完整的链。

3. 开放性

针对区块链共有链来讲，共有链的信息任何人都可以进去读，可以进去写，只要是整个网络体系的节点，有记账权的节点，都可以进行。

4. 防篡改性

就是任何人要改变区块链里面的信息，必须攻击网络里面的51%的节点才能把数据更改掉，这个难度非常非常大。

5. 匿名性

匿名性基于算法实现是以地址来寻址的，而不是以个人身份，这也是管理者比较担心的。整个区块链里面有两个不可控，第一个是身份不可控匿名性，不知道是谁发起了这笔交易；第二个是它有一个跨境支付，这个牵涉币的资金转移问题。

（三）区块链数据结构

1. 创世区块链

区块链以区块为单位组织数据。全网所有的交易记录都以交易单的形式存储在全网唯一的区块链中，如图4-10所示。

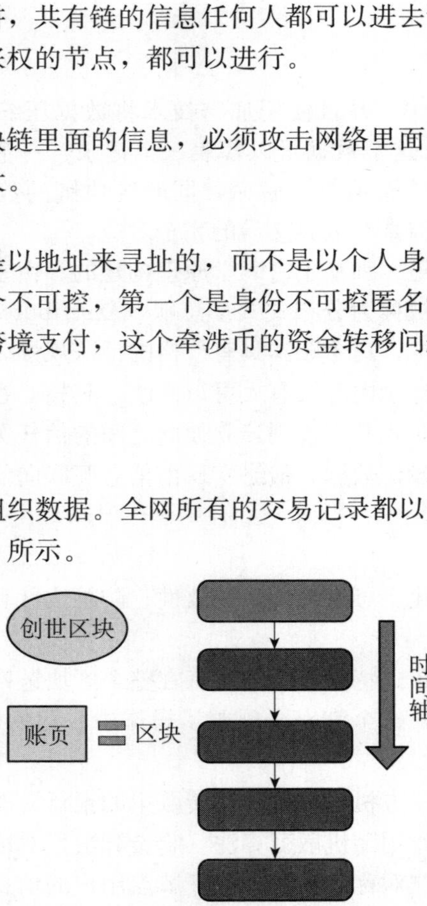

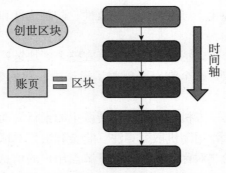

图4-10　创世区块链结构示意图

2. 区块

区块是一种记录交易的数据结构。每个区块由区块头和区块主体组成，区块主体只负责记录前一段时间内的所有交易信息，区块链的大部分功能都由区块头实现，如图 4 - 11 所示。

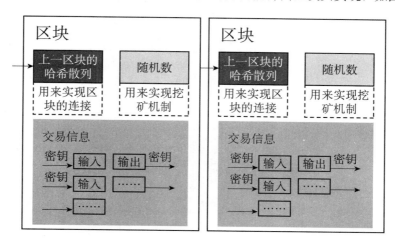

图 4 - 11　区块数据结构示意图

3. 区块头

区块头数据结构，有以下组成：

（1）版本号，标示软件及协议的相关版本信息。

（2）父区块哈希值，引用的区块链中父区块头的哈希值，通过这个值，每个区块才首尾相连组成区块链，并且这个值对区块链的安全性起到了至关重要的作用。

（3）Merkle 根，这个值是由区块主体中所有交易的哈希值再逐级两两哈希计算出来的一个数值，主要用于检验一笔交易是否在这个区块中存在。

（4）时间戳，记录该区块产生的时间，精确到秒时间戳，记录该区块产生的时间，精确到秒。

（5）难度值，该区块相关数学题的难度目标。

（6）随机数（Nonce），记录解密该区块相关数学题的答案的值。

区块头数据结构示意图如图 4 - 12 所示。

4. 区块形成过程

在当前区块加入区块链后，所有矿工就立即开始下一个区块的生成工作。

（1）把在本地内存中的交易信息记录到区块主体中。

（2）在区块主体中生成此区块中所有交易信息的 Merkle 树，把 Merkle 树根的值保存在区块头中。

（3）把上一个刚刚生成的区块的区块头的数据通过 SHA256 算法生成一个哈希值填入当前区块的父哈希值中。

（4）把当前时间保存在时间戳字段中。

（5）难度值字段会根据之前一段时间区块的平均生成时间进行调整，以应对整个网络不断变化的整体计算总量，如果计算总量增长了，则系统会调高数学题的难度值，使得预期完成下一个区块的时间依然在一定时间内。

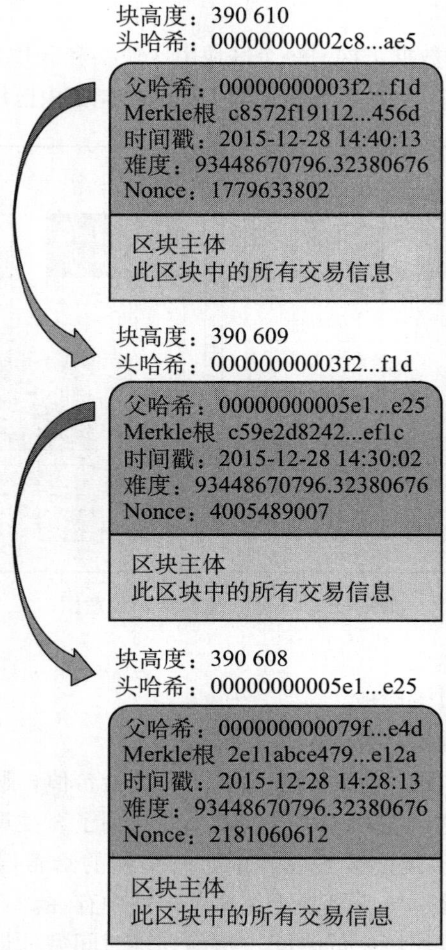

块高度：390 610
头哈希：00000000002c8...ae5

父哈希：00000000003f2...f1d
Merkle根 c8572f19112...456d
时间戳：2015-12-28 14:40:13
难度：93448670796.32380676
Nonce：1779633802

区块主体
此区块中的所有交易信息

块高度：390 609
头哈希：00000000003f2...f1d

父哈希：00000000005e1...e25
Merkle根 c59e2d8242...ef1c
时间戳：2015-12-28 14:30:02
难度：93448670796.32380676
Nonce：4005489007

区块主体
此区块中的所有交易信息

块高度：390 608
头哈希：00000000005e1...e25

父哈希：000000000079f...e4d
Merkle根 2e11abce479...e12a
时间戳：2015-12-28 14:28:13
难度：93448670796.32380676
Nonce：2181060612

区块主体
此区块中的所有交易信息

图 4-12 区块头数据结构示意图

二 》》 区块链技术特性

区块链四大核心技术：分布式账本、非对称加密算法和授权技术、智能合约、共识机制。区块链技术诞生至今，其发展大体可以划分为三个阶段。

（1）第一代区块链技术是比特币底层技术。它的主要作用就是为了解决多方参与下的多重信任问题，进而发展出了去中心化、自信任系统解决方案，大大降低了中间交易和支付费用。

（2）第二代区块链技术是共识机制提高运行效率。第二代区块链技术在效率上做了改善，改变了共识机制，提高了运行效率。例如 DPOS 共识机制中进行验证的节点都是经过选择的，因此在效率上能够提高很多，交易支付时间可以缩短到几秒。

（3）第三代区块链技术是有效去中心化。不再盲目追求绝对的去中心化是最大的一个特点，即区块链上的节点是受管理机构限制的，只有经过授权的合格节点才可以参与验证工作，享受同样的权益。中心化在效率上占优势，因此第三代区块链技术权衡了去中心化与中心化的占比，使得效率更高、更实用，第三代区块链的主要代表有 Ripple、R3，而这类基本上是以私有链和联盟链为主。

不管是完全去中心化还是有效去中心化，它们两者之间可以充分竞争，也可以各展所长、取长补短。区块链技术具有明显的特性：公开性、安全性和唯一性。

（1）公开性。主要指区块链中的存储信息对所有参与者是完全公开的。这一点主要由区块链点对点网络存储方式决定的，在区块链网络中，每一个节点都可以存储区块链的副本，而区块链的唯一性可以保证这个副本在不同节点之间是完全一样的。

（2）安全性。主要指区块链区块内存储的信息是经过数字加密技术处理之后保存的，只有私钥持有者才可以对信息进行解密以获得真实信息。其他成员只可以看到并且验证信息的完整性和唯一性，但无法看到真实的信息。

（3）唯一性。这个特性主要是由于区块链上的信息一旦上链就无法篡改，因此具备唯一性。当然，这里说的唯一性还包括空间上的唯一性，即所有节点都只有一个相同版本的信息，也包括时间上的唯一性，即历史数据不可更改。

三》 区块链技术结构特征

区块链的诞生及发展来源于它所产生的土壤——互联网技术的发展和云计算、大数据的兴起。区块链技术通过建立电子信息、加密、确认交易、实时广播、添加区块和网络复制记录等六个步骤完成工作。

区块链通过分布式核算和存储，各个节点实现了信息自我验证、传递和管理。去中心化是区块链最突出、最本质的特征，区块链网络中的节点地位相同，并不依靠一个中心化机构进行信息的处理，从而实现点对点的通信。交易参与者可以自证并直接交易，不需要依赖第三方机构的信任背书，如图 4-13 所示。

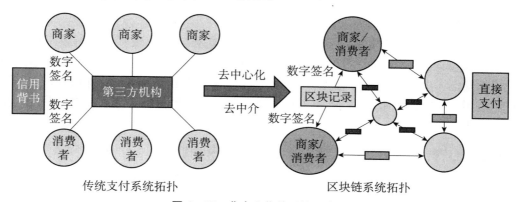

图 4-13 非中心化的系统示意图

区块链具有共识信任机制，从根本上改变了中心化的信用创造方式，运用一套基于共识的数学算法，在机器之间建立"信任"网络，从而通过技术背书而非中心化信用机构来进行信用创造。借助区块链的算法证明机制，参与整个系统中的每个节点之间进行数据交换，无须建立信任过程。在系统指定的规则范围和时间范围内，节点之间不能也无法欺骗其他节点，即少量节点无法完成造假。

与互联网的 TCP/IP 协议类似，区块链同样可被视为基础性的通信协议，其与其他机制配合，共同构成了基于区块链的"价值互联网"。区块链网络上的节点是基于共同的算法和数据结构独立运行的，主要消耗的是计算资源，与平台无关，可以在任意平台部署计算节点。

四》区块链技术前景展望

中国区块链行业的技术创新正在经历着一个明显加速的过程，并且在一些相关技术上处于领先地位。我国目前已经具备较好的区块链产业发展基础，拥有广泛的区块链技术应用场景。

（一）区块链成为全球技术发展的前沿阵地，开辟国际竞争新赛道

区块链作为"价值互联网"的重要基础设施，正在引领全球新一轮技术变革和产业变革，正在成为技术创新和模式创新的"策源地"。引领全球新一轮技术变革和产业变革。目前，区块链逐渐成为"价值互联网"的重要基础设施，很多国家都开始积极拥抱区块链技术，开辟国际产业竞争新赛道，抢占新一轮产业创新的制高点，以强化国际竞争力，在区块链这一"新赛道"争取先发优势。

（二）区块链领域成为创新创业的新热土，技术融合将拓展应用新空间

区块链在一定程度上解决了价值传输过程中完整性、真实性、唯一性的问题，降低了价值传输的风险，提高了传输的效率，实现了企业协作环节的信息化，这将催生大量创新合作场景，构建创新创业新生态。区块链技术将带动新一轮的创业创新浪潮，无论何种规模的公司，在区块链领域都有创新和突破的机会。

（三）区块链未来将在实体经济中广泛落地，成为数字中国

当前，区块链技术落地的场景已从金融领域向实体经济领域延伸，覆盖了供应链金融、互助保险、清算和结算、资产交易等金融领域场景，也覆盖了商品溯源、版权保护、电子证据存证、电子政务等非金融领域场景。未来，区块链技术将继续加快在产业场景中的广泛应用，与实体经济产业深度融合，形成一批"产业区块链"项目，将会成为区块链技术的应用趋势。

（四）区块链打造新型平台经济，开启共享经济新时代

平台经济是中国互联网经济发展的基础性创新模式，也是"互联网＋"时代我国经济发展的新动能。平台的价值根源来自平台用户，尤其早期的平台用户贡献了更大的价值。而区块链技术的应用有望使"分享经济"真正转变为"共享经济"。Token 作为一种技术要素，是区块链网络上的价值传输载体，其以流通效率为衡量基准，更深一层则是以影响力为衡量基准。借助 Token 体系，区块链平台能够将用户对平台或社区的贡献量化并自动结算，给予相应奖励，实现用户与互联网平台所有者共享平台价值的增值。

（五）区块链加速"可信数字化"进程，带动金融"脱虚向实"服务实体经济

目前，实体经济成本高、利润薄，中小微企业融资难、融资贵、融资慢等现象仍然存

在，金融对实体经济支持仍显不足。这个现象背后的重要原因是，金融机构和实体企业之间还存在着较为严重的信息不对称，实体经济能够提供的信息，不足以支撑金融的投资决策。利用区块链技术，实现"可信数字化"，进而实现实物流、信息流、资金流"三流融合"，则可以有效建立上述机制，解决资金脱实入虚的问题。

（六）区块链监管和标准体系将进一步完善，产业发展基础继续夯实

随着区块链技术的成熟程度进一步增加，和产业结合更紧密，行业监管制度体系将进一步建设完善，营造良好的发展环境，为产业区块链项目深入服务实体经济提供有力保障，一些违法违规的项目则会受到严格监管。

区块链本身的分布式、不可篡改、公开透明等特性可以有效地提升穿透式监管的实施效率。分布式可以使区块链项目方在不同监管机构使用同一套监管规定，也能使不同的监管机构共同享用一个数据账本。不可篡改又保证了数据的可追踪性，使监管能够对历史数据进行调阅，实现监管政策全面覆盖。

未来，随着我国区块链产业创新水平的不断强化，对于开源社区的支持力度继续提升，增强在区块链发展过程中的贡献度、在区块链领域的权威性以及话语权，推动底层技术加速进步，为区块链技术在更多实体经济场景落地打下坚实基础。

任务 12　区块链技术模型与发展路径

【知识目标】

1. 了解区块链技术模型结构。
2. 掌握区块链技术的模型是由自下而上的数据层、网络层、共识层、激励层、合约层和应用层组成。
3. 掌握区块链技术基本原则是区块链上记录的数据无法造假，无法篡改和抵赖，也不能被删除。
4. 掌握区块链技术模型、基本原则与发展路径。

【能力目标】

1. 能够根据区块链技术模型组成，实现区块链的目标是解放和提高整个社会的生产力，手段是将生产关系虚拟化。
2. 能够通过区块链技术模型、基本原则与发展路径，实现将区块链这项技术推广应用于社会的各方面，为社会服务。

【知识链接】

从区块链的本质出发，以发展的眼光看待区块链的架构和架构未来的发展，关注于主要业务和技术能力，可以给出一个全面而高度概括的区块链架构模型。区块链合约服务的高阶架构模型体现了未来基于区块链实现高度自动化、智能化、公平守约的虚拟社会生产

关系的能力。

一 》 区块链技术模型

基于区块链技术模型和该模型所包含的各种关键技术，除了可用于比特币之外，还可以用于互联网其他新应用的方方面面，从而将区块链这项技术推广应用于社会的各方面，为社会服务。

比特币是区块链的一个最为成功的应用，区块链技术模型示意图如图4-14所示。从图4-14可以看出，区块链技术模型包括8个部分，其中包含6层基础技术层以及两个贯穿整个基础技术层的共用技术。8个部分分别为：数据存储层、网络通信层、数据安全与隐私保护层、共识层、应用组件层、区块链应用层、区块链与现代技术融合以及区块链技术标准。

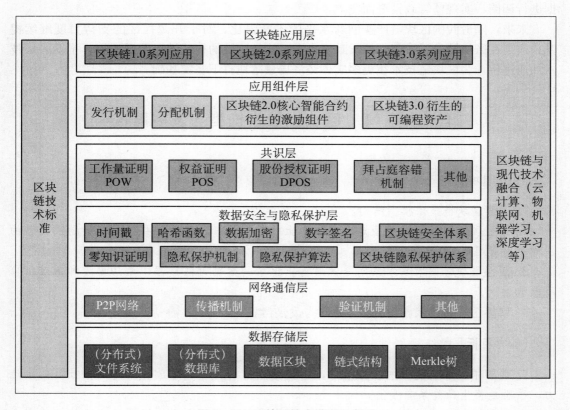

图 4-14 区块链技术模型示意图

（一）数据存储层

区块链是一个分布式账本，这些分布式账本之间通过链条连接在一起，构成一连串的账本链（也即区块链）。因此，数据存储层主要包括数据区块的逻辑组织方式以及如何有效地实现对分布式账本的有效存储。

（二）网络通信层

为了满足各种应用的需求，数据区块需要通过网络在不同的节点之间进行验证、合作以及互相协调等。这就需要研究区块链所在的网络环境，以及数据共识、校验等的传播机制和验证机制。

（三）数据安全与隐私保护层

区块的存储、区块的验证、密钥的传递、信息的发送和接收等都涉及数据的安全传输和数据的隐私保护。本层主要研究以区块链技术为基础的各种应用环境下的数据安全与隐私保护问题。与传统的 PKI 安全体系不一样，基于区块链的各种应用应该形成一种新的、适应区块链各项技术的新的区块链安全技术体系和隐私保护体系。

（四）共识层

基于区块链的各种应用，由于采用的是分布式的运行机制，为了让各种应用能够运转下去，需要区块链的各个参与方设置某些共识，一旦达成共识，则运行逻辑可以继续下去。最早期的共识层是用于比特币的工作量证明（POW），随着应用的不断丰富，通过工作量证明来达成共识已经越来越不适应发展的需要，因此，不同的应用只要参与方共同达成一致，可以自己设置新的共识机制，例如后来发展的权益证明（POS）、股份授权证明（DPOS）等。

（五）应用组件层

为了支撑区块链的上层应用，需要一些应用层的核心组件，最典型的有发行机制和分配机制等。在以货币支付为代表的区块链 1.0 应用（尤其是比特币）中，发行机制和分配机制构成了整个应用的激励核心，例如比特币的发行和比特币的分配等。通过挖矿，如果获得了创建账本的权限，则可以获得相应的比特币。当然，不同的矿工之间可以通过共享矿机制进行合作，为获取账本的创建权而一起挖矿，一旦挖到矿，则如何分配激励也十分重要。

（六）区块链应用层

区块链技术最开始的应用主要集中以货币支付为代表的比特币以及其他各种网络虚拟货币等，称之为区块链 1.0。随着区块链技术的逐渐被认识，它的技术的特殊性，可以应用于更多的方面，如社会保险、物联网、社会信用体系等，这种以参与者之间的智能合约为代表的区块链 2.0 阶段的应用已经逐渐成为主流。由于区块链技术的特殊性，除了在区块链 1.0 和 2.0 阶段会有较大的应用潜力之外，它也将逐渐往更高阶段发展。面向以人类社会发展为基础的应用，将其定义为：区块链 3.0 的应用。主要包括：人类的健康、人类的活动等具有鲜明社会性的应用。

（七）区块链与现代技术融合

区块链技术的发展离不开现代技术的支撑。若没有点对点网络、数据加密等技术的支撑，不可能有区块链技术的发展土壤。如今大数据、云计算、物联网、高速通信网、机器学习、深度学习、类脑计算等的快速发展基本奠定了未来科技的发展方向。

（八）区块链技术标准

目前区块链技术在国内外尚未形成通用的技术标准。区块链技术涉及众多的核心技术，也涉及众多的数据和数据、应用和应用的交互和互操作。标准化工作是一项技术能否通用、能否大范围应用的必经之路。因此，为了加快区块链技术的发展，制定各种区块链技术标准已经刻不容缓。

二》 区块链技术基本原则

合同、交易及其记录是构成社会经济、法律和政治体系的重要组成部分。但是这些关键的工具以及对此进行管理的官僚体制并没有跟上经济数字化转型的步伐。这就好像 F1 赛车过程中突然遇到了大拥堵。

在一个数字化的世界里，整个监管方式和行政管控的方式必须进行变革。区块链有潜力解决这一问题，合同以数字编程的形式存储在透明共享的数据库之中，不会被删除、被篡改、被修订。在这样的世界里，每一个协议、每一个流程、每一个任务以及每一次支付都会有一个数字记录以及能够被识别、验证、存储和分享的数字签名。作为比特币和其他虚拟货币的核心支持技术，区块链技术的基本原则示意图如图 4 - 15 所示。

图 4 - 15　区块链技术基本原则示意图

（一）分布式数据库

区块链上的每一方都可以获得所有数据及其完整历史记录。没有哪一方可以控制数据或信息。每一方都可以直接验证交易各方的记录，不需要中介。

（二）点对点通信

各个独立点之间可以直接通信，不需要通过一个中央节点。每一个节点都可以存储信息，并将所有信息传递至所有其他节点。

（三）有限透明

有权进入系统的用户都可以看到每一项交易以及交易价值。区块链之上的每个节点或用户都有唯一一个由字母和数字组成的地址，这个地址可以作为该用户的身份标识。用户可以选择保持匿名或者向其他人公开其身份。交易发生在区块链上的地址之间。

（四）记录不可更改

交易结果一旦进入数据库，账户信息就会相应进行更新，记录就无法改变，因为这些信息和此前的所有交易记录相互关联（这就是术语"链"的来源）。各种计算算法和方法用来确保数据库中的记录是永久存在的，按照时间顺序排序的，并且网络中的所有其他人都是可以看得到的。

（五）计算逻辑

该账本所具有的数字化本质意味着区块链交易可以和计算逻辑联系起来，并且实际上是可以通过编程实现。所有用户可以设定算法和规则，这样在各个节点之间就可以自动触发交易。

三 》 未来区块链面临的技术发展问题

区块链是一种基础性技术，其普及的过程将是渐进式的，区块链要渗入经济和社会基础设施还需要数十年时间。

（一）区块链的身份问题

中本聪最早设计的是公私钥系统。其实，私钥就是区块链上的身份，它带来的技术门槛很高，私钥的情况非常普遍。如果我们把公私钥的体系转化为抽象身份的问题，在接下来的十年中，区块链如何综合性地采用各种身份认证技术，来帮助大家使用区块链，就是一个非常重要的问题。

为什么一定是依靠且紧紧依靠私钥来确定区块链使用者在区块链上的身份呢？像BCH准备要激活的OP-code，就为链外的权威相对中心化的身份认证打开了大门。它有可能和链上的私钥本身，即最早最原始的公私钥本身构建一个综合的身份体系。

（二）智能合约更强、降低开发难度问题

智能合约是一种具有独立的计算机程序，一段程序如果被部署在以太坊，这个程序的运行就具有超越程序创立者的独立性。智能合约能够解决交易各方对中央诚信度的担心，它可以扮演一个绝对公正无私的角色。虽然智能合约承载的希望很多，但是现在独立性程序做的事情还是非常少的。

智能合约如何变得更强大，一定是未来十年所关注的重点方向。它类似计算机技术在早期的发展，受到硬件性能和软件编程开发环境的影响一样，智能合约目前也是如此。中心化的程序开发环境，目前依然是具有压倒性的程序。去中心化智能合约开发难度大、收益比较低，而且智能合约爆出漏洞的事件不断发生。未来开发环境会不断趋于成熟，有更多的开发者参与，开发成本会进一步降低，这会刺激更多的应用诞生。

（三）扩展区块链应用场景的专门技术问题

区块链如何跟现实世界进行交互呢？大概有两个方向。第一，需要现实世界的重要事

件在区块链上得到忠实的记录，比如有的企业发展食品溯源的区块链。第二，希望区块链上的虚拟事件去驱动现实世界的物质产生变化。比如去中心化的 Airbnb。去中心化的 Airbnb 就是你在区块链上订了一个房间，当你走在房间的面前，锁认得你，因为它从区块链上得到了有关信息，它就会自动为你打开。这是区块链上的虚拟事件，在驱动现实物质世界的变化。这个方向综合起来，就是所谓的区块链技术如何落地的问题。

（四）区块链上的密码学算法的安全性问题

在区块链发展第二个十年快要结束的时候，量子计算机开始趋于成熟。在区块链领域里，现在所应用的密码学算法，再过一段时间之后，会面临升级的压力。如果过早投入到抗量子密码学算法的研究，并付诸实施，是一种不理性的行为，因为所需要选定的量子抗泄密密码学算法必须是通用的，目前技术还不能支持。

（五）隐私和安全问题

首先，金融是区块链技术的第一大应用，隐私性和安全性是金融业务的第一大要点。在区块链技术上，隐私性和安全性存在一个矛盾。最早是 UTXO 和账户模型，它在系统安全性上有明显的优势，因为所有的交易都是记录在链上，货币有没有被蒸发，或者说交易有没有出现明显的漏洞，所有人对区块链的执行过程有很直观的观察。

（六）技术中立性问题

区块链是无国界的金融网络，但是，参与者是有国界的。有复杂的立法问题需要去解决。区块链技术本身的独立性是很难打破的。因为区块链是自由的。一个受到监管的区块链很难继续保持独立性。所以，会有一个基于中立的区块链的监管机制。

（七）区块链的发展性能扩展问题

区块链用户现在并不多，全网 2 000 多万人，但增长非常快。跟互联网过去的增长曲线相符合，可以预见，十年之内，整个区块链用户人数可能会超过十亿人。十亿用户规模的处理数据的性能压力需要四个数量级的提升，包括侧链和跨链、闪电网络、压缩交易的历史技术和综合采用硬件加速和平行化的软件工程技术。

（八）人工智能加区块链问题

人工智能＋区块链是未来一个重要的课题。因为人工智能的程序算法非常适合放在区块链上，成为一种独立的存在。同时人工智能最重要的驱动是数据，数据可以帮助人工智能算法得到很好的训练。数据的各方需要保密，这种矛盾点有可能用区块链来解决。同时强大的人工智能程序，可能凌驾于系统的所有参与者之上。这也是将来一种可行的解决方案，因为人工智能本身是可以被部署在区块链上面，人工智能不再被拥有或者属于任何一个单一的系统参与者。它可以获得一个更好的公信力和权威性，如果有单一的企业掌握了特别多的数据，同时拥有了强大的人工智能，对于社会的公平性的挑战将是巨大的。

四》 区块链技术发展路径

从区块链的形成过程看，区块链通过加密算法、点对点网络、共识算法等互联网技术，为交易参与者提供了一种可信、可靠、透明的商业处理逻辑框架，大大减少了交易的费用和复杂度。区块链的发展路径分为两条：第一条是分布式、多中心、有中介的架构；第二条是分布式、去中心、去组织的公有链的架构。

（一）第一条架构的主要特点

第一类区块链发展路径：采用分布式、多中心、有中介的架构，目前还需要突破一系列的技术瓶颈。

1. 隐私保护技术

金融业务重视隐私保护，在区块链共识机制情况下如何有效地屏蔽敏感信息、提高符合签名、云知识、同态加密的密码性能和效率，在这之中，提高效率和保护隐私双方之间的矛盾是需要探讨的问题。

2. 真实性的监督机制

数据上链之后，我们可以保证它的真实性和完整性，但是在上链之前，或者说在上链的过程中要如何保证它的真实性和完整性，是一个很关键的问题。如何让区块链技术能够真正形成闭环和信息支撑，这是需要考虑的问题。

3. 区块链智能合约的技术

如何避免智能合约的技术漏洞，同时又能够实现可控的业务逻辑的修正和合约的升级，让业务逻辑的修正可以可控地进行。

4. 密钥技术

密钥安全是区块链安全的信用基础，在密钥合约的基础架构中怎样有效地防止密钥被窃取或者被删除，而且能够对密钥丢失和对接进行补救，目前已经有了一些相关的探讨和研究，但是它的规模化应用还需要进一步考察。

5. 满足金融业务的规模化和可靠性

需要满足金融系统业务持续性的要求，并使计算机数据保存方式等获得传统的金融机构接受认可。金融交易具有高品质、大规模的特征，金融科技必须关注规模化和可靠性。

（二）第二条架构的发展路径

第二类区块链发展路径：分布式、去中心、去组织的公有链的架构。

公有链的架构特点主要是分布式、去中心、去组织。目前很多专家在探索点对点、去中心的分布式商业模式，也就是DAPP。这种DAPP的应用不需要太高的交易收入，但是它易于形式集权效应。假如一个供应链有一亿个DAPP，每一个DAPP可以创造十万美元的价值，那这个公有链就有十亿的价值，这种颠覆性变化将不再需要中心化的组织，不再需要中介的成本，扩展性变得无穷大。

在第二条架构中，确保数学的真实性和正确性，确保数据的全流程的操作安全是很关键的两个问题。

这两个问题的主要解决方式是制度和计算。一是技术瓶颈的限制。当前区块链的金融应用尚未形成颠覆性的竞争优势，因此数据处理能力有限，未能满足高品质、大规模应用需求。二是区块链底层技术的架构与现有的金融系统的集成协调的程度不够高，涉及的维度不够灵活。三是区块链共识机制、智能合约等核心技术不断更新，学习成本高，人才培养和实践经验积累周期长。四是区块链技术的标准化建设和法规建设尚未形成统一的规划和标准，链上资产和智能合约的有效性未能得到法律保护，分布式架构下的责任主体不明确，监管的难度大。

【测验题】

一、单选题

1. 区块链是一种分布式账本构造技术，可以在去中心化的系统中构建不可篡改、不可伪造的分布式账本，并保证系统中各个节点所拥有账本的（　　）一致性。

A. 内容　　　　　B. 动态　　　　　C. 顺序　　　　　D. 账目

2. 根据区块链的性质和开放程度的不同，普遍形成的共识是：对所有开放的是"公有链"、针对单独个人和实体的是"私有链"，介于两者之间的是"联盟链"；分类的核心在于应用系统中存在的中心节点的（　　）。

A. 数量　　　　　B. 距离　　　　　C. 性质　　　　　D. 内容

3. 公有链是完全（　　）的区块链，它是指世界上任何个体或者团体都可以发送交易，且交易能够获得该区块链的有效确认，任何人都可以参与其共识过程。

A. 分布式　　　　B. 中心化　　　　C. 非中心化　　　D. 开放式

4. 安全性是指区块链区块内存储的信息是经过了（　　）技术处理之后保存的，只有私钥持有者才可以对信息进行解密获得真实信息。

A. 程序加密　　　B. 文件加密　　　C. 代码加密　　　D. 数字加密

5. 区块链是一种基础性技术，其影响非常广泛，区块链普及的过程将是（　　），区块链要渗入经济和社会基础设施还需要数十年时间。

A. 渐进式的　　　B. 跃进式的　　　C. 重点推进式　　D. 一点带面展开式

二、多选题

1. 公有链的架构特点主要是（　　），目前很多专家在探索点对点、去中心的分布式商业模式，也就是 DAPP。

A. 分布式　　　　B. 去中心　　　　C. 去组织　　　　D. 非对称

E. 无篡改

2. 分类标准不是相互包含的，而是平行、独立的，根据区块链在具体商业领域应用模式可分为（　　）。

A. 中心模式　　　B. 账本模式　　　C. 存储模式　　　D. 平台模式

E. 局部模式

3. 从权限管理的角度看，区块链涉及各个节点的权限问题：如（　　）等，不同节点可能拥有不同的权限，在区块链的网络上扮演不同的角色。

A. 是否可接入区块链网络　　　　　　B. 是否可参与认证新区块

C. 是否可执行智能合约　　　　　　　D. 是否可代码加密

E. 是否可进行交易

4. 从区块链的形成过程看，区块链通过（　　　）等互联网技术，为交易参与者提供了一种可信、可靠、透明的商业处理逻辑框架，大大减少了交易的费用和复杂度。

A. 代码算法　　　　B. 程序加密　　　　C. 加密算法　　　　D. 点对点网络

E. 共识算法

5. 区块链技术要真正实现（　　　）应用还有很长的路要走，其中的重点是如何进一步突破区块链底层应用创建技术。

A. 大规模　　　　B. 大范围　　　　C. 高效率　　　　D. 可靠性

E. 准确性

三、判断题

1. 共识机制是区块链系统中实现相同节点之间建立信任、获取权益的数学算法。（　　）

2. 区块链就是通过标准算法，并且使用加密技术将数据压缩为一个64位字节的代码，称为"哈希"或者"散列"。（　　）

3. 目前区块链技术在国内外已经形成了通用的技术标准。（　　）

4. 区块链的发展路径分为两条：一条是分布式、多中心、有中介的架构；另一条是分布式、去中心、去组织的公有链的架构。（　　）

5. 智能合约是一种具有独立的计算机程序，一段程序如果被部署在以太坊，这个程序的运行就具有超越程序创立者的独立性。（　　）

四、简答题

1. 根据区块链的性质和开放程度的不同，区块链如何分类？

2. 区块链具有哪些特征？

3. 公有链的内涵是什么？

4. 从参与者信用的角度，区块链如何分类？

5. 区块链在具体商业领域中的应用模式有哪几种？

6. 区块链四大核心技术是什么？

7. 区块链技术完成工作的具体步骤是什么？

8. 区块链最突出、最本质的特征是什么？

9. 区块链技术模型包含哪些内容？

10. 区块链技术的发展路径有几条？

项目五　区块链运行技术

【情景设置】

自 2008 年比特币横空出世以来，区块链的应用已由开始的金融延伸到物联网、智能制造、供应链管理、数据存证等多个领域，其构建的可信机制将改变当前社会商业模式，引发新一轮技术创新和产业革命。脱掉神化和妖魔化这两种两极分化的外壳，区块链逐渐呈现出它本该具有的面貌，并从早期的概念炒作转向实际的应用开发落地阶段。作为新兴科技，唯有结合实际的生活和生产，才能真正产生价值。

【教学重点】

区块链技术作为新型的"价值互联网"，可能会像互联网技术一样，对政府服务和功能产生变革性影响。

本项目的教学重点为：

(1) 区块链的发展阶段和意义；

(2) 区块链技术运行流程；

(3) 区块链技术现状；

(4) 区块链的核心技术架构；

(5) 区块链运行所需的基础技术；

(6) 区块链技术与应用瓶颈。

【教学难点】

区块链之所以这么火热，是因为区块链技术将为社会带来巨大的效益，甚至改变各种应用的计算范式，并且是社会所迫切需要的。因此才会得到如此众多的关注，也会得到众多风险投资的关注。

本项目的教学难点为：

(1) 区块链技术核心；

(2) 区块链技术核心价值；

(3) 数据存储层关键技术；

(4) 网络通信层关键技术；

(5) 数据安全与隐私保护关键技术；

(6) 共识层关键技术；

（7）应用组件层关键技术。

【教学设计】

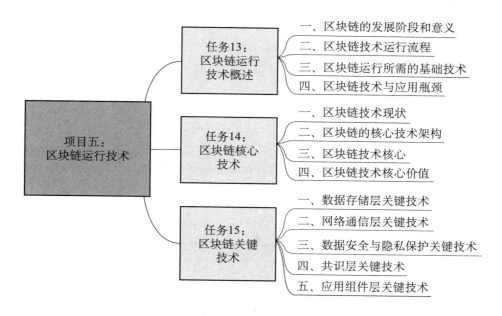

区块链运行技术
- 任务13：区块链运行技术概述
  - 一、区块链的发展阶段和意义
  - 二、区块链技术运行流程
  - 三、区块链运行所需的基础技术
  - 四、区块链技术与应用瓶颈
- 任务14：区块链核心技术
  - 一、区块链技术现状
  - 二、区块链的核心技术架构
  - 三、区块链技术核心
  - 四、区块链技术核心价值
- 任务15：区块链关键技术
  - 一、数据存储层关键技术
  - 二、网络通信层关键技术
  - 三、数据安全与隐私保护关键技术
  - 四、共识层关键技术
  - 五、应用组件层关键技术

任务 13　区块链运行技术概述

【知识目标】

1. 了解区块链的发展阶段和意义。
2. 掌握区块链技术运行流程。
3. 掌握区块链运行所需的基础技术。
4. 掌握区块链技术与应用瓶颈。

【能力目标】

1. 能够从区块链技术运行流程及运行需要的技术分析结果，确定我国的区块链产业未来主要围绕算力基础设施，从辐射数字货币衍生至区块链应用这样一个渗透过程。
2. 随着对区块链技术和技术应用瓶颈问题研究的不断深入，能够熟练将以智能合约、DAPP为代表的区块链 2.0、3.0 技术，应用到各种典型行业架构体系并拓展到传统企业发起的区块链开源项目。

【知识链接】

区块链是继蒸汽机、电力、信息和互联网技术之后，最有潜力触发第五轮颠覆式革命浪潮的核心技术之一。区块链不是应对数据和资产交易中出现的所有问题的一站式解决方案，它不能"一招通吃"数字化用例。我们必须了解区块链及其属性，并确定具有针对性的、可用的运行解决方案。

一》 区块链的发展阶段和意义

（一）区块链的发展阶段

一般将区块链的发展划分为区块链1.0加密货币时代、区块链2.0智能合约时代和区块链3.0大规模应用时代3个阶段，如图5-1所示。

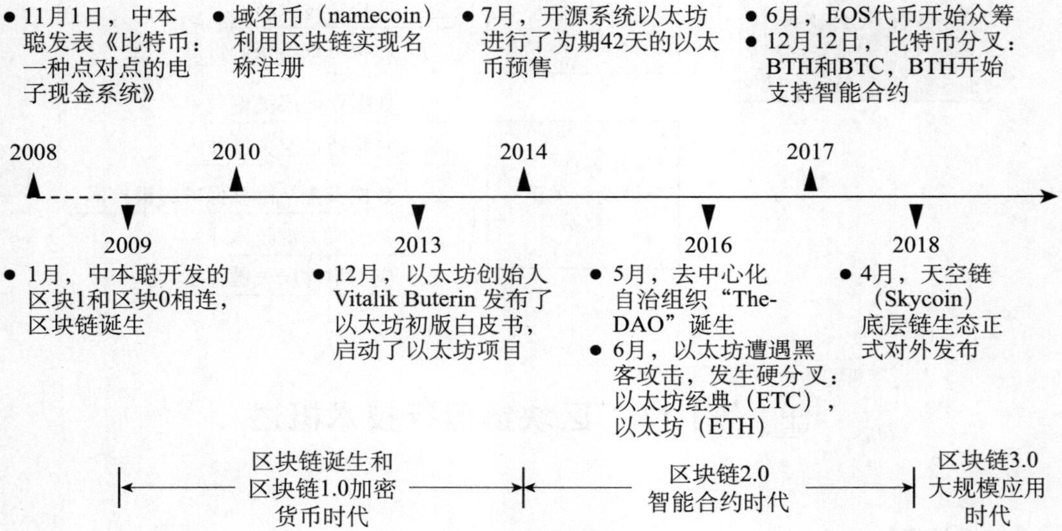

图 5-1 区块链的发展阶段

（1）区块链1.0：以比特币为代表的可编程货币。比特币设计的初衷是构建一个可信赖的自由、无中心、有序的货币交易世界，其最初的应用范围完全聚集在数字货币上。

（2）区块链2.0：基于区块链的可编程金融。数字货币的强大功能，吸引了金融机构采用区块链技术开展业务。基于区块链技术可编程的特点，人们尝试将"智能合约"的理念加入区块链中，形成了可编程金融。有了合约系统的支撑，区块链的应用范围开始从单一的货币领域扩大到涉及合约功能的其他金融领域。

（3）区块链3.0：区块链在其他行业的应用。随着区块链技术的进一步发展，其"去中心化"功能及"数据防伪"功能应用范围将逐渐扩大到整个社会。

（二）区块链的意义

主要从学术意义、应用意义和战略意义3个方面来看。

1. 区块链的学术意义

区块链不仅是一种包含分布式存储、加密技术、点对点通信、智能合约、共识算法等技术的计算机科学，更是一种通过计算机科学和数学来改革现有组织体系低效、无效、分配不公、激励不足等生产关系层面的一种经济思想和经济发展模式。因此，区块链技术吸引了包括重要经济体、大型科技公司、专业咨询服务机构、学术研究机构在内的各方的广泛关注，从"草根力量"加速走入大众视野。

2. 区块链的应用意义

目前来看，区块链技术继大数据、云计算等新兴技术之后，在全球范围内又掀起了新一轮的研究热潮。区块链以通证代币（比特币）作为介质，实现了从传递信息的信息互联网向传递价值的价值互联网的进化，提供了一种新的信用创造机制。对于政府来讲，可以用区块链和民众建立新的契约关系；对于企业和金融机构来讲，通过区块链与用户维持更稳定的关系；克服用户过去所担忧的各种问题；实现生产关系层面的改革，达到革新效果。

3. 区块链的战略意义

区块链提供了一种新的选择，人们可以主动控制隐私权，可以通过智能契约实现对自己财富的监督，同时摆脱对自己身份确认的被动状态，不会再发生证明"我是我"的情况。区块链的发明和应用，可以有效地解决这些困扰。

如果说基于 TCP/IP 的第一代互联网实现了信息的全球流动，像 WWW 和 HTTP 协议；区块链就是把各个机构和个人映射到虚拟世界，基于数学这种人类文明的最大公约数，汇集世界上不同人群、不同权利群体的共识，实现了价值，或者说资产的全球实时流动。

二》 区块链技术运行流程

（一）区块链的运行过程

区块链的运行原理决定了其自发性和不可篡改性。以比特币的区块链系统为例，挖矿原理即找到一个可以满足要求的 Nonce 值，使得 Hash（哈希）符合要求（满足 4 个条件：包含前区块的 Hash 值，小于等于目标值，包含随机数，包含 Merkle 根），找到 Hash 值后，会得到奖励，每个区块信息采用密码学的方法保证已有信息不能被篡改。区块链运行过程示意图如图 5-2 所示。

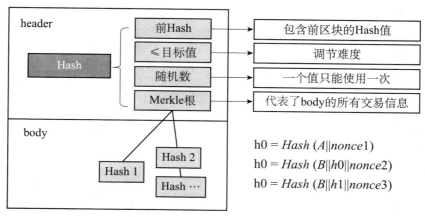

$$h0 = Hash\ (A\|nonce1)$$
$$h0 = Hash\ (B\|h0\|nonce2)$$
$$h0 = Hash\ (B\|h1\|nonce3)$$

图 5-2　区块链运行过程示意图

以比特币为例，每 10 分钟添加一个新的区块，账本记录了 10 分钟的全部交易信息，添加新的区块可以获得奖励（比特币），奖励可以流通。

（1）一笔交易产生以后，为了让全网承认有效，必须先广播到区块链网络中其他参与的节点（链接的计算机）。

（2）每个节点要正确无误地给这 10 分钟的交易都盖上时间戳，并且放进这个区块。

（3）如果一个节点解开了随机数那道数学题，拥有了合法区块记账权，这个节点就会向全网公布它这 10 分钟所有盖上时间戳的交易，并由全网中其他参与的节点来核对。

（4）比特币系统会给赢下合法区块记账权的节点以奖励，广播以后，别的节点就要核对这个区块记账的准确性。别的节点其实同时也在解那道数学题，同时也在盖时间戳，只不过他们解得不够快。也就是说，这个区块他们赢不了奖励了，他们只好在下一个区块上想办法。

（5）一般来说，每一笔交易，必须要经过 6 次确认，也就是要通过 6 个 10 分钟记账，才能在系统里被承认为是合法交易，一次记账是不被承认的。

（二）区块链记录信息

区块链是一个分布式的大账本，每一个区块就相当于这个账本中的一页。目前，区块链的区块主要记录了区块头、交易详情、交易计数器和区块大小等数据。区块头是区块的前 80 字节。区块内部的数据如下：

1. 交易详情

详细记录了每笔交易的转出方和收入方、金额及转出者的数字签名，这是每个区块内的主要内容。

2. 交易计数器

记录的是每个区块中发生的交易数量。

3. 区块大小

表示每个区块数据的大小，当前每个区块的大小限定在 1MB 以内，但是后面区块很有可能会扩容，超过 1MB。

（三）实现完整备份

因为区块链是由连接其中的电脑共同维护的，对于已经产生的区块，所有连接进来的电脑都有一份完整的区块链备份记录。备份的特点如下：

（1）现有备份最大的问题就是安全。无论是自己存储，还是存在云端，重要的信息都需要加密，以免信息被泄露出去。但我们所做的加密很容易被高明的黑客破解，这是现有备份的一个难题。

（2）现有的备份也可能被内部的一些人更改，这种更改不容易被发现，而一旦出现更改，会给后期的审计追踪带来很大的困难。

（3）如果信息可以存储在很多台电脑里，那么一台电脑出了问题，还可以调用其他电脑来查看，可现实中，无法做到串联尽可能多的电脑。自己的有价值的信息存在别人电脑里也不安全。

（四）区块链解决的问题

（1）区块链很重要的技术手段就是加密，加密的信息不会被查看和泄露，只有拥有信息密钥的人才能查看这个信息。

（2）区块链中的信息基本上是不能被篡改的，这就避免了内部人员更改的可能性。

（3）区块链中的信息在存储时没有中心，所有参与进来的电脑都是一个节点，都有信息的记录，无须刻意地将信息进行分布式储存，就能达到分布式储存的效果，极大地避免了单一电脑损坏造成的信息丢失。

（4）在区块链中存储信息是很廉价的。现在我们将信息存储在云端，通常会被收取一定的费用，而存在区块链中，存储价格约为存在云端的 10％。

在区块链中，验证速度最快的节点是能凭借工作量获得一定奖励的，这就解决了所有节点发布的问题。就像比特币系统奖励的比特币。

（五）进行交易广播

链接到区块链中的电脑端都是一个节点，所有节点组合在一起就构成一个区块链网络。在区块链网络中，每个节点都有一个分布式的数据库，用来管理交易的信息。存储和恢复信息时需要做什么呢？

（1）要存储文件的源端设定备份文件，然后加密发送文件数据，提交给区块链中所有相关的节点。

（2）各个节点接收到文件，并且进行存储。

（3）如果需要恢复数据，源端发送请求，计算节点根据请求，在获得解密数据后，就能实现数据的恢复。

当一个节点发起一笔交易以后，这个节点要立即向附近的节点进行广播，附近的节点会检查交易是否有效，如果有效，表示同意这次交易。在同意的基础上，这些节点又会将这笔交易再向附近的节点进行广播，这样一传十，十传百，很快，整个网络就会确认这笔交易，并且写入区块中，交易就算完成了。

（六）进行数字签名

签名是对交易的认可，数字签名也是一样，只不过把签的文字变成了一串字符而已。一个数字签名相当于一个数字身份，交易时由转账的转出方生成，就像银行的流水，数字签名就是用来验证这笔交易确实是由转出方发起的。这个证明过程举例如下：

张三要发起一笔转账，他先将这个交易进行数字摘要，缩成字符串，然后用自己的私钥对字符串加密，形成数字签名。完成后，张三要将这个交易向全网进行广播。别的节点用张三的公钥进行验证，如果验证成功，那这笔交易就是可信的。

就像你去银行转账，只要输入密码，钱就转出去了，是一样的道理。只不过区块链中动用了公钥和私钥，程序上复杂一点儿。

（七）实现加密与解密

区块链的交易信息采用非对称加密，保证了交易信息的准确性和安全性。非对称加密有两把钥匙，分别是公钥和私钥，用其中一种加密，只能用另一种解密，反之亦然。非对称加密除了可以保证信息的安全性之外，还能够进行身份验证，保证信息的准确性，发信人首先将自己的数字证书通过哈希运算生成一个哈希值，然后用私钥加密哈希值，生成数字签名，发信人将数字签名和数字证书发送给收信人，收信人首先用公钥对数字签名进行解密，得到一个哈希值，同时对数字证书进行哈希运算，得到另一个哈希值，对比两个哈希值，即可得知信息是否被篡改过。区块链加密与解密过程示意图如图 5-3 所示。

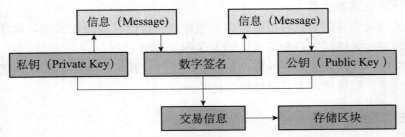

图 5-3　区块链加密与解密过程示意图

例如一个人要将一条信息传给另一个人，而这条信息的内容是保密级别的，为了防止别人打开，送信者用公钥加密，而要解密就必须要收信者动用自己的公钥才行。

张三给李四转了一笔钱，然后给大家广播说我转了钱了，大家把它记在区块链中。可这时王五跳出来说："我为什么相信你转了钱啊，你有证据吗？"张三就说："我的公钥在这儿呢，这个公钥可以证明我是有私钥的人，你看这个信息加了公钥，我真的转了。"王五就会相信交易的真实性，并将这笔交易记录下来。

（八）交易记录是否能撤销

区块链有个很大的特点：那就是交易是不可撤销的。区块链只会向前生成区块，不会向后取消区块。还有一点，区块链中是点对点的交易，所有交易都要广播。而且区块链是全网记账，交易明细既记在你的账本上，也记在别人的账本上，但是别人不知道你是谁，所以说，即使别人想撤销，也不可能把所有人的电脑上的交易记录都删除。

三　区块链运行所需的基础技术

区块链技术解决的是信任问题，有非常丰富的应用场景，区块链将成为未来计算范式的一个基石。区块链运行需要的技术分析如下：

（一）区块链共识机制

区块链技术还处在高速成长和迭代的过程中，现有一个比较核心的问题，需要共识算法解决不同节点之间的共识，确保交易的有效性。例如最基础的拜占庭将军问题共识机制。基于上面的分类，产生三大类共识算法：

第一大类是工作量证明（POW）算法。主要是货币类，以比特币为主，它们强调的核心是公平性和随机性，POW算法通过运算能力暴力地去破解，它的随机性、公平性比较好，准入门槛比较低，即使你只有一个 CPU，也能小概率计算到一个区块。

第二大类是权益证明（Proof of Stake，POS）、股份授权证明（Delegated Proof of Stake，DPOS）算法。它解决了效率的一些问题，相对 POW 算法来说，它的公平性和随机性较差，但性能效率方面有一些优势。

第三大类是整个区块链的共识算法从 POW 逐步向 POS 演化，渐渐出现 POW 和 POS 混合的趋势，POW 的公平性和 POS 的效率得到融合补充。

（二）区块链安全与隐私保护技术

区块链与传统的计算范式完全不同，它不再借助国家机器来确保信用可靠，其安全性完全通过技术手段来解决。因此，区块链的安全性保障显得至关重要。

（三）区块链存储技术

区块链是一个由众多的区块组成的相互关联的账本链。区块链如何在云计算环境下进行分布式存储？如何确保存储与计算效率？存储在文件系统还是数据库？如何存储在分布式数据库或者分布式文件系统？如何提升区块链的查询效率？这些问题都是我们在进行区块链存储时需要关心的问题。

（四）区块链通信技术

区块链主要运行在分布式环境下，如何满足通信需要？如何确保广播有效？如何对通信进行有效验证？这些都是人们通过区块链进行通信时需要研究的问题。

（五）区块链的核心应用组件

区块链主要研究的问题之一是"链上代码"（又名"智能合约"）。例如，链上代码包含哪些关键技术？如何发展？随着区块链 3.0 应用的需要，还需要研究仅靠"链上代码"解决不了的，但能够满足人类社会管理所需的、更为复杂的、具有语意功能的复杂应用算法库以及算法组合机制等。

（六）区块链应用体系

比特币是区块链技术的一个成功的应用。但是比特币仅仅是一种货币支付体系的应用，其实区块链技术还可以应用到社会的各个方面。

区块链 1.0 是数字货币领域的创新，如货币转移、兑付和支付系统等。

区块链 2.0 是链上代码的创新，即商业合同涉及交易方面的，例如股票、证券的登记，以及期货、贷款、清算、结算等。

区块链 3.0 则更多地对应人类社会组织形态的变革，包括健康、科学、文化和基于区块链的司法、投票等。

（七）区块链与现代技术结合

目前，北斗导航、云计算、大数据、物联网领域的发展步伐正在加快。这些新兴的技术正在引领我们走向一个更智能的世界，在那里，我们可以消除冗余，找到更为直接和富有成效的解决方案。

那么，区块链如何与北斗导航、云计算、大数据、物联网等结合？消除中间媒介、精确目标、实现有效的成本管理显得尤为重要，同时，实现现有资源效益最大化。

今天的技术包括高度的信息收集和数据分析。数据管理已经成为各个行业的一个重要决定因素。因此，企业或公司的成功或失败很大程度上取决于其对周围的有效信息是如何处理和管理的。

（八）区块链技术标准

一项技术要想实现产业化，形成生态产业链，标准化是其必经之路，区块链技术也不例外。区块链国家标准包括基础标准、业务和应用标准、过程和方法标准、可信和互操作标准、信息安全标准等，标准的适用性将进一步扩大。区块链技术发展或将成为我国掌握全球科技竞争先机的重要一步。区块链将引领新一轮技术创新和新的产业发展。

四》 区块链技术与应用瓶颈

去中心化、无须许可的区块链解决方案（包括大多数数字货币）原本号称"革命性技术"，"有望改变世界"，却也曾陷入泥潭：一夜暴富的诡计、骗局和有组织的犯罪活动，但是这并不能否定区块链的本质。区块链技术不是万能的，是许多技术的结合与延伸应用，区块链技术也会面临瓶颈。

（一）区块链技术面临的瓶颈

任何一项技术都有它的优劣性，我们既要看到积极的一面，也要看到不好的地方，加以改善才会发展得越来越好。现有的区块链技术面临三大瓶颈：可扩展性、隐私性和互通性问题。

（1）可扩展性，主要问题是交易很慢。区块链技术的交易处理能力是很弱的，这与区块链板块上存储的海量的信息有关。基于区块链技术的比特币来说：现在每秒也只能处理7笔交易。

（2）隐私性，在区块链上很难解决这个问题。由于区块链的数据是透明的、可追踪的，所以对于用户而言，隐私性就无法得到保障。区块链架构中的加密算法、共识机制保证了信用；网络中每个节点自证，在记账过程中保证了诚实。

（3）互通性，在公链间无法高效率交互，存在价值孤岛问题。现在传统的线下信息传播都是依靠物理方式进行的，信息只有上了网才会得到快速发展，信息保存在一个地方，有些人看得到、有些人看不到，便形成信息的孤岛。区块链有着无数条链，包括公有链、联盟链、私有链等，每条链都是平行的，不接入便看不到其他链上的信息。

不同的区块链难以互通，现在也只有一部分区块链通过技术实现了跨链，大部分则是价值孤链。所以，如何有效地互通共享是区块链技术未来必须要解决的难题。

（二）区块链技术应用面临的瓶颈

解决区块链技术应用面临的最大的瓶颈就是要不断地突破创新。

1. 缺乏可规模化推广的区块链典型创新应用

技术从产生到规模化应用，需要经历一定的探索过程。当前，我国金融领域区块链技术的应用整体上仍停留在试点测试阶段，缺乏典型的创新应用。技术成熟度和应用场景挖掘能力相对不高是导致该问题的重要因素。

一方面，区块链技术本身成熟度有待进一步提升，系统吞吐量、信息安全防护能力等有待进一步提升，区块链技术需要不断迭代演进与完善优化；另一方面，当前区块链技术应用主要集中于对实时性、交易吞吐量要求不高的现有业务场景的改进，金融机构挖掘创新业务场景的能力相对不足。

2. 节点规模、性能、容错性三者之间难以平衡

共识算法是区块链核心技术之一，当前，共识算法存在节点规模、性能、容错性三者之间难以平衡的问题。基于工作量证明（POW）的算法在容错性和参与节点数量上有较为明显的优势，但是需要通过大量的散列函数计算并等待多个共识确认，达成共识的周期相对较长，最多每秒实现 7 笔交易，性能无法满足金融交易的需要。

而基于拜占庭类共识机制的算法，在性能上有较大提升，每秒交易数量为千笔以上，但在容错性上有一定程度降低，并且当节点数量超过一定规模后，性能就会有较大幅度的下降。如何处理三者之间的关系成为当前区块链技术发展需要解决的问题。

3. 跨链系统互联仍存在障碍

区块链的跨链互联能够将不同业务场景的独立区块链应用联系起来，进一步打通各类区块链底层基础设施，促进技术与业务的进一步融合与扩展。

然而，跨链互联是一个复杂的过程，需要链条中的节点具备单独验证能力和对链外信息的获取能力。虽然针对该问题当前已提出了公证人机制、侧链/中继器模式与哈希锁定模式 3 种有一定借鉴价值的解决方案，但这 3 种方案也存在一定的不足。

4. 链上数据与链下信息一致性难以保障

区块链技术能够保障链上记录数据的真实性、完整性和不可篡改，但在涉及线下承兑、实物交付等场景时，难以覆盖业务流程的所有阶段，可能存在链上数据和链下资产实际信息不一致的问题。

解决该问题可借助物联网等技术手段，在链外信息数字化上链过程中，减少人为干预，保证相关信息真实可靠。

5. 缺乏统一的区块链技术应用标准

区块链平台性能受网络环境、节点数量、共识算法、业务逻辑等因素影响较大，产业各方对其技术性能指标评价缺乏统一的标准。部分区块链服务供应商往往会夸大宣传，金融机构难以判断不同区块链平台性能、安全性等方面的优劣，给技术选型、应用场景选择带来困难。另外，区块链技术在应用、安全、互通等方面也缺少标准，一定程度上影响区块链技术的跨链互联、场景拓展和产业合作。

现在，区块链技术越来越被大家所熟知和认同，人们都想利用它来取得利益，作为目

前最有潜力触发第五轮颠覆性革命浪潮的核心技术之一，区块链技术在很多领域和行业都起着非常大的作用，给人们的生活带来便利。

任务 14 区块链核心技术

【知识目标】

1. 了解区块链技术现状。
2. 掌握区块链的核心技术架构。
3. 掌握区块链技术核心。
4. 掌握区块链技术的核心价值体系。

【能力目标】

1. 能够通过研究区块链技术政策现状、发展类型、数据库现状和区块链核心技术架构，为各种基于云计算、大数据、物联网、北斗导航定位、机器学习的互联网应用提供解决方案。
2. 能够通过学习区块链技术核心：区块＋链、分布式结构、所有权的信任基础和可编程的智能合约，为区块链技术未来发展和应用普及建立一个全新的区块链市场。

【知识链接】

目前，最新的技术莫过于云计算、大数据、物联网、北斗导航定位、机器学习等。区块链技术最重要的本质就是一个分布式账本，具有分布式、自治共同约定性、合约性以及可追溯性四大特点；这四大特点正好符合了云计算这种特定的分布式环境，以及大数据、物联网和机器学习等在分布式环境下的纵深计算的发展需要。可以说，它们之间相辅相成、相得益彰。

一》 区块链技术现状

21 世纪，全球科技创新进入空前密集活跃的时期，新一轮科技革命和产业变革正在重构全球创新版图、重塑全球经济结构。通俗来说，区块链是一个"加密的分布式同步更新的记账技术"。特点：区块链核心潜力在于信息具有透明性、公开性、可追溯性、不可篡改性。起源：区块链技术发源于比特币，其本质在于创造一种去中心化的货币系统。

（一）区块链技术政策现状

经过了近几年的多元化区块链共同发展与实践，人们对区块链技术的了解越来越深入，许多领域试图在比特币区块链的基础之上对其做进一步的改进。国家已经将区块链技术与北斗导航、人工智能、量子信息、移动通信、物联网等技术并列为新一代信息技术。

因为行业技术的快速发展，区块链技术已经对整个世界的经济形成了巨大的影响。一些国家和地区已经公开拥抱区块链，有些甚至已经从政策上开始支持发币。区块链将在世界范围迎来重要的政策机遇。

在这一波科技浪潮中，一方面，区块链确实是一个优秀的技术，市场前景也非常好，对当前的社会生产关系有着巨大的影响。而另一方面，由于区块链技术和金融行业有着直接联系，这让社会上某些图谋不轨的个人或者团体通过 ICO 进行非法融资，对经济金融秩序造成了极为不好的影响。两方面的原因，让区块链技术不像其他新兴信息技术一样能够获得国家的正面支持。从发展的角度来看，区块链技术目前仍然处于理论阶段，今后的技术转换尚需一段很长时间的实践。

（二）区块链技术数据库现状

近年来，随着互联网的高速发展，网络中的数据量也急剧膨胀，传统的集中式数据库难以处理高速增长的电子数据。因此，数据库开始由集中式向分布式结构转变。然而，现有的分布式数据库都只是基于中心化结构基础上的多重存储、多重备份数据库，一旦中心节点出现问题，所有的分布节点数据就会停止更新，数据库正在从集中式走向分布式。区块链数据库示意图如图 5-4 所示。

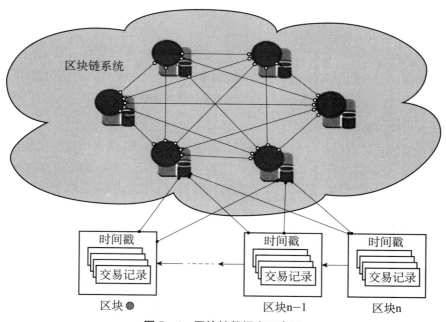

图 5-4　区块链数据库示意图

设想一下，如果要在互联网世界中建立一套全球通用的数据库，那么会面临 3 个亟待解决的问题，这也是设计区块链技术的核心所在。

问题一：如何建立一个严谨的数据库？使得该数据库能够存储海量的信息，同时又能在没有中心化结构的体系下保证数据库的完整性。

问题二：如何记录并存储这个严谨的数据库？即便参与数据记录的某些节点崩溃，仍能保证整个数据库系统的正常运行与信息完备。

问题三：如何使这个严谨且完整存储下来的数据库变得可信赖？可以在互联网无实名背景下成功防止诈骗。

二 区块链的核心技术架构

通常，区块链主要解决交易的信任和安全问题，因此区块链主要有四大核心技术，包括：分布式账本、非对称加密算法和授权技术、智能合约、共识机制。区块链是指一个分布式的数据库，维护一条由持续增长的数据记录列表构成的链，具有不可篡改等基本特征，区块链由一个个区块数据结构组成，每个区块上都包含数据、时间戳、关联到上一个区块的信息以及相应的可执行代码。

（一）区块链建立多中心化的信任

目前，区块链要建立多中心化的信任，至少需要三个方面的关键技术：动态组网、链式结构和共识机制。通过构建 P2P 自组织网络、时间有序不可篡改的密码学账本、分布式共识机制，从而实现去中心化信任。区块链的基本技术核心如图 5-5 所示。

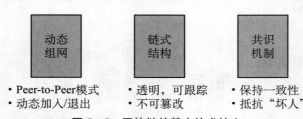

图 5-5　区块链的基本技术核心

（1）动态组网：系统中没有中心节点，参与人以动态的、点对点的方式互联互通。

（2）链式结构：组成数据库的区块通过保存前一区块的哈希值构成链式结构，修改某一区块的数据的同时需要修改随后所有区块的数据，这保证了数据的不可篡改性。

（3）共识机制：通过特定的密码学算法，使得参与系统的节点能够对新区块的生成达成共识。

区块链技术最早出现在比特币的系统中，从技术角度定义的区块链，是指由数学工具和计算机算法保证了参与人之间的信任的、非中心化的分布式记账系统，区块链上的数据由所有节点共同维护，每个参与维护的节点都能复制获得一份完整记录的拷贝。区块链的核心技术包含块子链、多独立拷贝、共识机制。块子链和多独立拷贝能够有效保证系统的安全性，抵御来自系统外部和内部的攻击。共识机制则在节点之间产生一致性，避免数据在整个系统中出现冲突。

（二）区块链核心技术组件

区块链核心技术组件包括：区块链系统所依赖的基础组件、协议和算法，进一步细分为通信、存储、安全机制、共识机制四层结构。

区块链可以简单地分为三个层次：协议层、扩展层和应用层。其中，协议层又可以分为存储层和网络层，它们互相独立但又不可分割，如图 5-6 所示。

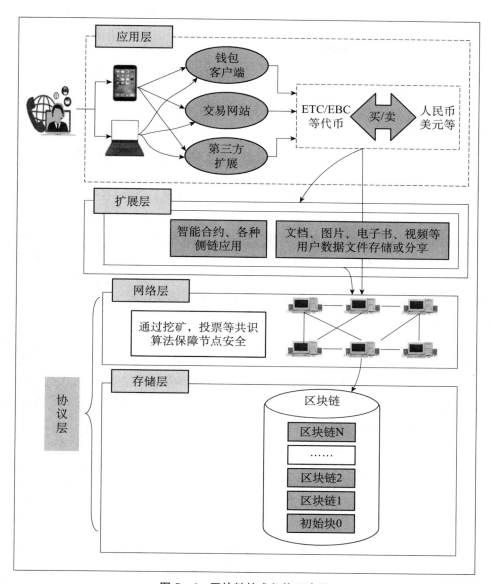

图 5-6　区块链技术架构示意图

1. 通信

区块链通常采用 P2P 技术来组织各个网络节点，每个节点通过多播实现路由、新节点识别和数据传播等功能。

2. 存储

区块链数据在运行期以块链式数据结构存储在内存中，最终会持久化存储到数据库中。对于较大的文件，也可存储在链外的文件系统里，同时将摘要（数字指纹）保存到链上用以自证。

3. 安全机制

区块链系统通过多种密码学原理进行数据加密及隐私保护。对于公有链或其他涉及金融应用的区块链系统而言，高强度、高可靠的安全算法是基本要求，需要达到一定的保密级别，同时在效率上需要具备一定的优势。

4. 共识机制

共识机制是区块链系统中各个节点达成一致的策略和方法，应根据系统类型及应用场景的不同灵活选取。

（三）新区块链架构

小说《三体》中的"三体人"有一个特点：思维是透明的，不能撒谎。从字面理解最少有两层含义：一是大家都是可信的，不会撒谎，这样沟通、协作效率高；二是看到对方思想后，会激发自己的思维创新，互相碰撞后可产生更大的创造力。

区块链＋人工智能＋大数据技术融合后可以形成一个"三体人"的思维——可信和不可篡改。比如比特币，人工智能和大数据解决了创造力；比如 AlphaGo，通过人工智能学习和认知，然后通过大数据分析和处理数据，最后通过区块链形成经验和记忆。经验和记忆就像个体或组织的基因一样，无法篡改、真实、可靠、保密性强，容易形成共识。这样，沟通、协作的效率就大大提高了，也会互相激发创造力，可有力地推动社会跨越式发展。

在人工智能、大数据、区块链技术的基础上构建一个新的架构，这个架构里，区块链是核心，作为底层数据基础。人工智能和大数据搭建在区块链之上，人工智能用于识别对方区块链交互活动的请求，识别出活动类型后交给大数据进行活动分析和预判，然后给出结论，用于确定是否可以与对方签约，签约后发生的所有交互信息通过区块链进行记账和存储。后续的区块链交互都可以按这个合约进行处理，不需要大数据再做共识处理，所以这个架构叫新区块链架构，如图 5－7 所示。

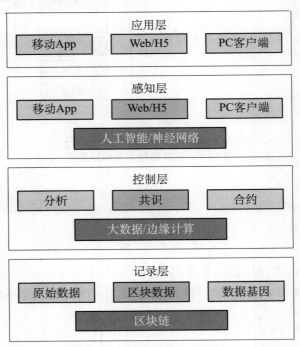

图 5－7　新区块链架构示意图

1. 应用层

用户通过应用软件使用新区块链系统，查询自己的区块链账户信息，下达区块链交互任务并保存交互凭证和结果。应用层需要解决用户身份识别和安全访问的问题。

2. 感知层

由人工智能技术实现，主要作用是任务或数据的接收和识别，判断是否需要向控制层请求分析或处理，接收控制层的反馈结果，根据结果确定是否可与对方区块链订立合约，下次交互直接按照合约执行，如果不能订立合约，则将反馈结果直接发给对方。

3. 控制层

由大数据或边缘计算技术实现，主要作用是通过感知层和记录层存取数据或任务，经过计算、分析或处理，将结果反馈给感知层进行处理或者记录层进行记账存储。是采用大数据，还是边缘计算，取决于该区块链节点的计算资源。比如通过手机访问区块链，应该采用边缘计算方案，因为手机的计算资源有限，不能像云平台那样运行大数据工具。

4. 记录层

由区块链技术实现，主要作用是存储或验证数据。这里只用到了区块链技术架构中数据层的内容，其他像合约层由人工智能替代，共识层由大数据替代，原有区块链架构中的合约层、激励层、共识层都不需要，因为本文提到的区块链属于私有区块链，每个人、每个组织都可以按照这个架构生成自己的区块链并能互认，和比特币那种公共区块链不一样。

另外，区块链记账是没有奖励的，不需要工作量证明，记账以发生交互活动的双方记账为准。虽然区块链的好处很多，比如去中心化、不可篡改、实现数据民主等，但除了电子货币外，其他应用非常少，而且很浅。这是因为区块链使用门槛比较高，不够智能，各区块链间互相独立，所以只要我们遵循一个统一的架构，这个架构易于使用和扩展，而且可以像 Linux 开源软件一样发展，让大家都来参与，就可以创造越来越多的应用。

三 》 区块链技术核心

区块链是分布式数据存储、点对点传输、共识机制、加密算法等计算机技术的新型应用模式。区块链并不是一项单一的技术，而是一个新的技术组合。其中每项技术都各司其职，解决了不同难题，完美地组合在一起形成区块链。区块链构建了一套完整的、连贯的数据库技术。此外，为了保证区块链技术的可进化性与可扩展性，区块链系统设计者还引入了"脚本"的概念来实现数据库的可编程性，这构成了区块链的核心技术。

（一）区块＋链数据结构

区块＋链数据结构是区块链很重要的一环，同时也是一大亮点。从技术上来看：区块是一种记录交易的数据结构，反映了一笔交易的资金流向。系统中已经达成的交易的区块连接在一起形成了一条主链，所有参与计算的节点都记录了主链或主链的一部分。

1. 区块

区块作为区块链的基本结构单元，由包含了三组元数据的区块头和包含交易数据的区块主体（也叫区块体）两部分组成，如图 5 - 8 所示。由于不同区块链系统采用的数据结构不同，所以下面以比特币为例。

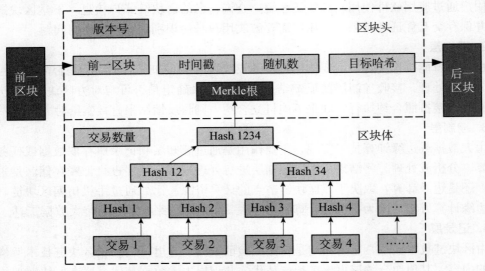

图 5 - 8　区块作为区块链的基本结构单元示意图

2. 区块头

区块头主要包含的三组元数据如下：

（1）用于连接前面的区块、索引自父区块哈希值的数据。

（2）挖矿难度、时间戳、Nonce（随机数，用于工作量证明算法的计数器，也可理解为记录解密该区块相关数学题的答案的值）。

（3）能够总结并快速归纳校验区块中所有交易数据的 Merkle（默克尔）树根数据。

当然，区块头不仅仅包含这些元数据，还包括：版本号、难度值等。从这个结构来看，区块链的大部分功能都由区块头实现。

3. 区块主体

区块主体所记录的交易信息是区块所承载的任务数据，具体包括交易双方的私钥、交易的数量、电子货币的数字签名等。

4. 链

比特币系统大约每 10 分钟会创建一个区块，这个区块包含了这段时间里全网范围内发生的所有交易。每一个区块都保存了上一个区块的哈希值，使得每个区块都能找到其前一个区块，这样就将这些区块连接起来，形成了一个链式结构。

5. 区块的形成过程

当前区块加入区块链后，所有矿工就立即开始下一个区块的生成工作：

（1）把在本地内存中的交易信息记录到区块主体中。

（2）在区块主体中生成此区块中所有交易信息的 Merkle 树，把 Merkle 树根的值保存在区块头中。

（3）把上一个刚刚生成的区块的区块头的数据通过 SHA256 算法生成一个哈希值填入当前区块的父哈希值中。

（4）把当前时间保存在时间戳字段中。

（5）难度值字段会根据之前一段时间区块的平均生成时间进行调整，以应对整个网络不断变化的整体计算总量，如果计算总量增长了，则系统会调高数学题的难度值，使得预期完成下一个区块的时间依然保持一定时长。

6. 区块＋链

"区块＋链"结构提供了一个数据库的完整历史。从第一个区块开始，到最新产生的区块为止，区块链上存储了系统全部的历史数据，提供了数据库内每一笔数据的查找功能。区块链上的每一条交易数据，都可以通过区块链的结构追本溯源，一笔一笔进行验证。

7. 区块＋链＝时间戳

区块＋链＝时间戳，这是区块链数据库的最大创新点。区块链数据库让全网的记录者在每一个区块中都盖上一个时间戳来记账，表示这个信息是这个时间写入的，形成了一个不可篡改、不可伪造的数据库。时间戳可以证明一个活动（发明）的最先提出者（创作者）是谁：只要先驱者的活动（发明）在区块链中盖上时间戳再发布，则所有在其后发表的均为转载；时间戳可以证明某人曾在某天确实做过某件事情，由于信息记录和时间戳的存在，这个"存在性"的证明就变得十分简单。

（二）分布式结构——开源的、去中心化的协议

有了区块＋链的数据之后，接下来就要考虑记录和存储的问题。关于如何让所有节点都能参与记录的问题，区块链的办法是构建一整套协议机制，让全网每一个节点在参与记录的同时也来验证其他节点记录结果的正确性。

关于如何存储下区块链这套严谨数据库的问题，区块链的办法是构建一个分布式结构的网络系统，让数据库中的所有数据都实时更新并存放于所有参与记录的网络节点中。

（1）分布式记账，会计责任的分散化。从硬件的角度讲，区块链的背后是大量的信息记录储存器组成的网络，这一网络如何记录发生在网络中的所有价值交换活动呢？区块链设计者没有为专业的会计记录者预留一个特定的位置，而是希望通过自愿原则来建立一套人人都可以参与记录信息的分布式记账体系，从而将会计责任分散化，由整个网络的所有参与者共同记录。

（2）分布式传播，每一次交换都传播到网络中的所有节点。区块链中每一笔新交易的传播都采用分布式结构，根据 P2P 网络层协议，消息由单个节点直接发送给全网其他所有的节点。

（3）分布式存储，数据信息的可容错性极高。区块链技术让数据库中的所有数据均存储于系统所有的电脑节点中，并实时更新。完全去中心化的结构设置使数据能实时记录，并在每一个参与数据存储的网络节点中更新，这极大提高了数据库的安全性。可以说，区块链技术构建了一套永续系统——只要不是网络中的所有参与节点在同一时间集体崩溃，数据库系统就可以一直运转下去。

（三）所有权的信任基础——数学

在区块链技术中，所有的规则都事先以算法程序的形式表述出来，人们完全不需要知道交易对手方的品德，更不需要求助中心化的第三方机构来进行交易背书，而只需要信任

数学算法就可以建立互信。

简而言之，它允许在"加密"和"解密"过程中分别使用两个密码，两个密码具有非对称的特点：一是加密时的密码（在区块链中被称为"公钥"）是公开全网可见的，所有人都可以用自己的公钥来加密一段信息（信息的真实性）；二是解密时的密码（在区块链中被称为"私钥"）是只有信息拥有者才知道的，被加密过的信息只有拥有相应私钥的人才能够解密（信息的安全性）。公钥、私钥的加密与解密过程示意图如图5-9所示。

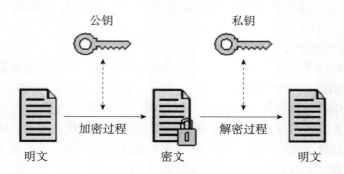

图5-9　公钥、私钥的加密与解密过程示意图

从信任的角度来看，区块链实际上是以数学方法解决信任问题的产物。

（四）可编程的智能合约——脚本

脚本可以理解为一种可编程的智能合约。如果区块链技术只是为了适应某种特定的交易，那脚本的嵌入就没有必要了，系统可以直接定义完成价值交换活动需要满足的条件。然而，在一个去中心化的环境下，所有的协议都需要提前取得共识，那脚本就显得不可或缺了。有了脚本之后，区块链技术就会使系统有机会去处理一些无法预见的交易模式，保证了这一技术在未来的应用中不会过时，增加了技术的实用性。

一个脚本本质上是众多指令的列表，这些指令记录在每一次的价值交换活动中，区块链的整体技术发展需要依靠多种技术的整体突破，这些技术主要包括以下6个方面：

1. 哈希函数

哈希函数可将任意长度的资料经由哈希算法转换为一组固定长度的代码，原理是基于一种密码学上的单向哈希函数，这种函数很容易被验证，但是却很难破解。业界通常使用 $y=hash(x)$ 的方式来表示，该哈希函数实现对 x 进行运算以计算出一个哈希值 y。其特点是：相同的数据输入将得到相同的结果。

输入数据只要稍有变化（比如一个1变成了0）则将得到一个完全不同的结果，且结果无法预知。正向计算（由数据计算其对应的哈希值）十分容易。逆向计算（破解）极其困难，在当前科技条件下被视作不可能。这也是保证区块链网络能够实现不可篡改性的基础技术之一。

2. Merkle 树

Merkle 树是一种哈希二叉树，使用它可以快速校验大规模数据的完整性。在区块链网络中，Merkle 树被用来归纳一个区块中的所有交易信息，最终生成这个区块所有交易信息的一个统一的哈希值，区块中任何一笔交易信息的改变都会使得 Merkle 树改变。

3. 非对称加密算法

非对称加密算法是一种密钥的保密方法；因为加密和解密使用的是两个不同的密钥：公钥和私钥；所以这种算法叫作非对称加密算法。

公钥与私钥是一对，如果用某一公钥对数据进行加密，只有用对应的私钥才能解密，从而获取对应的数据价值；如果用私钥对数据进行签名，那么只有用对应的公钥才能验证签名，验证信息的发出者是私钥持有者。

对称加密在加密与解密的过程中使用的是同一把密钥，这是区块链网络有别于中心化账户系统的技术保证，能够保证链上资产归属的安全性和匿名性。

4. P2P 网络

P2P 网络（对等网络）又称点对点技术，是没有中心服务器、依靠用户群交换信息的互联网体系。与有中心服务器的中央网络系统不同，对等网络的每个用户端既是一个节点，也有服务器的功能，P2P 网络具有去中心化与健壮性等特点。P2P 网络技术是区块链去中心化的技术基础。

5. 共识机制

共识机制，就是所有记账节点之间达成共识，去认定一个记录的有效性，这既是认定的手段，也是防止篡改的手段。共识机制是区块链网络中非常核心的技术，目前主要有四大类共识机制：POW、POS、DPOS 和分布式一致性算法。共识机制很大程度上决定了区块链网络的可扩展性、安全性、网络速度及去中心化程度。

6. 智能合约

智能合约是一组情景应对型的程序化规则和逻辑，是通过部署在区块链上的去中心化、可信共享的脚本代码实现的。通常情况下，智能合约经各方签署后，以程序代码的形式附着在区块链数据上，经 P2P 网络传播和节点验证后记入区块链的特定区块中。智能合约封装了预定义的若干状态及转换规则、触发合约执行的情景、特定情景下的应对行动等。

区块链可实时监控智能合约的状态，并通过核查外部数据源、确认满足特定触发条件后激活并执行合约。智能合约是区块链发展的重要方向，可以应用在大量商业场景中，这也是区块链在未来最为有价值的应用领域。

四 》 区块链技术核心价值

区块链技术是一个解决某些特定问题的好工具，它解决的某些问题直接导致了某些领域利益的重新分配和权力的削弱。这直接和某些利益相关者发生了冲突。

（一）区块链能提供一种新的信用创造机制

谈到区块链，大多数人第一个联想到的就是比特币。比特币本身作为一个数字货币，其价值就是让人们可以实现电子货币的点对点交易。十年间，区块链技术从无到有，从数字货币应用到多个领域，已经发展成为一个全新的行业。区块链最本质的特征就是去中心化，它的出现能够实现从传递信息的信息网络向传递价值的价值网络的进化，提供了一种新的信用创造机制。

（二）从社会结构底层市场角度观察区块链技术

未来真正的区块链场景应该是每个行业都会有自己的技术链，这个链可能是一条供应链，就像银行金融机构一样采用联盟链的方式解决问题。这样，每一个用户产生交易的时候就可以全网通知，省掉了验证环节，也不会产生手续费，跨行交易的效率会大幅度提升。

（1）从底层技术的角度看：数据管理方式有望转型，互联网底层协议将被颠覆。作为互联网领域的底层技术，区块链有望促进数据记录、数据传播及数据存储管理方式的转型。BAAS（Blockchain as a Service，区块链即服务）将是未来一个非常重要的趋势。

（2）从市场应用的角度看：平台机构已成过去，公司模式重心转移。区块链能成为一种市场工具，帮助社会削减平台成本，让中间机构成为过去。区块链在去中心化的情况下构建了一个基于数学的全球信用体系，其技术现在已被用来挑战各行各业中成本高、耗时长的中间商业务。随着区块链技术的发展和应用的普及，中间商将会遭到极大的冲击，未来的市场将是一个建立在互联网去中心化信用体系之上的区块链市场。

（3）从整个社会结构的角度看：法律经济可成一体，组织形态会发生改变。区块链技术有望将法律与经济融为一体，改变原有社会的监管模式。由于区块链技术能达成互联网中的全网校验、全网信任共识，有理由相信，未来基于区块链基础之上的社会对监管的需求会大幅下降。由于信息更加透明、数据更加可追踪、交易更加安全，整个社会用于监管的成本会大为减少，法律与经济将会自动融为一体，"有形的手"与"无形的手"将不再仅仅是相辅相成，而是逐渐趋同。

（三）从数据库的角度看待区块链技术

在数据库这个领域里，一直遵从着主—从架构，而"多活"概念从几十年前提出到现在，从来没有任何产品真正做到"多活"。当以创新的多活数据库来看待当前区块链技术时，就会发现以下 3 个亟待解决的问题：

1. 区块链的体系结构现在非常混乱

人们还没有像认识传统数据库一样将其分类为事务、存储过程、鉴权、主从同步等模块，大部分人对区块链的认知还停留在神秘的"黑盒子"阶段。

2. 区块链的开发语言完全不成体系

数据库在经过开始的"战国时代"后，渐渐使用 SQL 做到了业界的统一。而区块链当前明显还处于"战国时代"，还没有一个统一的开发标准和使用标准。

3. 市场需求多种多样

有些需求或白皮书的业务介绍完全不知所云。实际上这和区块链所带来的全新的业务模式相关，很多人还在探索新的业务模型，从而导致需求没有形成标准范式。

现在，区块链的业务理念飞速发展，但是从技术本身来看，基于类似的技术路线和架构设计，数据库技术与区块链技术的融合将是大势所趋。随着区块链技术和机制的引入，去中心化数据库将是未来技术发展的一个重要方向。

（四）从去中心化角度看待区块链技术

哪个领域因中心化管控带来的痼疾最深，那么哪个领域将来就一定会出现革命性的区块链应用；区块链技术的颠覆性应用场景一定是在去中心化领域。

1. 去中心化的重要性

当谈到区块链时，大多数人想到的一件事是物理分布，或者确切地说，是在公司网络中运行的计算机数量。世界上是有成千上万的计算机在运行区块链，还是仅仅是少数几个节点在运行区块链？如果网络有更多的节点，并且具有更大的地理多样性，那么区块链就会变得更加去中心化。

2. 去中心化的好处

区块链本身更像一个互联网底层的开源式协议，互联网时代到来之前，人们的信息传递是严重受阻的。去中心化具有以下几点好处：

（1）不再有控制一切的中央权威。无论如何设计，去中心化的主要目标是使网络中的每个用户都有平等的立足点，并完全免受任何内部或外部影响。

（2）减少单点故障的风险。单点故障发生在停机期间，这会显著影响生产力。这通常发生在一个集中的网络中。但在分布式平台中，即使一个节点关闭，其他节点也不会受到影响，并继续执行应有的程序。因此，它不会影响用户的工作效率。

（3）减少审查。无论与互联网之间的联系有多紧密，政府仍然有权阻止公民访问社交媒体，并控制其他服务的使用。在分布式网络中，由于数据或信息是在对等网络上发送和接收的，因此审查较少。

（4）发展是动态的。分布式平台是开放源码的，每个人都可以访问他们开发的代码，使其更好、更有活力。这种重要的协作创造了更好的工具和产品，同时也带来了极好的商业机会。

任 务 15　区块链关键技术

【知识目标】

1. 掌握数据存储层关键技术。
2. 掌握网络通信层关键技术。
3. 掌握数据安全与隐私保护关键技术。
4. 掌握共识层关键技术。
5. 掌握应用组件层关键技术。

【能力目标】

1. 能够根据区块链数据存储层、网络通信层、数据安全与隐私保护、共识层和应用组件层等关键技术的内容和特点，扩展区块链的技术应用覆盖面。

2. 能够从技术角度拓宽区块链技术的应用场景，实现更高级、更复杂的功能，将区块链技术的去中心化和共识机制发展到新的高度。

【知识链接】

区块链本质上是一个基于 P2P 的价值传输协议，不能只看到 P2P，而看不到价值传输。同样，也不能只看到了价值传输，而看不到区块链的底层关键技术。区块链关键技术包含：数据存储层、网络通信层、数据安全与隐私保护、共识层和应用组件层关键技术。而这些技术中，又以数据安全与隐私保护、共识层这两点为最核心。可以说，区块链更像是一门交叉学科，是结合了 P2P 网络技术、非对称加密技术、宏观经济学、经济学博弈等知识构建的一个新领域，是针对价值互联网的探索。

一 数据存储层关键技术

（一）分布式文件系统

区块链的各种区块及其他数据可以存储在数据库中。但是随着数据量的逐渐增大，单个数据库不一定能满足存储的需要，因此，部分数据节点可能会搭建一个云存储集群，通过云存储方式保存各种区块数据。当然，这些数据可以存储在普通数据库中，也可以存储在云数据库中，但是最终会物理地存储到分布式文件系统中，用来水平扩展存储容量。现有分布式文件系统示意图如图 5 - 10 所示，基本包括了如下几大类：

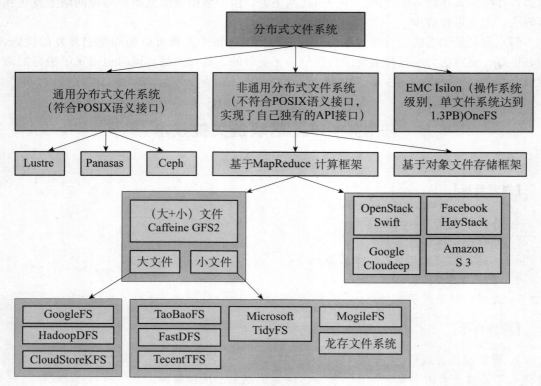

图 5 - 10　现有分布式文件系统示意图

1. 通用分布式文件系统

通用分布式文件系统主要是指符合可移植操作系统接口（Protable Operating System Interface，POSIX）语义的分布式文件系统，如：Lustre、Panasas 及 Ceph 等分布式文件系统。

2. 非通用分布式文件系统

非通用分布式文件系统主要是指不符合 POSIX 语义接口的文件系统，它们通过自己独有的应用程序编程接口（Application Programming Interface，API）与外界进行数据读取交换。这种类型的分布式文件系统又分为基于 Map Reduce 计算框架的分布式文件系统和基于对象文件存储框架的分布式文件系统。

3. 操作系统级别的分布式文件系统

这种分布式文件系统其实就是操作系统。最著名的有 EMC 公司推出的 Isilon 的单文件系统——OneFS 分布式文件系统，它可以支持单个文件容量达到 1.3PB 的大数据。

（二）分布式数据库

分布式数据库，区块数据以及其他数据可以存储在传统的关系数据库中，也可以存储在各种分布式数据库中，甚至各种云数据库中。随着云计算技术的发展，以及各种需要存储的区块链应用的区块和其他数据越来越大，使用分布式云数据库进行存储也是未来的一个趋势。目前主流的分布式云数据库如图 5－11 所示。

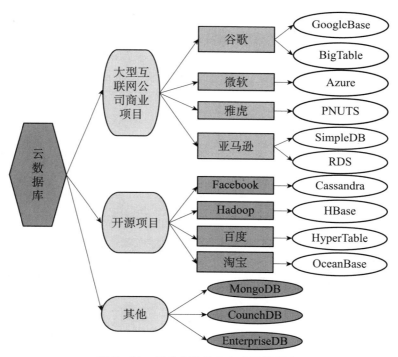

图 5－11　目前主流的分布式云数据库

分布式云数据库主要有三类：大型互联网公司商业项目云数据库系统、开源项目云数据库系统及其他项目云数据库系统。

（三）数据区块

数据区块由区块头和区块体两部分组成，记录了该区块创建期间所记载的所有交易信息；其他应用的数据区块（各种交易的详细记录信息）可以各自定义区块的时间范围等。

例如，比特币的每一个数据区块将记载某一个时间段（10分钟）内大部分的交易信息，比特币里的数据区块是指比特币交易的账本。

通过这些数据区块，可以查到应用的每一个环节的任何细节与任何流程。图5-12所示为某种数据区块的基本架构。

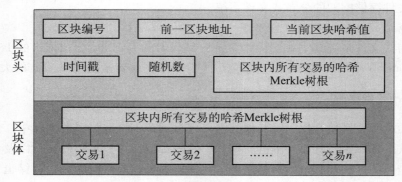

图5-12　区块链的基本架构示意图

区块头保存着各种用于连接上一个区块的信息、各种用来验证的信息以及时间戳等信息，主要包括：块编号、前一个区块的地址、当前区块的哈希值、时间戳、随机数（用于证明工作量难度）以及用于验证区块体交易的总的哈希 Merkle 树根。区块体主要包含了该区块（账本）中的所有交易信息以及所有交易信息的 Merkle 树（树根除外，树根存储在区块头内）。

（四）链式结构

区块链应用的所有区块之间按照时间先后顺序连接成一个完整的链条。通过该单向链条即可以逐渐增加区块，当一个新的区块创建后，就补充在最后一个区块后面，同时该单向链表也可以回溯所有发生的交易信息，从而确保安全性和可验证性。图5-13所示为某个简要的链式结构。

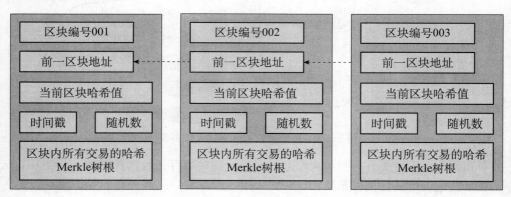

图5-13　简要的链式结构示意图

所有的区块连接成一长串，应用的所有交易信息都将保存在区块内，并且通过链条串联起来，每一笔交易都可以溯源，从而找到每笔交易的所有历史记录。由于该长串链条由每个节点认可，如果有人想要篡改链条，他必须修改所需篡改的区块以及之前的所有区块，否则通过链条的溯源机制，很快就可以发现问题。而篡改前面的所有链条，几乎是不可能的事情，因此区块链十分安全。

二》 网络通信层关键技术

区块链是一种典型的去中心化的分布式网络形态。区块链应用的组网方式由网络层来决定，它同时也决定了基于区块链技术的应用的所有网络协议、消息传播方式以及数据验证机制等。各种应用通过网络层的消息传播机制和数据验证机制，确保区块链应用中的每个参与者（节点）都能参与区块链交易的校验及创建数据区块。根据不同应用的各自协议，只有新创建的区块通过所有的（或者大部分）参与者验证后，才能加到区块链的最后一段中。

（一）点对点分布式技术

点对点技术又称对等互联网络技术，可以简单地定义为通过直接交换来共享计算机资源和服务，而对等计算模型应用层形成的网络通常称为对等网络。这种技术依赖网络中参与者的计算机的计算能力和带宽，而不是依赖中心化的服务器。图 5－14 所示为某个区块链环境下的网络架构。

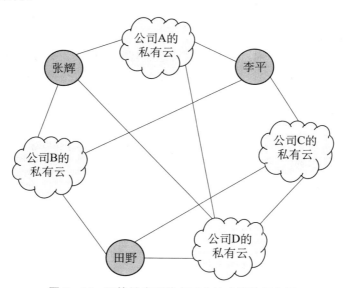

图 5－14　区块链应用的点对点技术网络示意图

从图 5－14 可以看出，任何参与者（可以是单独的人或者公司）都可以是 P2P 网络中的节点。当然，单个参与者可能只能提供比较轻量级的接入，如一台服务器、一台计算机甚至一个手机。

P2P 技术优势很明显。点对点网络分布特性通过在多节点上复制数据，增加了防故障的可靠性，并且在纯 P2P 网络中，节点不需要依靠一个中心索引服务器来发现数据，系统也不会因为单点崩溃而受到影响。如果是公司参与者，可以是比较重量级的接入，甚至是一个公司的私有云的接入，则可以提升计算效率和存储能力。

（二）连接方式

当一个有效区块生成，且被其他矿工确认有效后，就可以连接到当前区块链的末尾，形成新的区块链主链。但区块链并不完全以线性方式延长，有时会出现分叉。因为区块链系统中，各计算节点是以分布式并行计算来争取记账权的，所以可能会出现短时间内有两个计算节点同时生成有效区块的情况。此时，区块链系统选择将两个有效区块都链接到当前主链的末尾，这就形成了分叉。针对这种情况，区块链系统规定，当主链分叉时，计算节点总是选择链接到当前工作量证明最大化的备选链上，形成更长的新主链。

（三）传播机制

一旦一个新的区块创建后，生成该区块的节点需要将该消息广播给其他所有节点。不同的应用可以设计不同的传播机制，比特币的传播机制描述如下：

（1）比特币账本（即区块）创建节点，将所有新的交易数据向全网所有的节点广播。

（2）所有的节点将收集这些新的交易数据，并存储到自己预创建的区块中。

（3）为了争夺区块创建权利，每个节点需要证明自己在努力工作，在比特币世界里使用的是工作量的难度的证明。

（4）一旦找到了工作量的难度的证明，立即对全网进行广播。

（5）其他节点如果认可该工作量难度最大，同时所有交易都是有效的，那么认可该节点创建的区块为有效区块。

（6）一旦新创建的区块得到了认可，则其他所有节点将接受该新区块，同时将该区块加到自己的区块链条的最后。图 5-15 所示为某个简单的区块传播机制。

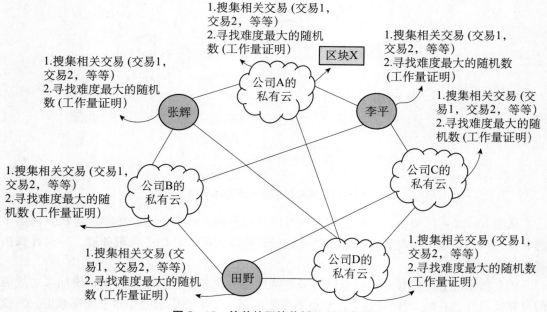

图 5-15　简单的区块传播机制示意图

在本区块的应用中共有 7 个参与者，其中 3 个参与者是个体参与者，4 个参与者是公司参与者。为了创建一个新的区块链，首先所有的参与者要搜集一段时间内发生的大部分交易。由于所有的参与者都在搜集新的交易，希望自己夺得创建区块的权限（比特币账本创建者将会获得一定数量的比特币，同时争取创建权限的参与者非常多，只有一个参与者能够得到某一段时间内的创建权利）。因此，需要一种公平的方法来帮助完成此工作。

（四）共识机制

对应区块链开发来说，共识机制可以说是核心的，因为加密货币多数采用去中心化的区块链设计，节点是分布式的，所以必须有一套机制来维护系统的运作顺序与公平性，统一区块链的版本，并奖励提供资源维护区块链的使用者，以及惩罚危害者。这样的制度必须依赖某种方式来证明，是谁取得了一个区块链的打包权（或称记账权），并且可以获取打包这一个区块的奖励；又或者是谁意图进行危害，就会受到一定的惩罚，这就是共识机制。

具体做法：在区块计算的最后一步，要求解一个随机数，使区块的哈希函数值小于或等于某一目标哈希值，从而大幅提高计算难度。通常目标哈希值由多个前导零的数串构成。设定的前导零越多，目标哈希值设定的越小，找到符合条件的随机数的难度就越大。通常，比特币系统通过调整目标哈希值将区块的生成时间控制在十分钟左右。

（五）验证机制

数据验证是区块链技术极为重要的一环。所有的区块链网络中的参与者都要随时监听新的交易与新的区块。一旦接收到新的交易或者新的区块，首先自己验证它们的正确性，如果正确，再向自己的邻近节点进行广播。如果接收到的新的交易无效，则须立即抛弃，不再将它们转给邻近节点，以免浪费计算资源。其中，对于新的交易的验证，根据基于区块链应用事先达成的各种验证协议来进行，例如交易的格式、交易的数据结构、格式的语法结构、输入输出、数字签名的正确性等。所有新的交易数据一旦验证通过，并且通过自己强大的算力（工作量证明）得到了认可，则将大部分交易打包封装成一个区块，并将该区块告知其他节点，以便其他节点将获得验证的新区块加入原有的区块链。

数据区块的网络层主要涉及组网方式、数据传播方式以及数据的验证机制3个主要方面。随着越来越多的区块链的新的应用的到来，网络层的机制也需要不断进行扩大，以适应新的计算需求。

三》 数据安全与隐私保护关键技术

无论是传统的应用还是基于区块链技术的应用，都面临数据安全与隐私保护问题。虽然区块链技术大大增强了数据的安全性并在一定程度上增加了隐私保护的程度，但是仍面临不少挑战，下面简要介绍涉及的关键技术。

（一）时间戳

区块头里面必须包含一段时间戳信息。区块链中的所有区块都是按照时间顺序进行串联的。为了防止双重支付，时间戳是一个非常必要的元素。时间戳除了在防止双重支付中起作用外，更为重要的是，能够提供一些基于时间关系的证明。比如交易的发生时间在某些合同中会起到非常关键的作用。另外，时间还有溯源的作用。同时，随着区块链技术和大数据等技术的结合，区块链数据将为未来的大数据分析提供时间维度，增加智能分析的效果。

（二）哈希函数

哈希函数是一种从任何数据中创建小数字"指纹"的方法。哈希函数把消息或数据压缩成摘要，使数据量变小，将数据的格式固定下来。该函数将数据打乱混合，重新创建一个叫作哈希值的指纹。通常用哈希值代表一个短的随机字母和数字组成的字符串。好的哈希函数在输入域中很少出现哈希冲突。

哈希算法是将任意长度的二进制值映射为较短的固定长度的二进制值，这个小的二进制值称为哈希值。它的原理其实很简单，就是把一段交易信息转换成一个固定长度的字符串，如果输入信息相同，输出的字符串也相同；信息相似不会影响字符串相同；可以生成无数的信息，但是字符串的种类是一定的，所以是不可逆的。哈希算法的安全性还是可靠的，一般情况下很难破解。

（三）数据加密

为了确保数据的传输安全，某些区块链应用需要对区块进行加密后再传输。下面简要介绍数据加密的几种形态。

1. 交易加密或者区块加密（对称加密算法）

为了让区块链应用中所传输的交易或者区块安全保密，可以对交易信息或者区块信息采用对称加密算法进行加密，基本原理如图 5 - 16 所示。

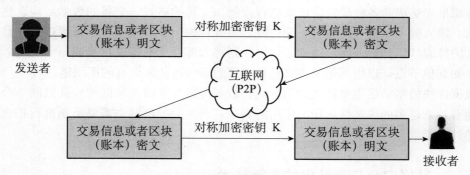

图 5 - 16　交易加密或者区块加密示意图

从图 5 - 16 可以看出，为了实现交易信息或者区块（账本）的保密性传输，只要将传递的交易信息或者区块（账本）通过对称加密算法加密成密文传递即可。

为了验证信息是否在传输过程中被修改，可以通过如图 5 - 17 所示的方法进行验证。

从图 5 - 17 可以看出，为了实现交易信息或者区块信息的内容完整性保障，需要将传递的交易信息或者区块信息通过哈希计算得到一串哈希码，并将该哈希码 h 和传递的交易信息或者区块信息的密文一起发送给对方，对方收到信息并解密后，重新对解密后的明文进行哈希计算得到一个新的哈希码 h′。然后对 h 和 h′进行比较。如果 h 等于 h′，则说明信

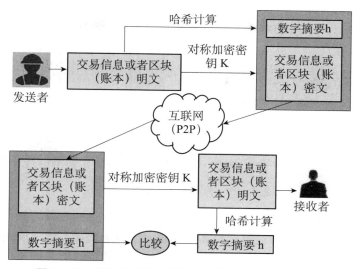

图 5 - 17　验证交易信息或者区块的传输安全性示意图

息在传递的过程中没有被篡改，内容完整性得到保障。如果 h 不等于 h′，则说明信息在传递的过程中已经被篡改，内容完整性遭到破坏。

2. 数字信封传递密钥（非对称加密算法：公钥加密，私钥解密）

交易信息或者区块信息通过对称加密算法，可以实现交易信息或者区块信息的安全与保密传输，并且可以通过数字指纹验证传输过程是否有信息被篡改。但是加密者如何安全地将加密密钥告知解密者也是十分重要的。密钥的安全传递可以通过数字信封技术来实现，图 5 - 18 所示为数字信封技术的基本工作原理。

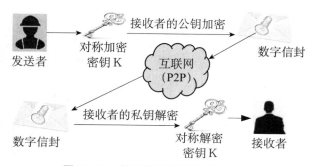

图 5 - 18　数字信封传递密钥示意图

从图 5 - 18 可以看出，为了实现交易信息或者区块信息的密钥安全传输保障，需要将对称加密所用的对称加密密钥 K，通过接收者的公钥进行加密，形成数字信封。该数字信封通过网络传递到接收者。接收者使用自己的私钥对该数字信封进行解密，从而得到解密所需对称解密密钥 K。因为只有接收者自己的私钥能够解开该数字信封，其他人的钥匙都不能解开该信封，所以数字信封可以保证整个密钥的传递安全。

3. 数字签名防抵赖（非对称加密算法：私钥加密，公钥解密）

数字签名主要用来确认信息的发送者认可自己曾经的行为。类似传统的签名，一旦某人签署了某份文件，则表示其认可所签署文件的真实性，并能证明是自己所签署的。数字签名也一样，用来证明某人签署了某份文件。数字签名基本原理示意图如图 5-19 所示。其核心就是采用非对称加密算法的私钥加密、公钥解密机制。

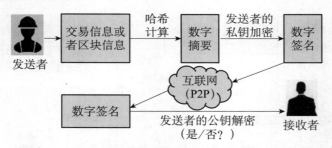

图 5-19　数字签名基本原理示意图

从图 5-19 可以看出，为了实现交易信息或者区块信息的来源可靠性保障，需要将传递的交易信息或者区块信息通过哈希计算得到相应的数字摘要，然后使用发送者的私钥进行加密得到相应的数字签名。将数字签名通过网络传递到接收者，如果接收者使用发送者的公钥能够解开该数字签名，则证明该数字签名的确是该发送者签署的，来源可靠；如果接收者使用发送者的公钥不能解开该数字签名，则证明该数字签名不是该发送者所签署的，来源不可靠。通过这种机制可以验证来源是否可靠。

（四）数字签名

任何人都可以通过 CA 中心查询到所有人的公钥，如果没有一个统一的 CA 中心，如何实现数字签名呢？可以建立一个 CA 中心，根据不同的需求各自协商确定管理公钥。在区块链应用中，具有区块链应用特征的数字签名不同于传统的数字签名。图 5-20 所示为某个比特币生态下的区块的数字签名机制。

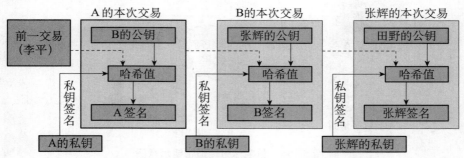

图 5-20　比特币交易过程的数字签名机制示意图

例如：A 作为某个比特币的拥有者，使用自己的私钥对前一次交易单据（李平的交易单据）以及下一笔交易拥有者 B 的公钥，通过哈希函数进行计算后得到相应的哈希值。然后，A 使用自己的公钥对该哈希值进行签名得到 A 自己的签名。并将该签名加到比特币的后面，将该比特币传递给下一个比特币的收款人 B。

一旦 B 收到了来自 A 的交易单据，根据数字签名的原理，B 可以判断收到比特币的来源，如果使用 A 的公钥能够解开该数字签名，则说明该比特币的发送方确实是 A 而不是其他人，如果使用 A 的公钥不能解开该数字签名，说明该比特币的发送方不是 A，而是另有其人。

从图 5 - 20 可以看出区块链技术对传统的数字签名做了修改，公钥可以不通过 CA 中心，而是在交易单据传递的过程中直接查找参与者的公钥。例如，B 要查找 A 的公钥，可以直接去李平的交易单中查询验证。因为李平的交易单中已经封装了 A 的公钥信息。

但是图 5 - 20 中也存在一个问题，B 能够通过 A 的公钥验证该交易单是否来自 A，但是 B 不能检测到 A 是否进行了双重支付，甚至是多重支付。因为在现实生活中可能会存在这种情况，A 的账户里面有 100 个比特币，有可能 A 在某一时间段同时签署了两张交易单分别发给 B 和张辉。发给 B 的交易单为"从 Mark 那里购买 100 个比特币的衬衫"，发给张辉的交易单为"支付给张辉 100 个比特币，购买日语书籍"。这样一来，由于两张交易单都是 A 签署的，因此都是合法的交易单，就会出现 A 用 100 个比特币买了 200 个比特币的东西这种情况，而这种情况在金融系统中是绝对不允许出现的。

（五）区块链安全体系

区块链安全管理的基本组件和关键技术有：哈希函数、数据加密算法、数字签名、零知识证明等。区块链应用是一个系统工程，其安全体系也是系统工程，仅靠这些基本技术不能形成整个区块链安全体系。目前，对区块链安全体系，业界还没有形成统一的标准，但是主要体系如下：

1. 物理网络环境安全

物理网络安全主要包括：电源安全、物理环境安全、防火墙安全、VPN 组网安全等。例如，对于一些敏感的、重要的区块链应用组建私有链，所有的数据传输均在公司内部的 VPN 网络中进行，可以进一步提升物理网络的安全性。如果是一些公司组成的联盟，也可以在联盟内部组建一个联盟 VPN 网络，确保物理网络安全。

2. 区块链数据安全

数据安全主要确保区块链传输的各种交易信息以及各种区块信息的安全。为了确保信息传输安全，可以对各种交易信息和区块进行加密后再传输。可以通过非对称加密的方式协商密钥的传递，也可以通过该方式进行数字签名，并增加时间戳确保信息的时间维度等。

3. 区块链应用系统安全

区块链的应用系统安全，主要取决于区块链的各种应用需求，例如，可以通过身份认证技术、权限访问技术、访问审计技术等手段来实现。另外，构建应用系统时，区块链应用的参与者必须制定各种交易规则，防止各个参与者之间互相突破安全限制，破坏交易规则。

4. 区块链钥匙管理安全

传统的 PKI 安全体系，由一个 CA 中心来管理钥匙。区块链环境下，需要寻求一种新的管理方式来管理密钥，确保钥匙安全。是否还需要建立类似的 CA 中心来管理钥匙，所有的钥匙是否需要定期更换，钥匙的生命周期等均是构建区块链钥匙管理安全系统所需考虑的问题。

5. 云环境下加密方法安全

云环境下，产生了不少新的加密算法，其中最为典型的是同态加密算法。未来的区块链若运行部署在云环境下，需要不断利用同态加密算法，甚至在同态加密算法的基础上进行不断创新和完善。

（六）隐私保护机制

很多公有区块链上传输和存储的数据都没有经过隐私处理，仅仅采用简单的匿名方法对区块链上的参与者进行一定程度上的隐私保护。

但是，随着区块链技术的应用越来越多，如何保证用户的隐私安全显得尤其重要。目前已有一些新的技术用于确保隐私安全，如同态加密技术、零知识证明以及环签名等。未来需要形成一套更为有效的隐私保护机制，以满足不同区块链应用的需要。

（七）隐私保护算法

区块链隐私保护算法和传统的云环境下的隐私保护一样，主要涉及数据生命周期中的不同阶段所采用的不同算法。主要有如下几个阶段：

1. 交易信息或区块创建隐私保护算法

交易信息或区块在创建的时候，其中最需要确保的是创建者的匿名性。因此，本阶段的交易信息或区块链隐私保护算法需要采用各种匿名算法，如最典型的 K-匿名算法。

2. 交易信息或区块链存储隐私保护算法

交易信息或区块创建好后，将保存在互联网（甚至云环境）环境下。可以通过各种算法来确保所保存的交易信息或区块的内容不被发现，其中最为典型的是采用加密算法（包括云环境下的同态加密），让所有人看不见原文，只能看见密文，从而起到保护隐私的作用。当然，不一定要将全文进行加密，可以把明文中的敏感的信息通过隐私抽取方法抽取出来，将隐私信息通过加密方法单独存储起来，达到实现隐私保护的目的。

创建大数据环境下的交易信息或区块链存储过程中的隐私保护模型，大数据在经过隐私信息提取后，将分解成共享信息、隐私信息位置语义映射表及隐私信息三大部分，如图5-21所示。

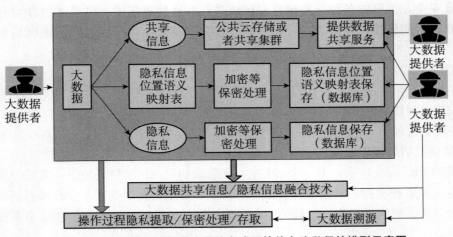

图5-21　大数据环境下的交易信息或区块信息隐私保护模型示意图

（1）共享信息，将存储在公共云中或者共享存储集群中，供数据使用者共享。

（2）隐私信息位置语义映射表，记录了大数据的隐私信息在原始大数据中的具体位置的映射表，为将来的数据融合提供基础。

（3）隐私信息，经过加密处理后存储到数据库中进行安全保存。另外，在整个大数据的隐私处理过程中，所有的大数据的操作过程作为隐私信息也将被提取，进行保密处理并安全存储。

大数据的提供者可以对隐私信息和共享大数据进行输入融合，还原原始的大数据信息。另外，大数据的提供者还可以针对各种操作过程对大数据进行溯源，确保在每个操作中大数据都有据可查，进一步确保安全和隐私得到保护，一旦出现隐私泄露，也为法律取证提供支撑。

3. 交易信息或区块链数据挖掘过程中的隐私保护算法

隐私信息包括两大类：一类是直接隐私；另一类是间接隐私。

（1）直接隐私是指大数据中直接包含的隐私信息，如医疗区块链应用中的各种医疗病历中的患者姓名、年龄、出生地点、病名及其工作单位等。这类隐私可以通过查看医疗区块链的交易信息或者医疗区块直接获取。

（2）间接隐私是指不能从医疗区块链应用中的医疗交易信息或者医疗区块所构成的大数据中直接获取的隐私信息，它是需要通过一定的算法或者方法，对医疗区块链的各种大数据进行数据挖掘后得出的隐私信息。间接隐私的保护算法主要有：数据变换算法、数据隐藏算法等。

4. 交易信息或区块链在用户使用过程中的隐私保护算法

所有的交易信息或者区块信息都要被区块链应用中的各种参与者所访问或者使用，最后一个环节就是用户使用过程中的隐私保护算法。而这种算法主要是对用户的角色和权限进行控制，确保用户的访问范围。

（八）区块链隐私保护体系

根据区块链信息（交易信息或区块信息等）的生命周期，区块链隐私保护体系主要包括四大类型的隐私保护算法，分别是：交易信息或区块信息创建隐私保护算法；交易信息或区块信息存储隐私保护算法；交易信息或区块信息挖掘隐私保护算法；交易信息或区块信息用户访问隐私保护算法。区块链隐私保护体系算法示意图如图 5－22 所示。

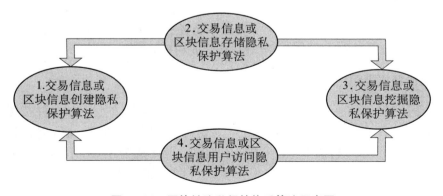

图 5－22　区块链隐私保护体系算法示意图

区块链的隐私保护是区块链能否取得大规模应用的关键所在，因此如何确保区块链信息在 4 个不同阶段的隐私是未来区块链的工作方向之一。区块链隐私保护体系既可以采用传统的隐私保护算法，也必须根据区块链技术本身的特点开发一些独特的隐私保护算法，例如基于 Merkle 树的零知识证明隐私保护算法等。

四》 共识层关键技术

基于区块链技术的各种应用与其他应用有一个明显的区别，即区块链应用依靠技术本身和各种交易参与者的共识来确保信任和各项应用的执行和处理。因此，一个关键点是各方参与者必须事先达成共识，形成共识层。作为共识层，需要依靠一些关键技术来确保各个参与者达成某种共识机制。比特币作为区块链技术的第一个应用，最早采用了工作量证明的共识机制，但是随着后面的应用越来越丰富，工作量证明机制暴露了众多的缺点，因此，不断发展出了许多新的共识机制和技术，如：权益证明、股份授权证明等。

(一) 工作量证明

工作量证明是最早的一种共识机制，被比特币区块链所采用。它的基本思想是提供的算力越多，越应该获得创建账本的权限，也就是说挖矿设备越多，算力也会越强，也越有可能挖到比特币。

工作量证明系统的主要特征是矿工需要做一定难度的工作并得出一个结果，验证方可以很容易地通过结果来检查矿工是不是做了相应的工作。

(二) 权益证明

工作量证明共识机制是一种纯粹为了证明工作量而证明工作量的共识机制，它在一定程度上通过工作量的多少来决定哪位矿工能够获得创建区块（账本）的权力。但是，这种机制带来了巨大的浪费。为了计算一个毫无价值的随机数，矿工购买大量的内存、CPU、GPU 等。这不仅造成了巨大的资金浪费，更为重要的是浪费大量的电力资源去做一项无意义的工作（除了决定谁是新账本的创建者之外）。

权益证明（POS）是点点币（PPC）最早采用的一种共识机制。事先规定好股权分配比例，之后通过转让、交易的方式，逐渐将股份分散到区块链应用参与者手里，并通过"利息"的方式新增货币，实现对区块链应用参与者的奖励。形象地说，就是一个根据区块链参与者持有货币的多少和时间（币龄）来发放利息的制度。

(三) 股份授权证明

对于权益证明共识机制，与 POW 一样，每个节点都可以创建区块，并按照个人的持股比例获得"利息"。与权益证明不同的是，股份授权证明（DPOS）是由社区选举的可信账户（受托人，得票数排行前 101 位）来创建区块。为了成为正式受托人，用户要去社区拉票，获得足够多用户的信任。用户根据自己持有的加密货币数量占总量的百分比来投票。

DPOS 机制有点类似于股份制公司的运作机制，通过广大股民选择自己最信任的股民来完成，最后，得票率最高的参与者获得相应的创建区块以及完成交易信息或者区块信息验证的代理权。

与 POW 共识机制和 POS 机制相比，DPOS 机制只需要更少的区块链应用的参与者来完成区块的创建以及各种交易信息的验证，大大提升了传播速度（因为不需要在全部的区块链应用链参与者中进行全网传播，只需要在这些代理之间实施传播即可），同时，也节省了大量的社会算力资源，避免了能源浪费。

（四）拜占庭容错共识机制

拜占庭容错共识机制是一个古老的容错机制。在完全去中心化的区块链系统中，如何保证各节点维持区块链数据的一致性和不可篡改性，是一个关键问题。

比特币系统中的区块链技术，采用了基于工作量证明的共识机制，通过在区块计算中加入算力竞争，使分布式节点可以高效地达成共识。具体做法是在区块计算的最后一步，要求解一个随机数，使区块的哈希函数值小于或等于某一目标哈希值，大幅提高计算难度。通常，目标哈希值由包含多个前导零的数串构成。设定的前导零越多，目标哈希值设定得越小，找到符合条件的随机数的难度就越大。比特币系统为了调整目标哈希值，通常将区块的生成时间控制在 10 分钟左右。

除了前面讲述的几种共识机制外，各种区块链应用不断产生一些新的共识机制来达到某种共识。随着应用需求的不断扩大，会产生越来越多合适的其他的共识机制。

五 》 应用组件层关键技术

应用组件层主要是针对基于区块链的各种应用层设定一些激励机制或者其他的约束机制。在区块链 1.0 应用里主要有发行机制与分配机制两个典型的激励机制。在区块链 2.0 以及未来的区块链 3.0 中，更多地体现为各种智能合约以及更为复杂的可编程资产。

（一）发行机制

比特币发行机制采用的是一种逐步递减的方式。其货币发行方法是，通过矿工挖矿的方式来获得比特币。最初，每个矿工每次挖矿成功，会得到 50 个比特币的奖励，到了第 21 万个比特币的时候，每个矿工每次挖矿成功，只能得到 25 个比特币的奖励，以此类推。直到把矿山里的第 2 100 万枚比特币挖完为止。也就是说，在比特币的世界里，比特币的数量是有限的，总共只有 2 100 万枚比特币。预计截至 2040 年，所有的比特币将被挖完。

一旦比特币挖完，矿工即使创建了一个账本也不会得到任何的奖励。而矿工创建账本需要耗费大量的 CPU、GPU 以及内存等算力，这将大大影响矿工的积极性。因此，比特币的发行机制规定，除了可以通过挖矿来获得比特币外，也可以通过收取交易费来激励矿工挖矿获得比特币。

（二）分配机制

在比特币世界里，有时候为了提高获取创建账本的机会，矿工会将他们的挖矿资源汇聚到一起，形成更大的算力来与其他的矿工竞争。因此，一旦他们获得了账本的创建权力，就会得到相应的比特币，这时候要按照各自提供的算力的比例来进行奖励分配。

目前，区块链已经形成了多种分配方法，例如：PPS 分配方法、PROP 分配方法、PPLNS 分配方法、DGM 分配方法、SMPPS 分配方法、ESMPPS 分配方法以及 Triplemining 分配方法等。

（三）区块链 2.0 核心智能合约衍生的核心组件

区块链 2.0 最为典型的应用核心组件是智能合约。应用组件层封装各类代码脚本、算法和智能合约是区块链可编程特性的基础。区块链的各个参与者可以将他们所定义的规则以代码的形式放置到区块链中，一旦合约条件触发，则自动执行相关的区块链计算服务。图 5 - 23 所示为某个简单的区块链 2.0 核心智能合约的案例。

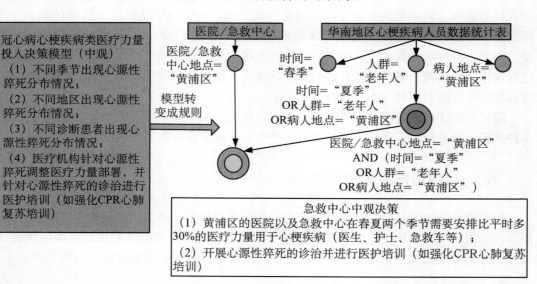

图 5 - 23 一个简单的医疗区块链智能合约案例

假设某个医疗区块链的参与方：医院、急救中心、广州市政府等设定了一个智能合约，用于满足如图 5 - 23 所示的基于规则的智能合约。一旦相关条件触发，医疗区块链将自动执行各个参与者事先设定的合约规定，履行相关的区块链计算或者服务的义务。

（四）区块链 3.0 衍生的复杂的可编程资产

目前，区块链技术还需要在共识机制、智能合约、安全算法、隐私保护、扩容和速度优化等相关技术领域实现持续创新和突破，需要探索应用场景中落地方式是否能和现有技术相结合，切实解决行业中的痛点问题。区块链技术获得了越来越广泛的关注以及越来越丰厚的资金投入，未来区块链技术将会更加成熟与稳定，区块链的应用将不断拓展，区块链的生态将逐步建立。

随着区块链技术的不断发展，越来越多的应用将使用区块链技术。区块链技术的最终发展阶段是完全通过技术来实现可信，也就是说一切都成为可编程资产。包括人类社会活动在内的一切活动，都可以设计成可编程资产。

【测验题】

一、单选题

1. 区块链 2.0：数字货币的强大功能，吸引了金融机构采用区块链技术开展业务，基于区块链技术可编程的特点，人们尝试将"智能合约"的理念加入区块链中，形成了可编程（　　）。

A. 货币　　　　B. 金融　　　　C. 代码　　　　D. 账本

2. 区块链与传统的计算范式完全不同，它不再借助于国家机器来确保信用可靠，其安全性完全通过（　　）手段来解决，因此，区块链的安全性保障显得至关重要。

A. 技术　　　　B. 法律　　　　C. 交易　　　　D. 自卫

3. 区块链技术面临的瓶颈，首先是扩展性，区块链技术的交易处理能力是（　　），在区块链板块上存储着海量的信息。

A. 很强大的　　B. 面广的　　　C. 很弱的　　　D. 很准确的

4. 区块链的（　　）能够将不同业务场景的独立区块链应用联系起来，进一步打通各类区块链底层基础设施，促进技术与业务的进一步融合与扩展。

A. 公有链　　　B. 私有链　　　C. 联盟链　　　D. 跨链互联

5. 联盟链上的读写权限以及记账规则都按联盟规则来"私人定制"，联盟链上的共识过程由预先选好的（　　），一般来说，其适用于机构间的交易、结算或清算等 B2B 场景。

A. 密码控制　　B. 代码控制　　C. 合同控制　　D. 节点控制

6. 对称加密在加密与解密的过程中使用的是同一把（　　），这是区块链网络有别于中心化账户系统的技术保证，能够保证链上资产归属的安全性和匿名性。

A. 密钥　　　　B. 公钥　　　　C. 私钥　　　　D. 代码钥

7. 谈到区块链，大多数人首先联想到的就是比特币，比特币本身作为一个（　　），其价值就是让人们可以实现电子货币的点对点交易。

A. 法定货币　　B. 数字货币　　C. 交易货币　　D. 数字特解

8. 工作量证明共识机制是一种纯粹为了证明工作量而证明工作量的共识机制，它在一定程度上通过工作量的（　　）来决定哪位矿工能够获得创建区块（账本）的权力。

A. 质量　　　　B. 多少　　　　C. 类型　　　　D. 强度

9. 在完全去中心化的区块链系统中，如何保证各（　　）维持区块链数据的一致性和不可篡改性，是一个关键问题。

A. 区块　　　　B. 链　　　　C. 节点　　　　D. 网格

10. 比特币发行机制采用的是一种（　　）的方式，其货币发行方式是通过矿工挖矿来获得比特币。

A. 逐步增加　　B. 逐步递减　　C. 按需增加　　D. 平衡不变

二、多选题

1. 区块链不仅是一种包含（　　）等技术的计算机科学，更是一种通过计算机科学和数学来改革现有组织体系低效、无效、分配不公、激励不足等生产关系层面的一种经济思想和经济发展模式。

    A. 分布式存储   B. 加密技术   C. 点对点通信   D. 智能合约

E. 共识算法

2. 区块链是一个分布式的大账本，每一个区块就相当于这个账本中的一页，目前，区块链的区块主要记录了（　　　）等数据。

    A. 区块头   B. 交易详情   C. 交易价格   D. 交易计数器

E. 区块大小

3. 共识算法是区块链核心技术之一，当前共识算法存在（　　　）之间难以平衡的问题，基于工作量证明（POW）的算法在容错性和参与节点数量上有较为明显的优势。

    A. 账本数据   B. 节点规模   C. 性能   D. 容错性

E. 交易量

4. 区块链技术发展或将成为我国掌握全球科技竞争先机的重要一步，区块链国家标准包括：（　　　）等方面，并将进一步扩大标准的适用性。

    A. 基础标准   B. 业务和应用标准   C. 过程和方法标准 D. 可信和互操作标准

E. 信息安全标准

5. 通俗来说，区块链是一个"加密的分布式同步更新的记账技术"，其特点是区块链核心潜力在于信息具有（　　　）。

    A. 传递性   B. 透明性   C. 公开性   D. 可追溯性

E. 不可篡改性

6. 区块链是指一个分布式的数据库，维护一条由持续增长的数据记录列表构成的链，具有不可篡改等基本特征，区块链由一个个区块数据结构组成，每个区块上都包含了（　　　），关联到上一个区块的信息以及相应的可执行代码。

    A. 代码   B. 账本信息   C. 数据   D. 密钥

E. 时间戳

7. 在区块链技术中，所有的规则都事先以算法程序的形式表述出来，区块链的整体技术发展需要依靠多种技术的整体突破，这些技术主要包括（　　　）和实时监控智能合约。

    A. 哈希函数   B. Merkle 树   C. 非对称加密算法 D. P2P 网络

E. 共识机制

8. 区块链的隐私保护是区块链能否取得大规模应用的一个关键所在，区块链隐私保护体系主要包括（　　　）。

    A. 总账本记录或区块信息创建隐私保护算法

    B. 交易信息或区块信息创建隐私保护算法

    C. 交易信息或区块信息存储隐私保护算法

    D. 交易信息或区块信息挖掘隐私保护算法

    E. 交易信息或区块信息用户访问隐私保护算法

9. 随着区块链技术的不断发展，越来越多的应用将使用区块链技术，应用组件层关键技术包括（　　　）。

    A. 发行机制   B. 奖励机制   C. 分配机制

    D. 区块链 2.0 核心智能合约衍生的核心组件

    E. 区块链 3.0 衍生的复杂的可编程资产

10. 目前，区块链技术还需要在（　　）和速度优化等相关技术领域实现持续创新和突破，需要探索应用场景中落地方式是否能和现有技术相结合，切实解决行业中的痛点问题。

A. 共识机制　　　　　B. 智能合约　　　　　C. 安全算法　　　　　D. 隐私保护

E. 扩容

三、判断题

1. 区块链的运行原理决定了其自发性和可篡改性。（　　）

2. 区块链的交易信息采用非对称加密，保证了交易信息的准确性和安全性。（　　）

3. 区块链实现跨链互联是一个复杂的过程，不需要链条中的节点具备单独验证能力和对链外信息的获取能力。（　　）

4. 区块链技术能够保障链上记录数据的真实性、完整性和不可篡改，在涉及线下承兑、实物交付等场景时，可以覆盖业务流程的所有阶段，可能存在链上数据和链下资产实际信息不一致的问题。（　　）

5. 区块链根据系统确定的开源的、去中心化的协议，构建了一个分布式的结构体系，让价值交换的信息通过分布式传播方式发送给局域网。（　　）

6. 在区块链技术中，所有的规则都事先以算法程序的形式表述出来，人们必须要知道交易对手方的品德，不需要求助中心化的第三方机构来进行交易背书，而只需要信任数学算法就可以建立互信。（　　）

7. 区块链最本质的特征就是去中心化，它的出现能够实现从传递信息的信息网络向传递价值的价值网络的进化，提供了一种新的信用创造机制。（　　）

8. 区块链应用的组网方式由传输层来决定，它同时也决定了基于区块链技术的应用的所有网络协议、消息传播方式以及数据验证机制等。（　　）

9. 哈希算法是将任意长度的二进制值映射为较短的固定长度的二进制值，这个小的二进制值称为哈希值。（　　）

10. 在区块链应用中，具有区块链应用特征的数字签名等同于传统的数字签名。（　　）

四、简答题

1. 简述区块链的学术意义。

2. 区块链是一个分布式的大账本，记录了哪些信息？

3. 区块链如何进行数字签名？

4. 区块链共识机制包含哪几类算法？

5. 区块链核心技术组件包括哪些内容？

6. 区块的定义是什么？

7. 区块链关键技术包含哪些内容？

8. 区块链的各种区块及其他数据储存在何处？

9. 如果要在互联网世界中建立一套全球通用的数据库，有哪 3 个亟待解决的问题？

项目六　区块链交易

【情景设置】

比特币与其他虚拟货币最大的不同，是其总数量非常有限，具有极强的稀缺性。该货币系统曾在 4 年内只有不超过 1 050 万个，之后的总数量将被永久限制在 2 100 万个。区块链技术发展快，前景不可估量。币市远比股市收益更高，风险也更大。

【教学重点】

从底层技术来看，区块链有望促进数据记录、数据传播及数据存储管理方式的转型；区块链技术可以使用智能合约等方式，保证交易多方自动完成相应义务，确保交易安全，从而降低对手的信用风险，减少结算或清算时间。

本项目的教学重点为：

（1）区块链：信用世界的基石；

（2）区块链孕育史；

（3）区块链交易的底层平台；

（4）区块链交易主体涉及客户端、矿机和挖矿；

（5）区块链交易流程。

【教学难点】

区块链中的信息天然就是参与方认可的、唯一的，可溯源、不可篡改的信息源，原来许多重复验证的流程和操作可以简化，甚至消除，从而大幅降低交易对手的信用风险。

本项目的教学内容难点为：

（1）区块链交易历程的形成；

（2）区块链交易技术；

（3）区块链交易主要技术；

（4）区块链交易步骤。

【教学设计】

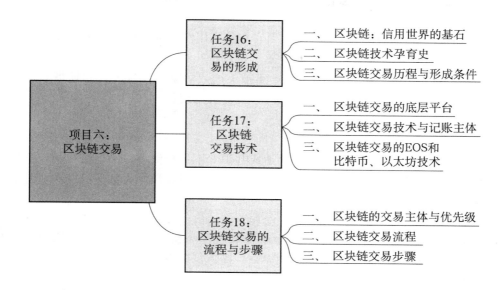

$$\boxed{任} \boxed{务} \boxed{16} \quad \textbf{区块链交易的形成}$$

【知识目标】

1. 了解区块链是信用世界的基石。

2. 掌握区块链孕育史。

3. 认识区块链的交易历程。

【能力目标】

1. 能够从数字共识的形成、数学的使用、数学逻辑学和信用世界建立的理论，找到解决陌生人之间的信用问题方法，解决人类经济活动最为根本的需求。

2. 能够根据区块链孕育史的密码学的发展和"拜占庭将军"问题的解决途径，构建一个分析行业空间的基本框架，并且找到这个框架里的重要指标。

3. 能够通过区块链交易历程形成的大事记、区块链交易是如何形成和对区块链发展的认识过程，寻找社会组织形态和协作方式的变革规律，促进区块链技术和产业为社会经济发展带来的重大发展机遇。

【知识链接】

区块链是分布式数据存储、点对点传输、共识机制、加密算法等计算机技术的新型集成应用模式。区块链以其自身具有的独特优势，将在创新行业应用、提高社会治理水平等方面发挥极其重要的作用。

一 》 区块链：信用世界的基石

许多人有过这样的疑问："学习数学到底有什么用？""到菜市场买菜会简单的计算不就可以了吗？"17 世纪法国数学家皮耶·德·费玛提出的"费马大定理"，经历多人猜想论证，历经三百多年的历史，最终在 1995 年被英国数学家安德鲁·怀尔斯彻底证明。这个听起来非常抽象的数学，在网上购物的时候，却会用到。

（一）数字共识的形成

在人类所有的知识中，哪一个最容易达成共识？不是经济学，不是法律学，不是政治学，不是化学，不是生物，甚至也不是物理，是数学。用数学作为信任的机制，是最自然的做法。

真正的区块链时代，就是使得整个社会相互间的信任建筑在数学的基础上。如果个人做出一个正方体，肯定是不完美的。但是如果作为一个数学的形态，正方体则是全对称的，每一个顶角都完全一样，每一条边都完全一样，每一个面也完全是一样的。数学的形态是最精准的，在精准的意义下，也是最易达成共识的。如果看整个宇宙最深刻的奥妙之处，物理学中关于整个宇宙的最核心的公式和标准模型，也是用非常精妙的数学来描写的。

（二）数字信用的基石

技术的发展脉络是与人类发展阶段相符合的，每一项技术的出现都是为了解决人类最为迫切的需求，而影响力最深远的技术往往解决了人类最为根本的需求。文字、纸张、印刷术等，解决了人们交流与信息传递的需求，但信息载体的传播能力却相对有限。IT 技术与互联网技术的出现使得全球范围内的信息传递与信息分享成为可能。在互联网时代，信息传递与信息分享的需求得到了满足，而信息基础设施的建设成为各国政府力推的一项基本政策。

随着全球化的不断加深和电子商务的发展，人们对于跨地域交易、陌生人之间交易的需求变得更加强烈。在互联网时代之前，线上直接交易几乎不可能完成。

这是因为：首先，须有一个中心化的组织解决陌生人之间的信用问题，该中心化的组织应能获得各交易方的信任；其次，各方无法当面进行交易，所以线上交易无法适用"一手交钱，一手交货"的线下交易规则，想要顺利完成支付，必须有第三方担保整个交易过程，而支付宝等第三方支付机构就是为了解决这个问题而诞生的。换言之，对于直接在线上完成价值转移的需求变得更加强烈。

区块链的出现简化了已有的中介担保模式。它能够实现在网络上的价值转移，而无须第三方机构进行担保。区块链中，底层是数学，中层是法律，上层是经济行为。

二 》 区块链技术孕育史

比特币的出现为区块链时代拉开了帷幕。可以说，区块链诞生的背后有许多计算机学家和密码学家不间断的探索与努力，如图 6 - 1 所示。

图 6 - 1　区块链技术孕育史示意图

(一) 密码学的发展

随着信息化和数字化社会的发展，人们对信息安全和保密的重要性认识不断提高，而在信息安全中起着举足轻重作用的密码学也就成为信息安全课程中不可或缺的重要部分。密码学早在公元前 400 多年就已经产生，人类使用密码的历史几乎与使用文字的时间一样长。密码学的发展过程可以分为四个阶段。

1. 古代加密方法

古代加密方法大约起源于公元前 400 年，斯巴达人发明了"塞塔式密码"，即把长条纸螺旋形地斜绕在一个多棱棒上，将文字沿棒的水平方向从左到右书写，写一个字旋转一下，写完一行再另起一行从左到右写，直到写完。解下来后，纸条上的文字杂乱无章、无法理解，这就是密文，但将它绕在另一个同等尺寸的棒子上后，就能看到原始的信息。这是最早的密码技术。

2. 古典密码

古典密码的加密方法一般是文字置换，使用手工或机械变换的方式实现。古典密码系统已经初步体现近代密码系统的雏形，它比古代加密方法复杂，其变化较小。比较经典的古典密码：滚筒密码、掩格密码、棋盘密码和恺撒密码。

3. 近代密码

近代密码是指从第一次世界大战、第二次世界大战到 1976 年这段时期密码的发展阶段。电报的出现第一次使远距离快速传递信息成为可能，事实上，它增强了西方各国的通信能力。20 世纪初，意大利物理学家奎里亚摩·马可尼发明了无线电报，让无线电波成为新的通信手段，它实现了远距离通信的即时传输，但是通过无线电波送出的每条信息不仅传给了己方，也传给了敌方，因此这就意味着必须给每条信息加密，随着第一次世界大战的爆发，对密码和解码人员的需求急剧上升，一场秘密通信的全球战役同时打响。

4. 现代密码

现代密码学的发展与计算机技术、电子通信技术密切相关。在这一阶段，密码理论得到蓬勃发展，密码算法的设计与分析互相促进，从而出现了大量的加密算法和各种分析方法。除此之外，密码的使用扩张到各个领域，而且出现了许多通用的加密标准，从而促进了网络和技术的发展。

(二) 需求驱动

供给驱动看产能，需求驱动看"天花板"。在考察行业空间之前，最好能够明确，这个行业是供给驱动，还是需求驱动。供给驱动与需求驱动的概念来源于经济学，可以把它理解成：产业发展的主要动力是来自供给一方，也就是公司，还是需求一方，也就是消费者。

供给创造需求的行业，往往体现出特别强的爆发力，一旦挖掘到合适的需求，就看有多少有效供给，行业前景无限；但需求推动的行业，则要踏踏实实的，根据潜在的需求，来测算行业的"天花板"。判断行业空间的方法，首先要弄明白两个问题：第一，这个行业的商业模式，可以通过回答"提供了什么产品，解决了什么问题"来找到答案。第二，它目前是供给驱动还是需求驱动，通常新兴行业供给驱动的情况多一些，而成熟行业更多由需求驱动。

显然，区块链是一个新兴行业，目前不是由需求驱动，而是由供应驱动，也就是各种区块链创业公司在推动。和互联网一样，逐渐也会进入一个由需求驱动的过程，在转换的过程中会有爆发期。一旦挖掘到合适的需求，爆发潜力很大。

（三）比特币的出现

比特币本质上是一段计算机代码。它是一种虚拟货币概念，在此基础上而设计开发的开源软件系统，并同时建构 P2P 网络。比特币就是由这个系统在 P2P 网络上产生的，也就是说，比特币是一种基于 P2P 网络形式的数字货币。

该数字货币系统不同于以往的世界各国的传统法定货币，比特币不依靠特定货币机构发行，而是依据特定算法由网络节点的计算生成。通过技术本身就实现了信用问题，实现了非中心化、去第三方的功能。谁都有可能参与制造比特币，而且可以全世界流通，可以在任意一台接入互联网的电脑上买卖，不管身处何方，任何人都可以挖掘、购买、出售或收取比特币。系统同时使用了可信时间戳技术和工作量证明机制，解决了"双花"问题和"拜占庭将军"问题，并且在交易过程中外人无法辨认用户身份信息。

三 》 区块链交易历程与形成条件

（一）区块链大事记

要理解区块链的历史地位和未来趋势，就不得不从互联网的诞生开始研究区块链的技术发展简史，从中发掘区块链产生的动因，并由此推断区块链的未来。

2008 年，中本聪首先提出区块链。

2009 年，第一个区块链产生，比特币区块链的创世区块诞生。

2012 年，瑞波币协议系统发布。该系统在比特币非中心化思想的基础上，创造了非中心化的支付和结算系统，利用区块链进行跨国转账，试图挑战国际银行间支付结算的 SWIFT 系统的地位。

2013 年 3 月，比特币区块链出现分叉，强迫大型矿池返回 0.7 旧版本后，分叉重新合并，问题得到解决。9 月，作为山寨币的美卡币（MEC）区块链发生断裂，数据更新后 1 天，重新接回一条区块链，艰难复活。

2014 年，区块链高速发展元年。

2015 年，世界多家银行、证券公司开始进行区块链测试，各大主流媒体纷纷发布报告为区块链摇旗呐喊，宣称区块链技术是可以比肩 TCP/IP 技术的一项重大技术。

2016 年，区块链进一步加速和发展，开始与各行各业融合升级。

2017 年，世界各地开始展开区块链应用，有更多区块链技术应用到物流和供应链领域。

2018 年，全球区块链进入一个白热化的发展环境，各国持续不断出台或更新相关监管政策。

（二）区块链交易形成条件

区块链本质上是一套数据库存储系统。该系统分布在全球各地，并且能够协同运转。与其他数据库存储系统不一样的是，这个系统的运行者可以是任何有能力架设服务器的人。传统的数据库存储系统只能由一个公司或者一个中心集权运作，呈现出中心化的特征，区块链正好具有去中心化的特征，交易形成条件如下。

1. 形成去中心化网络协议

创建于 1877 年的美国电话电报公司，是美国最大的本地和长途电话公司，曾长期垄断美国长途和本地电话市场，垄断所有的网络资源。为了垄断，该公司花钱培养出很多诺奖级的科研人员，开发建立了一个新的技术协议就是网络协议。

2. 形成价值共识

人类历史上所有伟大的公司，做的事情必然不是自己创造全新的东西，而是把已有的东西进行重新排列组合。比如，人工智能是技术、理论发展的广泛概念，已经大大超越行业的概念，它是模仿、研究人类智力活动的决策、优化、控制、学习、规划、协作等问题的集合，随着应用的不断扩大，其范围也在不断扩充。

网络资源分散情况，分久必合的时代，出现了巨大的平台。为了保障平台上交易双方的安全、诚信等问题，出现的区块链技术也会创造新的时代。这个时代的革命强度可能是互联网革命的十倍、百倍。互联网时代只是信息交换的时代，区块链时代有了价值的交换，可以产生数据的市场，每个人拥有自己的数据，然后在交换的过程中产生新的价值。

3. 数据市场公正平等

区块链是由一串串区块相互连接而成。区块就是一项交易产生时，为了记录交易信息而设置的一种数据载体。区块实际上就是数据库记录，每次输入数据，就是创立一个区块。所有的区块都有两个部分，一是区块头，二是区块体。区块头是用来刻录当前区块的元信息，用于描述信息的结构、语义、用途和用法等。区块体是记录写入的实际数据，这是区块的重要部分。区块链对社会的贡献是它可以带来社会更大的公正。

4. 助力虚拟货币发展

尽管虚拟货币走势不太明朗，但它依旧是金融界关注的核心之一。现在的区块链已经成了单独的投资项目，它的应用领域也十分宽广，区块链上虚拟货币发展依旧是在虚拟货币的传输运用上。

（1）在传输中获取有效的验证消息，以保证虚拟货币交易方的信息安全。区块链应用是一个不容小觑的底层技术，具有共识机制，比特币作为全新的虚拟货币，花费了很长时间来研究区块链的具体运行方式，确保虚拟货币交易方的信息安全。

（2）加强用户对自身交易的直接管理。比特币的区块链技术可以保证用户的虚拟货币使用独立性，其他程序开发者是无权干涉用户的，这样不仅可以避免开发者利用自身优势肆意改变数据，同时也可以加强对用户交易的直接管理。

（3）与外界用户产生一定的网络效应，建立虚拟货币链接上的各种信任。比特币的区块链是开放性的，参与门槛也比较低，目前的价格对于很多用户来说都是可以承受的。它可以和外界用户产生一定的网络效应，在公共区块上达成信任机制，建立链接上的各种信任。

（4）交易费用价格恒定不变。虚拟货币交易费用在行业内部进行改革后就一直没有上调，符合实际的载体，从综合方面评定，比特币是一款不错的虚拟货币。

（三）对区块链发展的认识

1. 区块链改变了数字资源储存与传递方式

区块链的技术特性，决定其能够跨越传统中心机构主导的价值传递模式，帮助人们实现以一种全新、快速且无须中介干预的方式交换各种价值，从而改变社会价值的传递方式，重塑组织形态，促进资源重新整合，改变行业的运行逻辑。

在金融领域，不论是支付、借贷、交易、众筹还是征信，区块链都能以其去中心化、不可篡改的信任机制，降低金融行业的各项业务成本，从根本上提升效率；在医疗健康领域，区块链可以为医疗健康行业的共享和存储数据提供高强度的安全性保障，并保证数据的透明性与可靠性；在物流领域，整体运输程序可以通过区块链技术进行缩减，提高效率，公众能够验证并全程监控产品及物流过程；等等。

2. 区块链发展尚处于早期研究探索阶段

从总体来看，区块链技术应用发展可分为四个阶段：第一阶段，以数字货币为起点，研究相关应用和支持软硬件；第二阶段，基于数字资产，研究各类资产在区块链上进行安全数字登记；第三阶段，智能合约的制定和普及，生态系统的进化；第四阶段，数字资产结合生态系统使区块链的机制网络获得应用。

目前全球多数区块链技术发展仍停留在以数字货币为主要形态的第一阶段，即处于概念发展与架构搭建层面，底层技术的发展方向尚不确定，应用场景仍需要落地，行业标准也很模糊。同时，区块链技术在结构化数字、共识机制以及监管等方面还存在很多问题或缺陷。有研究表明，区块链技术达到成熟期所需时间为5～10年。

3. 区块链有可能引发深刻的社会管理与诚信体系变革

区块链技术的广泛应用，将加速"数字化信用社会"的到来，引发政府管理形态和社会公信力的变革。区块链的分布式账本技术，将帮助政府征税、发放福利、发行护照、登记土地所有权、保证货物供应链的运行，并从整体上确保政府记录和服务的正确性。分布式账本还可提供一种确保商品及知识产权的所有权和起源的新方法。

区块链作为新型的底层信息技术，凭借着数据公开透明、信息安全程度高、可追溯性强等诸多优势，有可能改变互联网治理模式，推动互联网成为新型信用基础设施，实现价值的有效传递。同时，区块链技术还有可能改善现有的商业规则，构建新型的产业协作模式。

4. 区块链在技术层面存在安全风险与监管风险

区块链在技术层面存在的安全风险为：试图更改之前某个区块上的交易信息；试图控制新区块的生成。解决这两个问题的关键都在于解数学题背后所代表的巨大计算能力。

区块链在技术层面存在的监管风险为：所有节点同步数据，效率低；区块生成需要矿工（在区块链网络中争夺记账权的人或组织被称为矿工）的大量计算，耗费能源；所有交易数据公开透明，存在隐私保护问题；去中心、自治化特点为黑色产业提供庇护所等。

任 务 17　区块链交易技术

【知识目标】

1. 了解区块链交易的底层平台。
2. 掌握区块链交易技术。
3. 掌握区块链交易主要技术。

【能力目标】

1. 能够根据区块链交易的底层技术的比特币、以太坊、IBM 超级账本和 LISK 区块链应用平台去开发自己的应用，保证速度与安全，消除不必要的第三方，并减少相关的第三方费用。

2. 能够根据区块链交易主要技术特征建立行业专用、领域专用的区块链网络，并建立自己的一系列应用。

【知识链接】

今天出现的区块链技术必将导致新的时代。区块链由三部分组成：交易、交易记录以及验证和存储记录的系统。一旦信息被存储，就很难更改或删除，因为更改记录会影响网络中的所有后续块。有趣的是，区块链不需要用户的信任，但是它却能提供可信的交易数据。

一》 区块链交易的底层平台

最早的区块链开发是基于比特币的区块链网络进行的。由于比特币是全球最广泛使用和真正意义的去中心化应用，因此，围绕比特币的各种区块链技术非常多。大多数人并不需要自己重新创建一套区块链，而是基于现有的区块链底层平台去开发自己的应用，对于类似加密算法、P2P 技术、共识算法等只需要有个基本了解就可以运行。

（一）区块链总体架构

根据前面的学习，我们知道，区块链目前总体架构分为这几个部分：数据层、网络层、共识层、激励层、合约层和应用层，前三层是区块链的底层技术。

（1）数据层：封装了底层的数据区块的链式结构，以及非对称数据加密技术和时间戳。

（2）网络层：包括 P2P 组网技术，数据传播机制及数据验证机制，类似快播的原理。

（3）共识层：封装了网络节点的各类共识机制算法，这也是区块链的核心技术，就好比是在开发时采用的策略模式，其中具有代表性的是工作量证明机制（POW）、权益证明机制（POS）、股份授权机制（DPOS）。

（4）激励层：激励区块链技术中遵守规则的节点，惩罚不遵守规则的节点。

（5）合约层：封装各类脚本、算法和智能合约，是区块链可编程特性的基础，好比操作系统，可编程各式各样的应用，如支付宝、微信等。

（6）应用层：就是终端产品，用户可以操作的应用。

（二）以太坊

以太坊是一个开源的有智能合约功能的公共区块链平台，通过其专用加密货币以太币提供去中心化的以太虚拟机来处理点对点合约。

除比特币外，以太坊目前在区块链平台是最吸引眼球的。以太坊是一个图灵完备的区块链一站式开发平台，它上面提供各种模块让用户来搭建应用，如果将搭建应用比作造房子，那么以太坊就提供了墙面、屋顶、地板等模块，用户只需像搭积木一样把房子搭起来，因此在以太坊上建立应用的成本和速度都大大改善。

具体来说，以太坊通过一套图灵完备的脚本语言（Ethereum Virtual Machinecode，简称 EVM 语言）来建立应用，它类似于汇编语言。我们知道，直接用汇编语言编程是非常痛苦的，但以太坊里的编程并不需要直接使用 EVM 语言，而是类似 C 语言、Python、Lisp 等高级语言，再通过编译器转成 EVM 语言。

基于以太坊平台之上的应用是智能合约，这是以太坊的核心。每个智能合约有一个唯一的以太币地址，当用户向合约的地址里发送一笔交易后（这个时候就要消耗燃料费用，也就是手续费用），该合约就被激活，然后根据交易中的额外信息，合约会运行自身的代码，最后返回一个结果。

（三）IBM 超级账本

IBM 超级账本（Hyper Ledger）又叫 Fabric，它的目标是打造成一个由全社会来共同维护的超级账本，Fabric 源于 IBM，初衷是服务于工业生产，IBM 将 44 000 行代码开源，是了不起的贡献，让我们可以有机会如此近的去探究区别于比特币的区块链的原理。

超级账本是 Linux 基金会于 2015 年发起的推进区块链数字技术和交易验证的开源项目，加入成员包括：荷兰银行（ABN AMRO）、埃森哲（Accenture）等十几个不同利益体，目标是让成员共同合作，共建开放平台，满足来自多个不同行业各种用户案例，并简化业务流程。

由于点对点网络的特性，分布式账本技术是完全共享、透明和去中心化的，故非常适合于在金融行业的应用，以及其他的例如制造、银行、保险、物联网等无数个其他行业。通过创建分布式账本的公开标准，实现虚拟和数字形式的价值交换，例如资产合约、能源交易、结婚证书、能够安全和高效低成本的进行追踪和交易。

（四）Lisk 区块链应用平台

Lisk 是一个区块链应用平台，可以让开发者从头开始构建应用程序。分散平台将允许侧链的部署和分发到可以独立于主链的 Lisk 区块链上。Lisk 旨在促进这一趋势，允许项目在封锁网络上开展 ICO。该项目包含现有区块链项目的所有方面，例如独立的块分散存储、匿名交易和社交博客系统。

人们已经习惯于使用的社交网络、游戏平台和金融应用程序的技术都可以使用区块链进行改进。最终用户可能不会注意到任何表面上的变化，但会受益于通过分散应用程序创建带来的效率。效率将以速度、安全和消除不必要第三方的形式出现，并减少相关的第三方费用。

区块链还处于起步阶段，因此缺乏支持其他更成熟技术的基础架构。开发商还有很多障碍，这是一个重大问题，意味着技术还没有充分发挥其潜力。Lisk 的出现有助于改变这一点，为开发人员提供使用区块链所需的访问权限，同时，Javascript 是一种已经被广泛使用的编程语言，这也足以成为开发人员广泛采用 Lisk 的原因。

二》 区块链交易技术与记账主体

区块链是比特币的底层技术和基础架构，而比特币是区块链的成功应用。

（一）区块链交易主要技术

区块链经过 1.0 比特币应用和 2.0 智能合约的发展，未来在去中心化交易所的应用已是万众期待。通过交易流程，区块链使用的主要技术如下。

1. 交易信息加密

保证交易记录不可篡改，使用椭圆曲线加密算法对交易内容进行加密，通过公钥和私钥的设置，既保证了交易一旦发生，内容就无法更改，又保护了交易双方的隐私信息。在交易发生后对网络广播交易数据时，还会在数据分组上加入数字签名，以便各网络节点验证交易来源。

2. 点对点（P2P）网络

通过点对点网络传播信息，无须中心控制节点，是去中心化、分布式交易系统的网络基础。

3. 交易的执行

在区块链 2.0 版本中提出了智能化合约，就是以计算机语言描述的合约，根据消费者签署的合约内容，服务者会在约定的条件下自动触发智能化合约，从而使消费者获得预期的服务、物品或数字产品。比如用户制定了一个冰箱存货的智能化合约，冰箱内牛奶区的牛奶喝完后，冰箱会自动触发合约为用户预订牛奶。

4. 统一账本的维护

交易信息无法假冒。对新增的交易，每个节点都会使用交易信息的公钥打开交易信息进行验证，只有多数节点验证通过的交易才会被承认并由记账人计入账本。在网络中由所有节点共同维护一个统一的记账本，所有交易都在统一账本中记录，每个节点都保存一份统一账本的副本。这样就形成了一个没有中心机构控制、分布式的记账本。

（二）区块链交易记账主体

在区块链交易过程中，会涉及一个关键的问题，在点对点网络中的各节点相互都不知道对方是谁，也不存在信任关系，那么应该由谁来记账呢？比特币的发明者中本聪将共识算法和奖励金机制结合起来，巧妙地解决了这个问题。

以比特币为例，使用了工作量证明算法，参与记账的节点同时求解同一个有难度的数学问题（这类数学问题的特点是难以求解但易于验证，而且只能采取穷举法求解，没有捷径），谁先求解出有效解，谁就抢得了记账的权力，这个过程就是网络中经常提到的"挖矿"，而参与记账的节点就叫作"矿工"。

抢得记账权力后，记账人会把指定时间内的所有新增交易打包成一个数据块，叫作"区块"，然后发布到网络中，各节点对区块及其包含的交易验证无误后就把该区块链接到已存在的区块上，就是所谓的"区块链"，最终包含所有交易区块的区块链就形成了统一账本。为了奖励记账人的工作量并提升记账的积极性，系统会给予记账人比特币奖励。

这个过程是比特币系统中最精华的部分。这种记账的方式好处为：

（1）使用共识算法摆脱了对传统的信任机制的依赖。无须关心记账人信誉，却能维护具有公信力的统一账本。

（2）大大提升交易数据的安全性，使得交易数据几乎无法伪造。如果有黑客想扰乱统一账本的交易信息，加入虚假交易，首先，必须能够竞争过众多"矿工"获得记账权，在当前挖矿设备非常专业化、矿工数量众多的环境中，想持续获得记账权是相当困难的。其次，在抢得记账权的前提下，还要控制超过51％的节点去通过对虚假交易的验证，这个假设在交易节点越来越多的情况下更难实现。最后，因为"挖矿"会取得可观的比特币收入，矿工们没有动力去攻击系统。

（3）解决了重复交易的问题。采用了统一记账方式，避免双方记账导致的数据差异，消除了重复付款、重复交易等"双花"风险。

三》 区块链交易的 EOS 和比特币、以太坊技术

从加密数字货币的市值看，除比特币、以太坊等之外，市值最高的项目是企业操作系统（Enterprise Operating System，EOS）。从关注度看，EOS 和比特币、以太坊比较，EOS 也是 2017—2018 年的明星项目，并常被认为是区块链 3.0 的主要竞争者。

（一）EOS 概述

EOS 是由 Block.one 公司开发的一个新的区块链软件系统，它的目标是将一切去中心化。从 2017 年年中开始，经过一年的代币众筹后，它于 2018 年 6 月 15 通过由数十个区块生产者（Block Producer，BP，又称超级节点）组成的社区上线了主网，EOS 主网这条主要的区块链开始正式运转。

（二）EOS VS 以太坊

了解 EOS 的方式之一是将其与以太坊、比特币进行比较。从开发目标上来讲，比特币、以太坊、EOS 是渐进的，分别是区块链 1.0、区块链 2.0、区块链 3.0，重心分别是货币、合约、应用。以太坊在实际应用中是以通证为主的。以太坊、EOS 均是借鉴与延续

之前的比特币、以太坊、EOS，如表 6-1 所示。

表 6-1　比特币、以太坊、EOS 的对比示意表

	Bitcoin 比特币	Ethereum 以太坊	EOS
所属阶段	区块链 1.0	区块链 2.0	区块链 3.0
功用	数字货币	智能合约（通证）	应用
共识机制	工作量证明（POW）	现在：POW 未来：POW+POS	委托权益证明（DPOS）
区块生产	挖矿节点	挖矿节点	超级节点（BP 区块生产者）
性能 TPS 系统的交易吞吐量	<10	≈15	数百至数千，宣称将达到百万
编程	比特币脚本 UTXO	图灵完备的脚本语言 Solidity	C++/Rust/Python/Solidity
开发支持	—	主要支持智能合约	支持账户、存储等
进一步改进	闪电网络（Lightening Network）等	分片（Sharding）	—
类比	黄金挖矿	高速公路建设	房地产开发

（1）比特币的设计思路类似于黄金。在数字世界中，按工作量证明共识机制，挖矿节点进行加密计算，获得比特币形式的挖矿奖励。挖矿节点也可以获得交易费收益，不过，虽然在比特币网络中的资产价值高，但交易并不频繁，交易费收益目前在矿工收益中的占比并不高。

（2）以太坊的设计思路类似于高速公路。在这条收费高速公路上，车辆行驶需要付费。它早期募集资金，建设"高速公路"，早期投资者享有"高速公路"的主要权益。之后，一起建设与维护"高速公路"的挖矿节点也可以获得挖矿奖励与交易费收益。在以太坊网络中，由于各类项目已经基于它生成了大量的通证，以太坊网络的交易量相对较多，挖矿节点获得的交易费收益占比高于比特币。

（3）EOS 的设计思路类似于房地产开发。Block.one 公司在将土地售卖出去之后，逻辑上它用获得的资金进行基础的开发，此后每年再以类似填海造田的方式增加 5% 的土地出来。

（4）EOS 的繁荣主要取决于，已经竞购得到大量土地的开发商是不是开发和经营好自己的地块？EOS 网络要依靠超级节点（即区块生产者）来各自建设、共同运营，按现在的设计，这些节点共同获得每年 1% 新增发的 EOS 作为回报。

与以太坊不同，EOS 网络的设计是不再收取网络交易费，持有 EOS 通证则拥有对应的网络使用权力。但是，如果一个应用的开发者不持有足够的 EOS 通证，可能就要从市场中购买和付费租用，以获得使用主网的权力。

（三）为什么 EOS 有超级节点竞选

EOS 所采用的共识机制是 DPOS（委托权益证明），即一些节点在获得足够多的投票

支持后，成为见证人（Witness）节点或 EOS 中所说的区块生产者（BP，也称超级节点），负责区块链的区块生成。

对于比特币系统，任何人都可以接入网络，以算力竞争记账权力，生成区块。而对于 EOS，只有超级节点才有资格生产区块。这是因为两者所采用的共识机制不同：比特币和以太坊采用的是工作量证明共识机制，而 EOS 采用的是 DPOS（委托权益证明）共识机制。

基于区块链的思路开发的软件系统有以下三个关键要求：

（1）性能。它的去中心网络的整体性能能否支撑大量应用。

（2）网络。它的共识机制、经济激励和社区运营能否吸引足够多的节点加入，形成一个安全、可靠的去中心网络。

（3）功能。无论目标是通用类、功能类还是行业类，它是否提供了应用开发所需要的必备功能。

一个基础公链的成败关键正是以上三点：性能、网络与功能，如图 6-2 所示。

图 6-2　基础公链的三角：性能-网络-功能

对比特币和以太坊网络来说，在较长的周期内，它们以挖矿经济激励的方式，逐渐地吸引了足够多的节点加入。对于一些基础公链区块链项目，由于各种原因，它们的主要节点是由基金会或关联方运行的。其中较为典型的是小蚁，它拥有较大的交易吞吐量，但官方节点只有不到 10 个。

从相关的机制设计上，可以看到 EOS 是团队精心设计，与其他代币发行的项目不同。EOS 通证的发行持续了一年之久，这一方面吸引关注，另一方面或许更重要的是，这种做法使得 EOS 通证相对分散地存在于众多持有者手中，在一定程度上保障了它所使用的委托权益证明共识机制的有效性。

（四）EOS 的体系架构：与比特币、以太坊的对比

在讨论以太坊时，我们对比了比特币和以太坊的架构差异，现在，EOS 被认为是区块链 3.0 的有力竞争者，我们再来看下这三者体系架构的差异。其中，EOS 的体系架构参考了唐煜的文章《从 EOS 系统架构看 BM 的野心》，如图 6-3 所示。

（1）在最基础的层次——数据层和网络层上，EOS 和比特币、以太坊并没有多大的区别。

（2）EOS 的共识机制采用了与之前较为不同的 DPOS（委托权益证明）共识机制。由于采用 DPOS 共识机制，EOS 网络的激励层就可以看成不再单独存在（图中也未表示出来）。EOS 网络每年新增发 5% 的 EOS 币，其中 1% 按一定的规则分配给区块生产者，另外 4% 进入社区的提案系统（Worker Proposal System）资金池待分配。

（3）EOS 的智能合约和以太坊略有差异，但基本上采取了相似的设计。EOS 的应用也与以太坊相似。因此，对于合约层和应用层，两者是相似的。

（4）EOS 的体系设计的创新在于工具层和生态层。

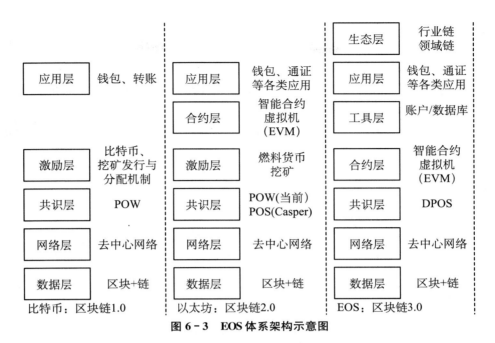

图 6 - 3　EOS 体系架构示意图

（5）EOS 适用于应用开发，EOS 团队为它设计了账户、持续化数据库（Multi-Index DB）等工具与接口。因此，这里延续唐煜的分类，认为在合约层和应用层之间存在一个工具层，这使得在 EOS 区块链上开发应用更为便利。

（6）EOS 的另一个特殊设计在于，它将自己的 EOS 主网和 EOSIO 软件分开，鼓励开发者采用 EOSIO 软件建立行业专用、领域专用的区块链网络（应采用新的网络名），并建立自己的一系列应用。在体系架构的最上层可能出现一个生态层，这一层是采用 EOSIO 软件的区块链，比如专为游戏、物流、金融、社交、能源、医疗开发的公链。

任 务 18　区块链交易的流程与步骤

【知识目标】

1. 了解区块交易主体涉及客户端、矿机和挖矿。
2. 掌握区块交易流程。
3. 掌握区块交易步骤。

【能力目标】

1. 能够根据区块交易主体、交易流程和交易步骤将许多跨领域技术凑在一起，包括演算法、数学、密码学与经济模型，并结合点对点（P2P）网络关系，用来实现一个可去中心化，并确保交易安全性、可追踪性的数位货币体系。

2. 能够根据区块链交易步骤，知道每个节点通过相当于解一道数学题的工作量证明机制，从而获得创建新区块的权力，并争取得到数字货币的奖励，从而到达探寻区块链应用创新创业途径的目的。

【知识链接】

区块链基于数学原理解决了交易过程的所有权确认问题，保障系统对价值交换活动的记录、传输、存储结果都是可信的。区块链记录的信息一旦生成将永久记录，无法篡改，除非能拥有全网络总算力的51％以上才有可能修改最新生成的一个区块记录。区块链的交易并不是通常意义上的一手交钱一手交货的交易，而是转账。

一》 区块链的交易主体与优先级

区块头＋交易组成了区块，区块＋哈希组成了狭义上的区块链。区块链交易由客户端发起，由网络上的矿机处理，打包到区块中，变成不可篡改的交易，保证了交易的安全性，也就是对交易进行了确认。

（一）区块交易主体

区块交易主体即打包的交易。它是存储在区块链中的实际数据，而区块则是记录确认某些交易是在何时以及何种顺序成为区块链中的一部分。

当客户端发起一笔交易，它将会广播到网络上，会被存储在各个矿机的一个缓存池中，等待矿机挖出区块以后，将其打包到区块中。这涉及：客户端、矿机和挖矿。

（1）客户端。客户端指向区块链网络发起交易的一端，比如钱包。当用户通过钱包向某个账户进行转账，则这笔交易就会发送到区块链网络上。

（2）矿机和挖矿。区块链中为了实现安全的点对点交易，使用了区块和哈希来保证安全性和不可篡改性。那么就需要机器来产生区块，并且每次是全网唯一的一个区块。比特币通过修改题目的难度，来控制区块大概每10分钟产生一个。

为了抢占更多的区块，就要求计算机性能比较好，一台计算机就不够，可能是一群计算机，这就叫矿机和矿池，是为了专门进行挖矿，挖到越多的区块，其赚到的比特币也就越多。

其中有个问题，其他机器是如何校验挖矿成功的机器的结果是正确的，而不是随便填了一个值来忽悠大家呢？照理说大家也没有解出答案，都不知道答案，怎么就能知道它解出的是对的呢？那是因为题目与解题非常难，但是校验结果却是非常简单。

（二）区块打包交易的优先级

当区块产生以后，会先收到缓存交易，打包到区块中，当交易太多，可能一个区块打包不下，因为区块大小不是无限大的。那么矿机会按照这样的原则进行优先级排序，将优先级在前面的先处理，即涉及两个方面：（1）交易时间。这笔交易是何时产生的，先转账的先处理。（2）手续费。每笔交易都需要支付手续费，手续费越高的越先处理。

当网络中的交易不多时，手续费的高低可能对速度的感知不明显，当比特币交易很多时，手续费低的，可能会等待非常久才能处理到，它会优先处理手续费高的。手续费也是矿机的收入来源之一。

二》 区块链交易流程

区块链的交易流程示意图如图 6-4 所示。

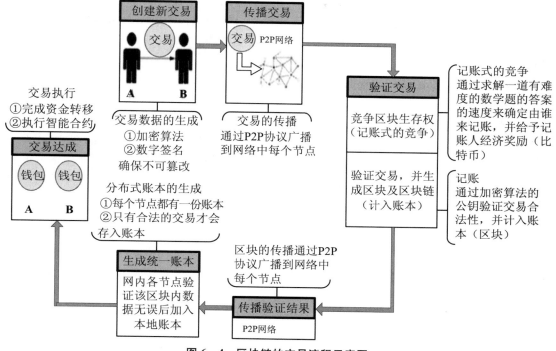

图 6-4　区块链的交易流程示意图

应用区块链技术可以不通过第三方（比如支付宝），不需要相互信任，而实现交易双方的直接交易，同时还能保证交易不可篡改、不会重复交易（所谓的双花）。区块链绝非单一的创新技术，而是将许多跨领域技术凑在一起，包括演算法、数学、密码学与经济模型，并结合点对点（P2P）网络关系，利用数学基础就能建立信任效果，成为一个不需基于彼此信任基础，也不需依赖单一中心化机构就能够运作的分散式系统。比特币便是第一个采用区块链技术而打造出的一套 P2P 电子现金系统，用来实现一个可去中心化，并确保交易安全性、可追踪性的数位货币体系。

区块链技术最初是伴随比特币的设计而出现的，其后人们才渐渐发现了技术本身的价值。

（1）纯数学方法建立信任关系，去中心化结构——高运作效率、低运营成本。区块链技术的信任机制建立在数学（非对称密码学）原理基础之上，这就使得区块链系统中的人们可以在不需了解对方基本信息的情况下进行可信任的价值交换，信息安全的同时保证了系统运营的高效率与低成本。

（2）数据信息完整透明——符合法律和便于追踪。由于区块链将从创世块以来的所有交易都明文记录在区块中，且形成的数据记录不可篡改，因此任何交易双方之间的价值交换活动都是可以被追踪和查询到的。这种完全透明的数据管理体系为现有的物流追踪、操作日志记录、审计查账等提供了可信任的追踪捷径。

（3）分布式记账与存储——高容错性。由于区块链的记账与存储功能分配给了每一个参与的节点，因此不会出现集中模式下的服务器崩溃风险问题。分布模式使得区块链在运转的过程中具有非常强大的容错性功能，即使数据库中的一个或几个节点出错，也不会影响整个数据库的数据运转，更不会影响现有数据的存储与更新。

（4）智能合约可编程——没有负担的进化模型。区块链技术基于可编程原理内嵌进了脚本的概念，这就使得今后基于区块链技术的价值交换活动变成了一种智能的可编程模式。

（5）全球一个数据库——高包容性业务模式。基于区块链技术建立起来的数据库是一个全球范围内的超级大数据库，所有的价值交换活动（包括开户、登记、交易、支付、清算等）都可以在这个数据库中完成，业务模式具有极高的包容性。

（6）透明世界背后的匿名性——保护隐私。区块链的信任基础是通过纯数学方式背书而建立起来的，能让人们在互联网世界里实现信息共享的同时，不暴露在现实生活中的真实身份。区块链上的数据都是公开透明的，但数据并没有绑定到个人。透明世界的背后具有匿名性特点。

三》 区块链交易步骤

区块链交易过程一共6个步骤：简化来说就是：①某人发出交易请求→②广播交易请求到 P2P 网络→③验证，miners 验证交易正确性→④全节点验证，多个节点，组成一个区块→⑤全节点下载保存该区块链网络所有历史交易信息→⑥交易完成，如图6-5所示。

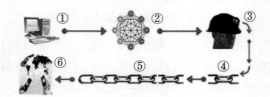

图6-5　区块链交易步骤示意图

第一步：交易请求。1个用户在他们的钱包里确认交易，尝试发送某种加密货币给其他人。

第二步：交易的传播。当前所有者将钱包交易单广播到 P2P 网络，每个节点会将数笔未验证的交易 Hash 值收集到区块中，每个区块可以包含数百笔或上千笔交易，并等待对应的区块链上的矿工接收。一笔新交易产生时，会先被广播到区块链网络中的其他参与节点。只要没有接受，它就会等待在"未确认的交易池"中。

第三步：工作量证明。每个节点通过相当于解一道数学题的工作量证明机制，从而获得创建新区块的权力，并争取得到数字货币的奖励。各节点进行工作量证明的计算来决定谁可以验证交易，由最快算出结果的节点来验证交易，这就是取得共识的做法。

第四步：全节点验证。当一个节点找到时间戳时，它就向全网广播该区块记录所有盖时间戳交易，一笔交易通过全节点验证，意味着全网见证。该笔交易的全部记录都会被全节点的所有节点记录，因此效率比较低，但是非常安全。

第五步：区块链记录。对全节点而言，一是要记录每一笔交易的所有信息；二是为了保证历史所有交易数据的可追溯性，全节点还要下载保存该区块链网络所有历史交易信息。每个区块的创建时间大约在 10 分钟，随着全网算力的不断变化，每个区块的产生时间会随算力增强而缩短，随算力减弱而延长。

区块链记录流程示意图如图 6-6 所示。

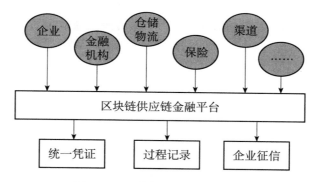

图 6-6　区块链记录流程示意图

第六步：交易完成。所有节点一旦接受该区块后，交易完成。先前没算完 POW 工作的区块会失效，各节点会重新建立一个区块，继续下一回 POW 计算工作。

（一）链上数字资产类型

一般来说，通证是资产在区块链上的价值表示物，涉及的资产包括三类：比特币和以太币等链上的原生资产、映射到链上的线上资产、映射到链上的线下资产。当它们被在链上表示后，统称为"数字资产"。用以太坊区块链和智能合约可以创建与发行代表价值的通证，然后用它去关联资产，形成现在较为通行的数字资产表示物，如图 6-7 所示。

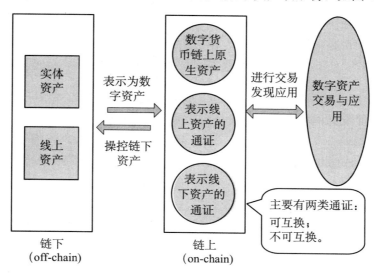

图 6-7　数字资产的表示与应用

（二）区块链上与区块链下的交互类型

链上与链下的交互包括两大部分：一是将链下资产与通证关联，进行通证的发行与分配；二是在链上进行通证交易后，对链下资产进行相应的变动，并将变动在链上确认。

将资产表示成通证，即转变成数字资产，带来的好处有：一是市场交易帮助发现价格；二是在流动周转中增加资产价值。其中，关于流动增加总体价值的例子，我们在现实生活中也可以体验到：二手物品的流动让买方和卖方都受益，车辆与房屋的共享提升了资源的利用效率。

【测验题】

一、单选题

1. 真正的区块链时代，就是使得整个社会相互间的信任建筑在（　　）的基础上。
   A. 法律　　　　　　B. 组织　　　　　　C. 信仰　　　　　　D. 数学

2. 区块链的出现简化了已有的（　　）担保模式，它能够实现在网络上的价值转移，而无须第三方机构进行担保。
   A. 政府　　　　　　B. 亲属　　　　　　C. 中介　　　　　　D. 公正机关

3. 区块链改变了数字资源的（　　）方式。区块链的技术特性，决定其能够跨越传统中心机构主导的价值传递模式，帮助人们实现以一种全新、快速且无须中介干预的方式交换各种价值，从而改变社会价值的传递方式。
   A. 储存与传递　　　B. 挖掘与清洗　　　C. 汇集与交易　　　D. 交易与变现

4. 比特币并非是区块链，而只是运用区块链来记录交易信息的（　　），其中比特币采用共识层就是工作量证明机制（POW）。
   A. 步骤　　　　　　B. 路径　　　　　　C. 时间　　　　　　D. 账簿

5. 以太坊是一个开源的有智能合约功能的公共区块链（　　），通过其专用加密货币以太币提供去中心化的以太虚拟机来处理点对点合约。
   A. 平台　　　　　　B. 系统　　　　　　C. 节点　　　　　　D. 账本

6. 基于以太坊平台之上的应用是（　　），这是以太坊的核心。
   A. 去中心化　　　　B. 共享系统　　　　C. 智能合约　　　　D. 交易私密

7. 区块链交易由客户端发起，由网络上的矿机处理，打包到（　　）中，变成不可篡改的交易，保证了交易的安全性，也就是对交易进行了确认。
   A. 网络　　　　　　B. 区块　　　　　　C. 系统　　　　　　D. 云盘

8. 以太坊区块链和它的智能合约、通证为数字资产的发行与交易提供了一整套去中心化的（　　）。
   A. 基础设施　　　　B. 总账本　　　　　C. 网络设备　　　　D. 存储系统

9. 以太坊让人能方便地创建代表数字资产的通证，使通证变成一个（　　），涌现出大量的在区块链上的、通证表示的数字资产。
   A. 核心功能　　　　B. 基础功能　　　　C. 特殊功能　　　　D. 专业功能

10. 如果交易的标的不是一个链上的数字资产，比如交易是一个电子文档，甚至一个线下的房产资产，这时通常与智能合约联合起来使用的（　　）就要出现了。

  A. 预警机制   B. 应急处理机制 C. 法律律师 D. 预言机

二、多选题

1. 数字货币系统不同于以往的世界各国的传统法定货币，不依靠特定货币机构发行，而是依据特定算法由网络节点的计算生成，通过技术本身就（　　）；谁都有可能参与制造比特币，而且可以全世界流通。

  A. 实现了信用问题   B. 实现了非中心化

  C. 去第三方的功能   D. 实现了去纸币化

  E. 实现了无国界化

2. 区块链改变了数字资源储存与传递方式；在金融领域，不论是（　　），还是（　　），区块链都能以其去中心化、不可篡改的信任机制，降低金融行业的各项业务成本，从根本上提升效率。

  A. 支付   B. 借贷   C. 交易   D. 众筹

  E. 征信

3. 区块链作为新型的底层信息技术，凭借着（　　）等诸多优势，有可能改变互联网治理模式，推动互联网成为新型信用基础设施，实现价值的有效传递。同时，区块链技术还有可能改善现有的商业规则，构建新型的产业协作模式。

  A. 去中心化   B. 智能合约   C. 数据公开透明 D. 信息安全程度高

  E. 可追溯性强

4. 从技术层面来看，比特币是最早和最成功的区块链应用，它可以被看作一个由（　　）等技术组合而成的系统。

  A. 智能合约   B. 加密算法   C. 共识机制   D. P2P网络

  E. 交易存储系统

5. 超级账本是Linux基金会于2015年发起的推进区块链数字技术和交易验证的开源项目，目标是让成员（　　），满足来自多个不同行业各种用户案例，并简化业务流程。

  A. 共同开发   B. 共同合作   C. 共建开放平台 D. 共同挖矿

  E. 共同定价

6. 对于比特币系统，任何人都可以（　　），而对于EOS，只有超级节点才有资格生产区块。

  A. 挖矿   B. 提出交易   C. 接入网络   D. 以算力竞争记账权利

  E. 生成区块

7. 在以太坊区块链上主要可以创建（　　）表示价值的通证，可互换的通证可类比为现金，不可互换的通证可类比为房契。

  A. 可互换的实务标准通证   B. 不可互换ERC20标准通证

  C. 可互换的ERC20标准通证   D. 不可互换的ERC721标准通证

  E. 可互换的ERC721标准通证

8. 在数字世界中，当两个人要进行数字资产的交易时，他们之间需要一个可信第三方，这个中介完成（　　）。

  A. 双方之间合约签署   B. 监督合约的执行

C. 作为双方之间的担保   D. 协助双方价值的交易

E. 协助进行价值的记录

9. 用区块链上的通证来表示（   ）时，完全的去中心化，甚至完全无人介入的自动化通常是不可行的。资产的设计、发行的设计以及后续项目的运行，都需要有机构来发起。这个机构在一定程度上是区块链项目的中心。

A. 链上资产   B. 线上资产   C. 线下资产   D. 虚拟资产

E. 实务资产

10. 在通证经济系统设计中，币值逻辑一般有（   ），学术界在讨论时统一采用通证说法，称为"双通证设计"。

A. 比特币模式   B. 稳定模式   C. 以太坊模式   D. 双层代币模式

E. 虚拟代币模式

三、判断题

1. 计算机科学有两个重大的趋势，一个是 AI，另一个是区块链，这两者之间有一个固定共存的关系。（   ）

2. 随着全球化的不断加深和电子商务的发展，人们对于跨地域交易、陌生人之间交易的需求变得更加强烈，在互联网时代之前，线上直接交易是可能完成。（   ）

3. 区块链作为新型的底层信息技术，凭借着数据公开透明、信息安全程度高、可追溯性强等诸多优势，有可能改变互联网治理模式，推动互联网成为新型信用基础设施，实现价值的有效传递。（   ）

4. 当比特币有交易信息时，先生成多笔订单，购买者用自己私钥对该笔订单进行签名，附近的节点会对该笔订单进行验证是否合法，通过再通过 P2P 网络层通知各个节点。（   ）

5. Lisk 是一个区块链应用平台，可以让开发者从头开始构建应用程序。（   ）

6. 区块链是比特币的底层技术和基础架构，而比特币是区块链的成功应用。（   ）

7. 以太坊区块链是线上用区块链表示数字资产的基础设施。（   ）

8. 一个通证经济体的发起机构的关键任务之一是设计这个产业生态圈的"通证经济系统"。（   ）

9. 通证将根据挖矿员工的贡献进行分配。（   ）

10. 区块链时代，最根本的经济行为是建立在数学之上的信任机制。（   ）

四、简答题

1. 在人类所有的知识中，哪一个最容易达成共识？

2. 计算机科学两个重大发展趋势的关系是什么？

3. 区块链改变了数字行业运行的哪些行为方式？

4. 区块链存在哪些安全监管风险？

5. 区块链交易由几部分组成？

6. 区块链总体架构分哪几层？

7. 链上数字资产类型有哪些？

8. 数字资产定义是什么？

9. 区块链上与区块链下的交互类型有哪些？

项目七　区块链应用场景

【情景设置】

未来社会的人、物、事件都会像一个极大机器中的精密齿轮一样，每一个齿轮都在飞速运转、有序高效。要达到这样精密、高效协作的程度，人与人、人与物之间信息和价值的交换必须非常高效。区块链技术和智能合约技术结合，应用在指令触发和价值交换的人类社会的所有场景都是可以预见的。当世界的所有人、物都链接上区块链，在数学和逻辑算法的底层遵守和执行智能合约时，价值的传递会无比顺畅和快捷。

【教学重点】

作为全球首个区块链生态产业链项目，它将整个产业园打造成一个专业的综合生态产业链体系。

本项目的教学重点为：

（1）区块链技术应用需面对的问题；

（2）区块链技术应用场景；

（3）区块链融合应用的特点；

（4）区块链技术账本的特性；

（5）区块链技术应用发展与新一代信息技术的关系；

（6）区块链如何解决目前技术面临的问题。

【教学难点】

本项目通过应用场景展现区块链技术如何帮助整个产业园生态体系建立。

本项目的教学难点为：

（1）区块链融合应用生态圈；

（2）区块链技术应用项目生态圈；

（3）区块链产业生态地图；

（4）区块链与云计算、大数据技术、物联网、加密技术、人工智能、5G 通信技术结合的特点、模式。

【教学设计】

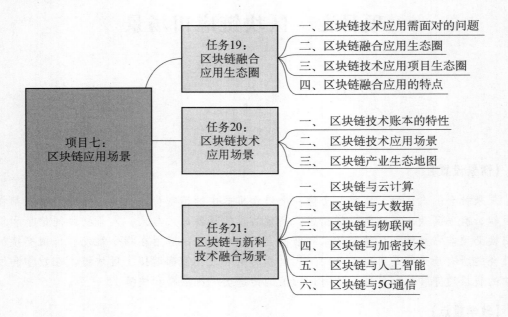

任务 19 区块链融合应用生态圈

【知识目标】

1. 了解区块链技术应用需面对的问题。
2. 掌握区块链融合应用生态圈。
3. 掌握区块链技术应用项目生态圈。
4. 掌握区块链融合应用的特点。

【能力目标】

1. 能够根据区块链技术应用的优势，发现区块链技术的核心价值。
2. 能够将区块链技术全面应用于现实社会中，解决高耗能、数据存储空间、大规模交易处理及安全性保障问题。

【知识链接】

"互联网＋"时代正在火热中，"区块链＋"时代已经悄然来临。不久前，零售巨头家乐福宣布，将 IBM 的区块链技术在未来几年内应用到所有的生鲜产品线上，目前已经将该技术使用到了鸡肉、鸡蛋和西红柿等产品上，它可以在几秒钟之内追踪到食物的来源以及供应链的全过程。这是 IBM Food Trust 首次商用的开端，也预示着区块链技术逐渐开始走出理论，"区块链＋"时代即将来临。

一 》 区块链技术应用需面对的问题

从区块链技术面世之初发展到现在，有越来越多的人对技术本身提出了一些疑问，问题主要集中于现实应用时的技术细节问题。

（一）高耗能问题

数字货币经济学中也存在"不可能三角"，即不可能同时达到"去中心化""低能耗"和"安全"这三个要求。区块链是否在节约中心化成本问题的同时又过度使用了电子能耗成本呢？技术的应用要考虑其系统的整体性，也许区块链技术的应用过程就是一个权衡成本收益后让技术效用最大化的过程。

（二）数据库存储空间容量问题

区块链数据库记录了从创建开始发生的每一笔交易，因此每一个想参与进来的节点都必须下载存储并实时更新一份从创世块开始延续至今的数据包。如果区块链每一个节点的数据都完全同步，那区块链数据存储空间容量要求就可能成为一个制约其发展的关键问题。

（三）处理大规模交易的抗压能力问题

目前的区块链技术还没有真正处理过全世界所有人都共同参与进来的大规模交易，目前已投入使用的区块链系统中的节点总数规模仍然很小。一旦将区块链技术推广到大规模交易环境下，区块链记录数据的抗压能力就无法得到保证。

（四）安全性问题

目前的区块链技术是基于非对称密码学的原理，但随着数学研究和量子计算机技术的进一步发展，这些非对称加密的算法能否被破解？对于这个问题，目前市场中正在整合更强的加密原理。

二 》 区块链融合应用生态圈

随着区块链、物联网、大数据等新兴技术与工业经济、现代服务行业的深度融合，寻找区块链技术在金融、工业经济、教育医疗、知识产权及社会管理等行业的使用案例以及这种技术能够为一些意想不到的应用领域所带来的好处的努力，从未停止过。区块链被认为最有助于改善的商业领域之一就是区块链融合应用生态圈，区块链融合应用生态圈示意图如图 7-1 所示。

三 》 区块链技术应用项目生态圈

从全球范围看，2018 年，区块链脱虚入实，技术应用在全球全面爆发，无论是北斗

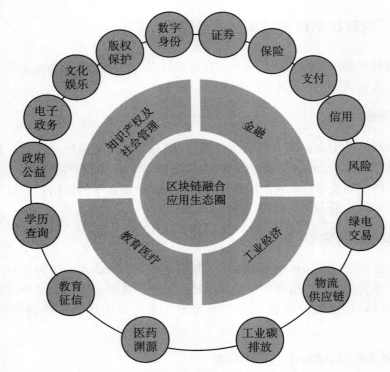

图 7 - 1　区块链融合应用生态圈示意图

导航、大数据、云计算还是物联网、人工智能都掩盖不了区块链的锋芒。区块链技术走过十年，数字货币再也承载不了其应用，区块链项目生态圈拥抱了开发者工具、数字货币和电子支付、泛金融、公益和慈善、网络传输和安全、数据存储和计算等多个重要领域，这将成为新入门者、从业者乃至投资人迫切想了解的蓝图。

（一）开发者工具

区块链具有去中心化、去信任和不可篡改等特点，但其基础层协议相对较为晦涩、语言欠丰富，导致其应用门槛高，因此，开发者工具项目成了区块链生态中最核心的一环，如图 7 - 2 所示。

图 7 - 2　开发者工具示意图

属于这个类别的项目主要被开发人员用作构建去中心化应用软件的模块。为了让用户可以通过应用程序接口直接与协议进行交互（用于非金融使用场景），这方面许多目前的底层设计需要在大规模环境下得到证实。

（二）数字货币和电子支付

区块链技术应用最为成熟和广泛的就是数字货币和电子支付，包括比特币在内，数字货币无疑是区块链技术发展至今最为成熟和广泛的应用，如图 7-3 所示。

图 7-3　数字货币和电子支付项目示意图

以比特币为例，目前市场上流通中的比特币数量已经超过 12 万个，若以单个比特币 5 万元的价格计算，其总市值已破 60 亿元。虽然这中间会有一定的泡沫成分和非理性因素，但不可否认，比特币、莱特币、以太币等已经成为一种重要的投机工具。

另外，不少支付场景开始支持数字货币作为支付手段之一。例如，著名 PC 制造商 DELL 便针对美国本土市场支持以比特币购买其电脑产品；Microsoft 与比特币兑换平台 Bitpay 合作，允许用户间接购买其 App、游戏等产品；第三方支付平台 PayPal 与三大比特币支付平台 Bitpay、Coinbase 及 Gocoin 均有合作关系。

（三）泛金融

当前环境下，全球各地监管机构对数字货币，特别是代币的发展尚持谨慎态度，一方面鼓励数字货币的发展，另一方面对数字货币市场存有不合理因素表示担忧。因此，从外部环境看，区块链交易所项目将面临较大的政策不确定性风险。而其本身也有股东背景复杂、背信作用弱、资金链易断裂等问题。随着底层技术和基础设施渐趋完善，区块链技术开始跨入泛金融领域，如图 7-4 所示。

图 7-4　泛金融项目示意图

1. 交易

尽管国内外数字货币交易的政策收紧，但市场参与者的热情依然不减，大量交易平台参与其中。除了电子货币，一些以传统金融资产作为标的的交易所也开始出现，特别是对于各式各样的小型代币投资，交易平台能较好地缓解其流动性问题。

2. 贷款

区块链技术在贷款领域有所应用，如利用区块链技术从去中心化、跟踪贷款去向、动态信用评级、放贷行业选择多样化等方面制定一个可信群体中循环借贷的过程。区块链技术应用于贷款场景下系列风险控制，是资产端的一项较大创新，能有效地帮助银行降低贷款风险，减少不良贷款，提高获客效率，促进银行健康发展。

3. 保险

区块链技术在保险领域的应用场景相对较分散。利用区块链技术建立选择架构在以太坊的智能合约，面向物联网的保险框架承保和索赔处理在符合条件情况下将由智能合约自动执行，解决了保险市场缔约方之间的无信任问题，使保险公司、再保险公司和经纪人等机构结合在一起，形成高效、透明的市场。

4. 投资

虚拟货币市场的火热促使越来越多的区块链企业开始专注于数字货币的投资价值开发。利用区块链技术建立一个数字资产管理平台，可以将大量不同类别金融分析师和全套机器训练模型相结合，帮助投资用户将以太坊区块链、其代币等多种数字资产组合成为一个人工智能对冲基金，这样能有效管理传统金融和加密市场上的投资者资本而设计"混合智能"策略。

（四）公益和慈善

区块链的本质是依赖技术实现了一个无人管理的分布式数据库，所有的生态用户既是数据的贡献者又是见证方，因此所有的数据都是公开的、透明的，这似乎触及了慈善信任危机的症结，如若运用在社会公益领域，区块链可以分布式地记录所有信息在每个参与者的账号节点下赋予所有人监管的权利，天然地抑制贪腐行为发生的可能，提供公信力。

1. 区块链能够解决公益慈善行业的信任缺失问题

公益慈善行业的运作模式是捐赠者捐助财物到慈善机构，然后由慈善机构对善款进行分配。然而，善款的运作、流向等信息消费者无法准确掌握，即便慈善机构会定期披露详细的报告，但仍存在中心化和信任缺失的问题，话语权掌握在慈善机构手中，容易产生造假、贪污腐败等现象。区块链的相关特点能够抑制相关行为发生的可能。

2. 区块链技术能够很好地解决信息不透明的问题

利用区块链追踪资金流转过程，捐赠者能清楚地了解善款的去向、钱是如何被使用的以及是否真正帮助到了需要帮助的人。另外，区块链不可篡改的特性使得无论是捐赠方、受赠方还是慈善机构在区块链上登记相关信息都能够提升公益行业的透明度和三方的可靠性。此外，区块链能够打破信息孤岛，实现数据资源共享，提高公益慈善事业效率。

（五）网络传输和安全

区块链与物联网技术的融合也是当前的一大发展趋势，网络传输和安全是重要的关注点，如图7-5所示。

图7-5　网络传输和安全项目示意图

（1）在网络传输方面：IPFS 文件传输系统是一个面向全球的、点对点的分布式版本文件系统，用基于内容的地址替代基于域名的地址，加快了网页的速度，是对传统的超文本传输协议（HTTP）的一次巨大创新。Oaken Innovation 采用物联网硬件设备与分布式软件平台相结合，试图完成机器的自动控制，以实现真正的价值传递。

（2）在网络安全方面：随着人们对隐私保护需求的逐渐旺盛，VPN 需求激增。为了应对 DDoS 攻击，保证正常用户的网站访问体验，区块链项目提出了一种去中心化解决方案，既降低了 DDoS 攻击风险，也加快了网页的加载速度。

（六）数据存储和分布式计算

区块链上存储的数据，可靠且不可篡改，天然适合用在社会公益场景，如图 7 - 6 所示。

图 7 - 6　数据存储和分布式计算项目示意图

1. 数据存储

区块链技术在数据存储方面有多种优势。用区块链技术不可更改的特点可以革新商业社会和政府部门的数据记录和管理方式。利用区块链技术与数据商展开合作建立一个数据存储库，加入区块链去中心化、不可改变和数字资产的特性，所有的金融市场数据将发布在分布式数据库中，能够实现每秒百万次写操作，并且允许用户通过出租和购买存储空间，实现数据文件的去中心化云存储功能。

2. 分布式计算

区块链技术去中心化的特点与云技术有着完美的契合。利用区块链技术、分布式云存储和分布式云计算创建一个去中心化算力分享网络，一方面有助于计算机硬件资源的合理配置和充分利用其他用户算力来解决渲染、机器学习等计算量庞大的问题，另一方面也能促进全球范围内分工合作，方便用户贡献算力，实现在网络分享其应用和数据资料目的。

四》 区块链融合应用的特点

从区块链的技术原理及特点可以发现区块链技术应用的核心价值：在不需要系统内各节点互信的情况下，系统确保一切数据的记录都是真实的，从而形成一个诚实有序的去中心化分布式的数据库，而且人们对系统内参与交换的价值还可以灵活地编程。

（1）去中心化。现实中可节省大量的中介成本。由于使用分布式核算和存储，不存在中心化的硬件或管理机构，任意节点的权利和义务都是均等的，系统中的数据块由整个系统中具有维护功能的节点来共同维护。

（2）开放性。实现信息系统透明。系统是开放的，除了交易各方的私有信息被加密外，区块链的数据对所有人公开，任何人都可以通过公开的接口查询区块链数据和开发相关应用，因此整个系统信息高度透明。

（3）灵活性。帮助规范现有可编程市场秩序。在现今社会里，由于市场秩序不够规范，在转移自己的资产时，根本无法保证其能在未来发挥应有的价值。假如将区块链技术的可编程特性引入，在资产转移的同时编辑一段程序写入其中，这样可以规定资产今后的用途与方向。

（4）匿名性。完成保护隐私问题。由于节点之间的交换遵循固定的算法，其数据交互是无须信任的（区块链中的程序规则会自行判断活动是否有效），因此交易对手无须通过公开身份的方式让对方自己产生信任，对信用的累积非常有帮助。

（5）自治性。解决安全信任核心机制缺陷问题。区块链采用基于协商一致的规范和协议（比如一套公开透明的算法）使得整个系统中的所有节点能够在去信任的环境中自由安全地交换数据，使得对"人"的信任改成了对机器的信任，而任何人为的干预则不起作用。

（6）不可篡改。在当今社会中，大量伪造的信息与数据充斥着我们的生活，区块链技术为数据追踪与信息防伪领域打开了一扇大门。一旦信息经过验证并添加至区块链，就会永久地存储起来，除非能够同时控制住系统中超过 51% 的节点，否则单个节点上对数据库的修改是无效的，因此区块链数据的稳定性和可靠性极高。

在未来，随着生活的不断改变，各种前所未有的生活场景也可能伴随区块链科技的应用而出现，区块链行业除了稳定目前的发展布局外，还将应时而变，合时宜地全球化区块链生态圈战略布局，引领人们过更好的生活。

任务 20 区块链技术应用场景

【知识目标】

1. 了解区块链技术账本的特性。
2. 掌握区块链技术应用场景。
3. 掌握区块链产业生态地图。
4. 掌握区块链如何解决目前技术面临的问题。

【能力目标】

1. 能够根据区块链程序组成主要模块功能，掌握区块链实现的路径。
2. 能够根据技术应用场景，选准区块链应用产业的项目方向，助力传统产业升级。

【知识链接】

区块链技术作为一种通用性技术，从数字货币加速渗透至其他领域，和各行各业都发生了创新融合。未来区块链的应用将由两个阵营推动：一方面是 IT 阵营，从信息共享着手，以低成本建立信用为核心，逐步覆盖数字资产等领域。另一方面是加密货币阵营，从货币出发，逐渐向资产端管理、存证领域推进，并向征信和一般信息共享类区应用扩散。

我们只有真正理解区块链技术，才能更好地判断未来发展的大方向，从而为自己的投资决策提供理论支撑。

一 》 区块链技术账本的特性

区块链技术源于比特币的技术构架，这种技术构架就被称为区块链技术。区块链技术账本的特性包括以下几点：

（1）这个账本具有不可篡改的特性。因为账本是链式结构，每个区块都与后面相邻的区块有关联，改动其中一个区块的交易，就要同时改动下一个区块的信息，那么后面的区块也要同时改动，这样就会产生连锁反应，后面的所有区块都要改，而在区块链网络中，连续改变多个区块基本是不可能的。所以，账本是无法被篡改的。

（2）这个账本是公开透明的。由于每一个新的区块都会发给所有节点，每个节点都有一个完整一致的账本，所有的交易都可以被公开查询。

（3）相对于中心化机构维护一个中央数据库，区块链的账本更加不易被摧毁，因为很多节点都有相同的账本，即使个别节点故障或者被黑客攻击，也不会影响到整个网络。

（4）区块链技术能实现点对点的价值传输，无须第三方中转机构。只要有网络，就可以转账。如果说互联网的重大意义在于实现了信息的自由流动，那么区块链的意义就在于实现了价值的自由流动。

（5）2013 年出现的新一代区块链平台——以太坊，在区块链基础上加上了可编程程序，被称为"智能合约"。有了智能合约，数据不但值得信任，还能实现自动化运算。区块链＋智能合约，标志着区块链 2.0 时代的到来，区块链技术有了更加广泛的应用场景。

二 》 区块链技术应用场景

区块链技术这一概念自问世起，就争议不断。关于区块链的应用五花八门，如今区块链应用还处于初期阶段。对于现在火热的几大区块链应用中，如何才算是落地的项目，有哪些落地的项目，可以从以下七种类型来区分，如图 7-7 所示。

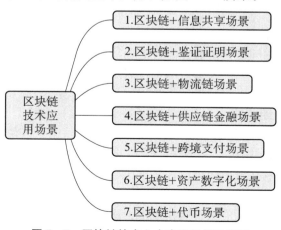

图 7-7　区块链技术七大应用场景示意图

（一）区块链＋信息共享场景

1. 传统的信息共享的痛点

传统的信息共享要么是统一由一个中心进行信息发布和分发，要么是彼此之间定时批量对账（典型的每天一次），对于有时效性要求的信息共享，难以达到实时共享。信息共享的双方缺少一种相互信任的通信方式，难以确定收到的信息是否是对方发送的。

2. 区块链＋信息共享

首先，区块链本身就是需要保持各个节点的数据一致性的，可以说是自带信息共享功能；其次，实时的问题通过区块链的 P2P 技术可以实现；最后，利用区块链的不可篡改和共识机制，可构建起一条安全可靠的信息共享通道。

3. 应用案例

从腾讯的应用——公益寻人链的例子中可以看到，区块链在信息共享中发挥的价值，如图 7-8 所示。

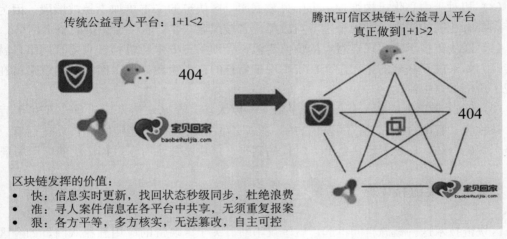

图 7-8　区块链信息共享公益寻人链示意图

（二）区块链＋鉴证证明场景

1. 传统鉴证证明的痛点

传统鉴证证明面临的问题主要有：（1）流程复杂：以版权保护为例，现有鉴证证明方式登记时间长，且费用高。（2）公信力不足：以法务存证为例，个人或中心化的机构存在篡改数据的可能，公信力难以得到保证。

2. 区块链＋鉴证证明

区块链技术融入鉴证证明后，可以做到：（1）流程简化：区块链应用到鉴证证明后，无论是登记还是查询都非常方便，无须再奔走于各个部门之间。（2）安全可靠：区块链的去中心化存储，保证没有一家机构可以任意篡改数据。

3. 应用案例

区块链在鉴权证明领域的应用有版权保护、法务存证等，下面以版权保护为例，简单说下利用区块链如何实现版权登记和查询。（1）电子身份证：将"申请人＋发布时间＋发布内容"等版权信息加密后上传，版权信息用于唯一区块链 ID，相当于拥有了一张电子身份证。（2）时间戳保护：版权信息存储时，是加上时间戳信息的，如有雷同，可用于证明先后。（3）可靠性保证：区块链的去中心化存储、私钥签名、不可篡改的特性提升了鉴权信息的可靠性。

商品从生产商到消费者手中，需要经历多个环节。跨境购物则更加复杂，中间环节经常出问题，消费者很容易购买到假货，而假货问题正困扰着各大商家和平台，至今无解。但区块链在此方面的应用却可以解决此类问题，如图 7 - 9 所示。

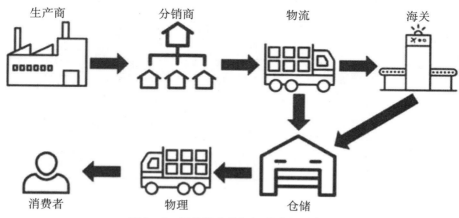

图 7 - 9　区块链＋鉴证证明流程示意图

（三）区块链＋物流链场景

1. 传统防伪溯源手段

以一直受假冒伪劣产品困扰的茅台酒的防伪技术为例，2000 年起，茅台酒酒盖里有一个唯一的 RFID 标签，可通过手机等设备以 NFC 方式读出，然后通过茅台的 App 进行校验，以此防止伪造产品。这种防伪效果看似非常可靠，但 2016 年还是爆出了茅台酒防伪造假的消息，通过 NFC 方式验证好的茅台酒，经茅台专业人士鉴定后确定为假酒。后来，在"国酒茅台防伪溯源系统"数据库审计中发现 80 万条假的防伪标签记录，系防伪技术公司人员参与伪造。随后，茅台改用安全芯片防伪标签。

但这里暴露出来的痛点并没有解决，即防伪信息掌握在某个中心机构中，有权限的人可以任意修改。需要说明的是，茅台的这种防伪方式，也衍生出旧瓶回收、旧瓶装假酒的产业，防伪道路任重而道远。

2. 区块链＋物流链

区块链没有中心化节点，各节点是平等的，掌握单个节点无法实现修改数据。只有掌控足够多的节点，才可能伪造数据，但这大大提高了伪造数据的成本。

区块链开放、透明，任何人都可以公开查询，使得伪造数据被发现的概率大增。区块链数据的不可篡改性，也保证了已销售出去的产品信息永久记录，无法通过简单复制防伪信息蒙混过关实现二次销售。物流链所有节点上区块链后，商品从生产商到消费者手里都有迹可循，从而形成完整的链条。若商品缺失的环节越多，将暴露其是伪劣产品的概率越大。

3. 应用案例

目前,入局物流链的商家很多,包括腾讯、阿里、京东、沃尔玛等。据说,阿里的菜鸟在海淘进口应用区块链上走在了前面,已经初步实现海外商品溯源、国际物流及进口申报溯源、境内物流溯源,下一步就是生产企业溯源了。阿里的菜鸟在区块链+物流链运用示意图如图 7-10 所示。

图 7-10 区块链+物流链运用示意图

(四) 区块链+供应链金融场景

1. 传统的供应链单点融资

在一般供应链贸易中,从原材料的采购、加工、组装到销售的各企业间都涉及资金的支出和收入,而企业的资金支出和收入是有时间差的,这就形成了资金缺口,多数需要进行融资生产。先来看一下传统的供应链融资情况,如图 7-11 所示。

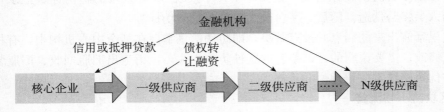

图 7-11 传统供应链单点融资情况示意图

分析图中各个角色的融资情况:(1)核心企业或大企业:规模大、信用好,议价能力强,通过先拿货后付款,延长账期将资金压力传导给后续供应商,其融资能力也是最强的。(2)一级供应商:通过核心企业的债权转让,可以获得银行的融资。(3)其他供应商(多数是中小微企业):规模小、发展不稳定、信用低、风险高,难以获得银行的贷款,也无法像核心企业一样有很长的账期。一般越小的企业其账期越短,有些微小企业还需要现金拿货。这样一出一入对比就像是：中小微企业无息借钱给大企业做生意。

2. 区块链＋供应链金融

产生上述供应链里的中小微企业融资难问题的主要原因是银行和中小企业之间缺乏一个有效的信任机制。

若供应链所有节点上链后，通过区块链的私钥签名技术，可以保证核心企业等数据的可靠性；而合同、票据等上链，则是对资产的数字化，可以使银行与中小企业间便于流通，实现价值传递，如图7-12所示。

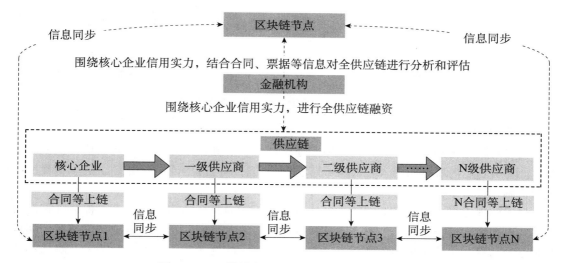

图7-12　区块链＋供应链进行全链融资示意图

如图7-12所示，在区块链解决了数据可靠性和价值流通后，银行等金融机构面对中小企业的融资，不再是对这个企业进行单独评估，而是站在整个供应链的顶端，通过信任核心企业的付款意愿，对链条上的票据、合同等交易信息进行全方位分析和评估。即借助核心企业的信用实力以及可靠的交易链条，为中小微企业融资背书，实现从单环节融资到全链条融资的跨越，从而缓解中小微企业融资难问题。

（五）区块链＋跨境支付场景

1. 传统跨境支付

跨境支付涉及多种币种，存在汇率问题，传统跨境支付非常依赖于第三方机构，大致的简化模型如图7-13所示，存在着两个问题：

（1）流程烦琐，结算周期长：传统跨境支付基本都是非实时的，银行日终进行交易的批量处理，通常一笔交易需要24小时以上才能完成。某些银行的跨境支付看起来是实时的，但实际上，是收款银行基于汇款银行的信用做了一定额度的垫付。在日终再进行资金清算和对账，业务处理速度慢。

（2）手续费高：传统跨境支付模式存在大量人工对账操作，加之依赖第三方机构，导致手续费居高不下。麦肯锡《2016全球支付》报告数据显示，通过代理行模式完成一笔跨境支付的平均成本在25～35美元。

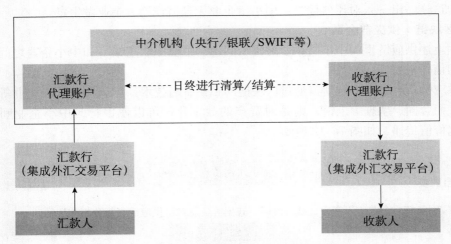

图 7 - 13　传统跨境支付简化模型示意图

2. 区块链＋跨境支付

传统跨境支付问题的存在，很大原因还是信息不对称，没有建立有效的信任机制。如图 7 - 14 所示，区块链的引入，解决了跨境支付信息不对称的问题，并建立起一定程度的信任机制，这带来了两个好处：

（1）效率提高，费用降低：接入区块链技术后，通过公私钥技术，可以保证数据的可靠性；再通过加密技术和去中心，达到数据不可篡改的目的；最后，通过 P2P 技术，实现点对点的结算，去除了传统中心转发，提高了效率，降低了成本（也展望了普及跨境小额支付的可能性）。

（2）可追溯，符合监管需求：传统的点对点结算不能规模应用，除了信任问题，还存在监管漏洞（点对点私下交易，存在洗黑钱的风险），而区块链的交易透明、信息公开、交易记录永久保存实现了可追溯，符合监管的需求。

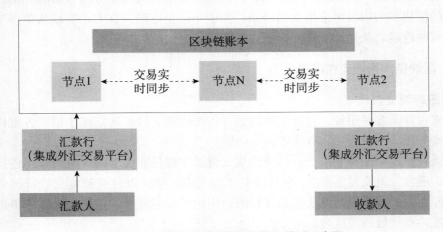

图 7 - 14　区块链＋跨境支付简化模型示意图

3. 应用案例

应用现状：Ripple、Circle、招商银行等已经应用。

（六）区块链＋资产数字化场景

1. 实体资产存在的问题

实体资产往往难以分割，不便于流通，而且实体资产的流通难以监控，存在洗黑钱等风险。

2. 区块链＋资产数字化

区块链＋资产数字化可以实现资产数字化，且易于分割、流通方便、交易成本低；用区块链技术实现资产数字化后，所有资产交易记录公开、透明、永久存储、可追溯，完全符合监管需求。

3. 应用案例

以腾讯的微黄金应用为例，从腾讯区块链官网（trustsql.qq.com）上的图片可以看到，在资产数字化之后，流通更为方便了，不再依赖于发行机构，且购买 0.001g 黄金成为可能，降低了参与门槛，如图 7－15 所示。

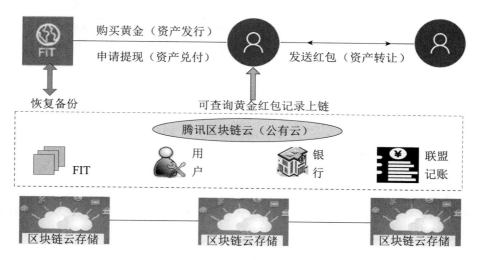

图 7－15　在资产数字化之后流通示意图

（七）区块链＋代币场景

说到区块链，始终绕不开代币。因区块链脱胎于比特币，天生具有代币的属性，目前区块链最成功的应用也正是比特币。

1. 传统货币存在的问题

传统的货币发行权掌握在国家手中，存在着货币滥发的风险。元朝自 1271 年建立后，依然四处征战，消耗了大量的钱财和粮食，为了解决财政问题，统治者长期滥发货币，造成了严重的通货膨胀，使多数百姓生活在水深火热中，以致流民四起，国家大乱。1368 年，元朝结束了其统治。

1980 年津巴布韦独立，后因土改失败，经济崩溃，政府入不敷出，开始印钞；2001 年时 100 津巴布韦币可兑换约 1 美元；2009 年 1 月，津央行发行 100 万亿面值新津元，加速了其货币崩溃，最终津元被废弃，改用"美元化"货币政策。2017 年津巴布韦发生政变。

传统的记账权掌握在一个中心化的中介机构手中，存在中介系统瘫痪、中介违约、中介欺瞒、中介耍赖等风险。

2. 区块链如何解决这些问题

比特币的模式是不可复制的，比特币已经吸引了全球绝大多数的算力，从而降低了突破51％的设限发生攻击等问题，其他的复制品基本无法获得相应的算力保证。

目前，比特币还存在着51％关口和效率低等问题，另外，关于交易本身的信任问题是个社会问题，比特币是没有解决的，也解决不了。区块链去中心化节点＋链式存储结构示意图如图7-16所示。

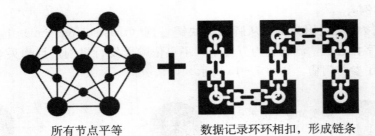

所有节点平等　　　　　　数据记录环环相扣，形成链条

图7-16　区块链去中心化节点＋链式存储结构示意图

比特币解决了货币在发行和记账环节的信任问题，并破解了下面的两个问题：

（1）滥发问题：比特币的获取只能通过挖矿获得，且比特币总量为2 100万个，在发行环节解决了货币滥发的问题；（2）账本修改问题：比特币的交易记录通过链式存储和去中心化的全球节点构成网络来解决账本修改问题。

首先，是链式存储问题，可以简单理解为：存储记录的块是一块连着一块的，形成一个链条，除第一个块的所有区块都记录包含了前一区块的校验信息，改变任一区块的信息，都将导致后续区块校验出错。因为这种关联性，中间也无法插入其他块，所以修改已有记录是困难的。

其次，是关于记账权问题：比特币的记账权，通过工作量证明获得，可以简单理解为：通过算法确定同一时刻，全球只有一个节点获得了记账权，基本规律是谁拥有的计算资源越多，谁获得记账权的概率越大，只有超过全网一半的算力，才可能实现双花。

3. 应用案例

最具代表性的是比特币。比特币目前吸引了全球绝大部分的算力，有独一无二的算力资源作为支撑还稍好一点，其他的代币和传统的货币相比，其背后缺乏国家和武力为其做信用背书，且夺取了国家发币带来的各种好处（如宏观调控），这种应用是有其局限性的。

三》 区块链产业生态地图

随着越来越多的区块链技术应用场景相继被挖掘出来，一个新的经济时代即将到来。随着比特币市值的不断飙升，以比特币为代表的加密货币以及区块链技术市场近年来进入了高速发展阶段，区块链技术产业生态地图涵盖了政府和监管部门、金融领域应用、实体领域应用、基础设施与平台、行业服务等领域的内容管理，如图7-17所示。

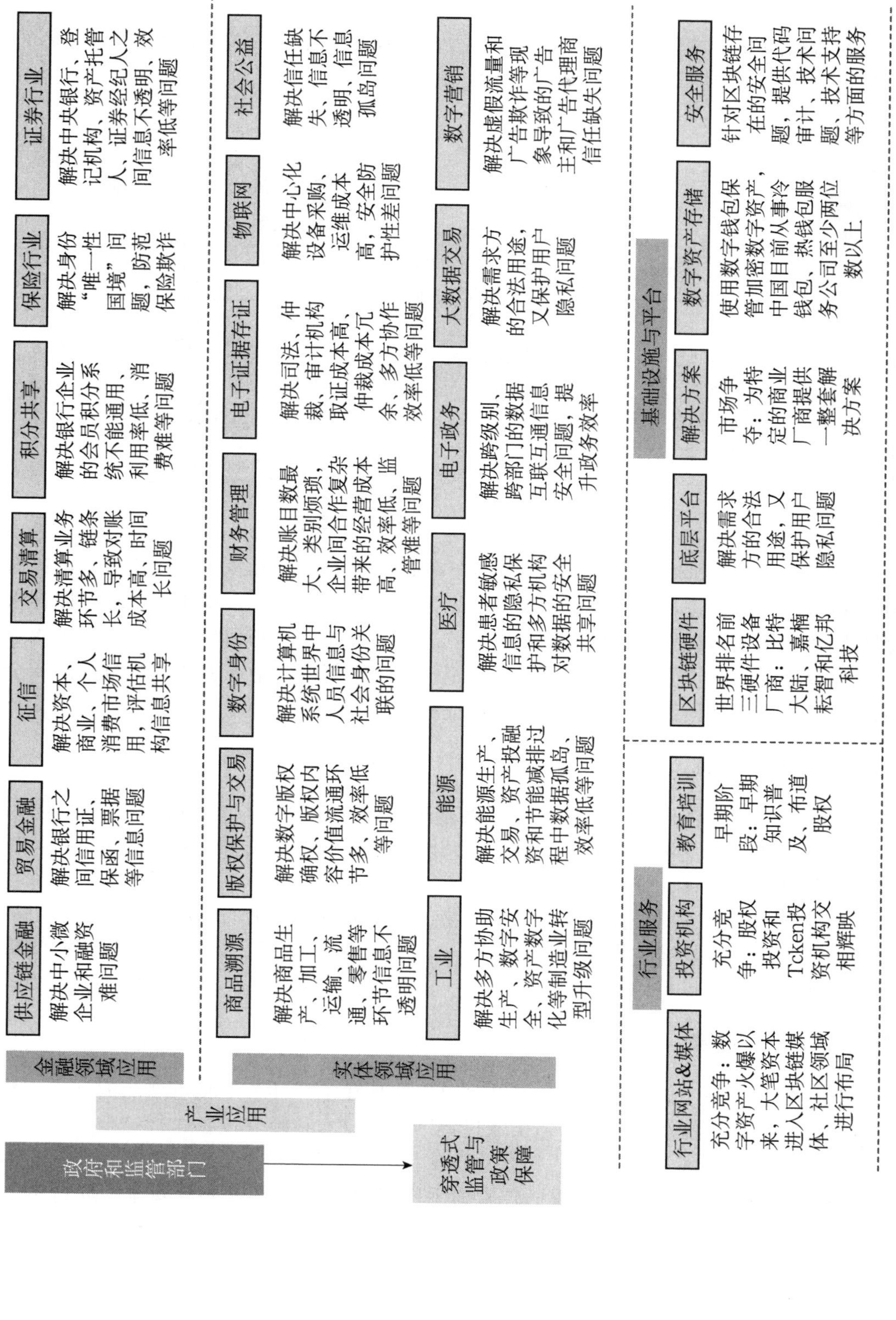

金融领域应用							
供应链金融	贸易金融	征信	交易清算	积分共享	保险行业	证券行业	社会公益
解决中小微企业融资难问题	解决银行之间信用证、保函、票据等信息问题	解决资本、商业、个人消费市场信用、评估机构信息共享	解决清算业务环节多,链条长,导致对账成本高,时间长问题	解决银行企业的会员积分系统不能通用,利用率低,消费难等问题	解决身份"唯一性""国境"问题,防范保险欺诈	解决中央银行,登记机构,资产托管人,证券经纪人之间信息不透明,效率低等问题	解决信任缺失,信息不透明,信息孤岛问题

实体领域应用							
商品溯源	版权保护与交易	数字身份	财务管理	电子证据存证	物联网	数字营销	安全服务
解决商品生产、加工、运输、流通、零售等环节信息不透明问题	解决数字版权确权、版权内容价值流通环节多,效率低等问题	解决计算机系统世界中人员信息与社会身份关联的问题	解决账目数量大、类别频频,企业合作复杂带来的经营成本高,效率高,管难等问题	解决司法,仲裁,审计机构取证成本高,仲裁成本余,多方协作效率低等问题	解决中心化设备采购,运维成本高,安全防护性差问题	解决虚假流量和广告欺诈等现象导致的广告主和广告代理商信任缺失问题	针对区块链存在的安全问题,提供代码审计,技术问题等支持方面的服务

产业应用					
工业	能源	医疗	电子政务	大数据交易	数字资产存储
解决多方协助生产、数字安全、数字资产转化等制造业转型升级问题	解决能源生产、交易、资产投融资和节能领域数据孤岛,效率低等问题	解决患者敏感信息的隐私保护和多方机构对数据安全共享问题	解决跨级别、跨部门的数据互联互通信息安全问题,提升行政效率	解决需求方的合法用途,又保护用户隐私问题	使用数字钱包包保管加密数字资产,中国目前从事冷钱包,热线钱包服务公司至少两位数以上

基础设施与平台			
底层平台	基础设施平台
解决需求方的合法用途,又保护用户隐私问题	市场争夺:为特定的商业厂商提供一整套解决方案

行业服务			
行业网站&媒体	投资机构	教育培训	区块链硬件
充分竞争:数字资产火爆以来,大笔资本进入区块链媒体,社区领域进行布局	充分竞争:股权投资和Token投资机构文相辉映	早期阶段:早期知识普及、布道股权	世界排名前三硬件设备厂商:比特大陆、嘉楠耘智和亿邦科技

政府和监管部门	穿透式监管政策保障

图 7-17 区块链产业生态地图示意图

（一）区块链＋医疗

应用场景 1：电子医疗数据共享。医疗数据共享的痛点：患者敏感信息的隐私保护与多方机构对数据的安全共享；将共享数据用于建模和图像检索、辅助医生治疗和健康咨询等。区块链＋医疗应用场景示意图如图 7-18 所示。

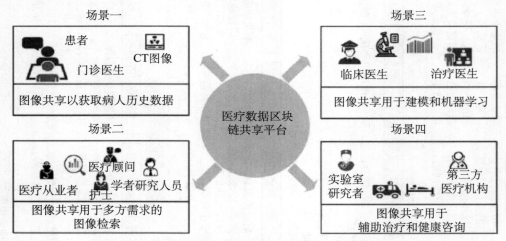

图 7-18　区块链＋医疗应用场景示意图

应用场景 2：药品溯源。一方面，联盟链上存储的数据在获得各节点授权后，可针对医药供应链全链条数据进行统计分析，辅助计划策略的制订，简化采购流程，降低库存水平，优化物流运输网络规划，提供商品销售预测。另一方面，医药溯源数据交易市场构建了大数据交易平台，提供溯源数据交易流程和定价策略，促进各企业主体依据自己的安全和隐私要求对联盟内外的数据需求进行响应并完成交易。

（二）区块链＋金融

（1）区块链提供信任机制，具备改变金融基础架构的潜力。各类金融资产，如股权、债券、票据、仓单、基金份额等都可以被整合到区块链账本中，成为链上的数字资产，在区块链上进行存储、转移、交易。

（2）区块链技术的去中介化，能够降低交易成本。区块链技术的应用使金融交易更加便捷、直观、安全。区块链技术在供应链金融、贸易金融、征信、交易清算、积分共享、保险、证券等典型金融场景均有应用前景。

（三）区块链＋能源

（1）区块链＋能源生产。通过区块链技术可以实现在生产环节对相应单元的计量、检测、运维等生产管理。能源生产流通需要通过将区块链技术和硬件设备进行结合，打通数字世界和物理世界的隔阂。

（2）区块链＋能源交易。以区块链技术为手段可以提高交易效率与安全。先进的支付方式、更短的交易时长、零违约率等对于能源行业的资金流转和市场健康具有指导意义。

（3）区块链＋能源资产投融资。能源行业投融资具有投资回报稳定，但具有前期投入巨大、资产信息不透明的特点。更加透明的、可追溯的区块链技术，可以提高投资环节透明度，降低投资者风险以及政府的监管成本。

（四）区块链＋公益

（1）解决公益行业的信任缺失问题。利用区块链追踪资金流转过程，捐赠者能清楚地了解善款的去向、钱是如何被使用的以及是否真正帮助到了需要帮助的人。

（2）打破信息孤岛，实现数据资源共享，提高公益事业效率。

（五）区块链＋物联网

（1）解决物联网的规模化问题。受限于云服务和维护成本，物联网难以实现大规模商用。区块链技术以较低成本让数十亿、数百亿的设备共享同一个网络。使用区块链技术的物联网体系通过多个节点参与验证，将全网达成的交易记录在分布式账本中，取代了中央服务器的作用。

（2）大幅降低黑客攻击风险。传统物联网设备极易遭受攻击，数据易受损失且维护费用高昂。区块链的全网节点验证的共识机制、不对称加密技术以及数据分布式存储将大幅降低黑客攻击的风险。

区块链技术走过十年，数字货币再也承载不了其应用，更大的生态圈在拥抱区块链的来临。不久的将来，区块链脱虚入实，技术应用将在全球全面爆发。学习区块链技术应用生态圈及相关应用场景内容可以帮助我们建立具有巨大潜力的新业务模式，在正确的方向积极推动利润增长。无论是大数据、云计算，还是物联网、人工智能都掩盖不了区块链的锋芒。行业现状、政策走向、人才需求、投资路线等构成了区块链应用生态圈，这将成为新入门者、从业者乃至投资人迫切想了解的蓝图。

任务 21　区块链与新技术融合场景

【知识目标】

1. 了解区块链技术应用发展与新一代信息技术的关系。
2. 掌握区块链与云计算、大数据技术的结合。
3. 掌握区块链与物联网、加密技术的结合。
4. 掌握区块链与人工智能、5G 通信技术的结合。

【能力目标】

1. 能够根据区块链技术应用发展与新一代信息技术的关系融合实际需求做相应改变，实现开发应用流程加速，满足在未来区块链的生态系统。
2. 能够根据区块链与云计算、大数据、物联网、加密技术、人工智能、5G 通信技术的结合特点，提升了区块链价值和使用空间。

【知识链接】

随着新一轮产业革命的到来，从国内外发展趋势和区块链技术发展演进路径来看，区块链技术和云计算、大数据、物联网、人工智能、加密技术、5G 通信等新一代信息技术的结合与信息资源充分利用的全新业态，是信息化发展的主要趋势，也是信息系统集成行业今后面临的主要业务范畴。同时，区块链技术应用发展对推动新一代信息技术产业发展具有重要的促进作用。图 7-19 说明了区块链与新一代信息技术的关系。

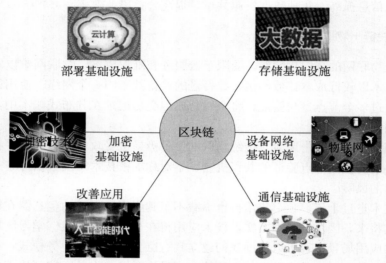

图 7-19　区块链与新一代信息技术的关系示意图

一》 区块链与云计算

随着区块链应用的迅速发展，数据规模会越来越大，不同业务场景区块链的数据融合进一步扩大了数据规模。区块链提供的是账本的完整性，数据统计分析的能力较弱。大数据具备海量数据存储技术和灵活高效的分析技术，极大地提升了区块链数据的价值和使用空间。

（一）云计算定义

云计算（Cloud Computing）概念是由 Google 提出的，这是一个美丽的网络应用模式。狭义的云计算是指 IT 基础设施的交付和使用模式，是通过网络以按需、易扩展的方式获得所需的资源；广义的云计算是指服务的交付和使用模式，是通过网络以按需、易扩展的方式获得所需的服务。这种服务可以是和软件、互联网相关的，也可以是任意其他的服务，它具有超大规模、虚拟化、可靠安全等独特功效与功用。

（二）区块链和云计算关系

1. 与云计算技术不同

区块链不仅是一种技术，还是一个包含服务、解决方案的产业，技术和商业是区块链发展中不可或缺的两只手。云计算内的存储和区块链内的存储都是由普通存储介质组成，只是相应管理物理介质的"文件系统"有所差异。区块链同时还会采用海量的独立副本来确保数据的不可修改性和完整性。

2. 与云计算基础不同

区块链技术和应用的发展需要云计算、大数据、物联网等新一代信息技术作为基础设施支撑，而云计算作为独立技术不需要支撑条件。另外，区块链技术的应用发展对推动新一代信息技术产业的发展具有重要的促进作用。

3. 与云计算服务资源不同

云计算服务具有资源弹性伸缩、快速调整、低成本、高可靠性的特质，能够帮助中小企业快速低成本地进行区块链开发部署。

4. 与云计算拓展领域不同

云计算与区块链技术结合，将加速区块链技术成熟，推动区块链从金融业向更多领域拓展，比如无中心管理、提高可用性、更安全等。

（三）云计算与区块链结合应用

区块链与云计算两项技术的结合，从宏观上来说，一方面，利用云计算已有的基础服务设施或根据实际需求做相应改变，可以实现开发应用流程加速，满足在未来区块链生态系统中，初创企业、学术机构、开源机构、联盟和金融等机构对区块链应用的需求。另一方面，对于云计算来说，"可信、可靠、可控制"被认为是云计算发展必须要翻越的"三座山"，而区块链技术以去中心化、匿名性以及数据不可篡改为主要特征，与云计算的长期发展目标不谋而合。

1. 存储方面

实现云计算中区块链的存储服务有两种方法：一是将云中的数据块直接写入区块链，对于拥有区块链的节点来说，它需要海量的存储空间。二是将记录的数据块进行哈希，将哈希值存储在区块链中，就不需要节点拥有海量的存储空间。一旦内容被修改，所对应的哈希值也会发生改变，使其与区块链中的哈希值不能匹配，从而确保了内容的不可修改性。这才是区块链与云计算的有效结合。

2. 云计算＋区块链＝BAAS（区块链即服务）

区块链与云计算紧密结合，在 IAAS、PAAS、SAAS 的基础上创造出了 BAAS（区块链即服务），促使 BAAS 成为公共信任基础设施，形成将区块链技术框架嵌入云计算平台的结合发展趋势。其中，以联盟链为代表的区块链企业平台需要利用云设施完善区块链生态环境，以公有链为代表的区块链更需要为去中心化应用提供稳定可靠的云计算平台。

3. 安全性方面

把云计算和基于区块链的安全存储产品结合，能设计出加密存储设备。云计算里的安全主要是确保应用能够安全、稳定、可靠地运行，这种安全属于传统安全领域范畴。区块链内的安全是确保每个数据块不被篡改，数据块的记录内容不被没有私钥的用户读取。

二》 区块链与大数据

(一)大数据概念、特征

现在是大数据的时代。大数据(Big Data)是指那些超过传统数据库系统处理能力的数据。它对数据规模和转输速度要求很高，或者其结构不适合原本的数据库系统。

大数据作为实实在在有着基础理论与科学研究背景的一门技术，不仅包含着分布式计算、内存计算、机器学习、计算机视觉、语音识别、自然语言处理等众多计算机界崭新的技术，还包含着数据量大、处理数据速度快，以及数据中蕴含的价值。其中，大数据的"大"包含着 4 个特征，即 4V 特征，包括 Volume(体量)、Variety(多样性)、Velocity(速度)、Value(价值)，如图 7-20 所示。

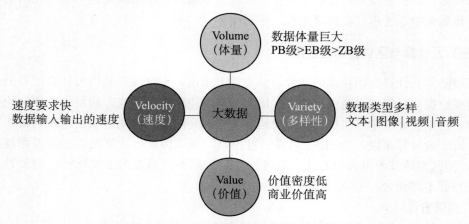

图 7-20 大数据技术的 4V 特征示意图

(二)区块链与大数据的相同点

(1)从技术上看，大数据与云计算的关系就像一枚硬币的正反面一样密不可分。大数据和区块链有两个相同之处：一个是分布式数据库，另一个是分布式计算。

大数据也被称为大数据技术，并不是单纯意义上"很大的数据"，而是一种解决方案。大数据需要应对海量化和快增长的存储，对底层硬件架构和文件系统提出了很大的挑战。除了批计算，大数据还包括流计算、图计算和实时计算等非常多的计算框架。在区块链中底层的计算采用的是共识机制，就是在所有分布式节点之间怎么达成共识，如图 7-21 所示。

(2)大数据是指以多元形式、从许多来源搜集而来的庞大数据组，具有实时性。在企业对企业销售的情况下，这些数据可能得自社交网络、电子商务网站、顾客来访记录，或其他来源。这些数据，并非公司顾客关系管理数据库中的常态数据组。

(3)区块链本质上也是一种分布式的数据库系统，区块链技术作为一种链式存取技术，通过网络中多个参与计算的节点来共同维护。从数据存储上来讲，区块链技术也是一种特定的数据库技术。

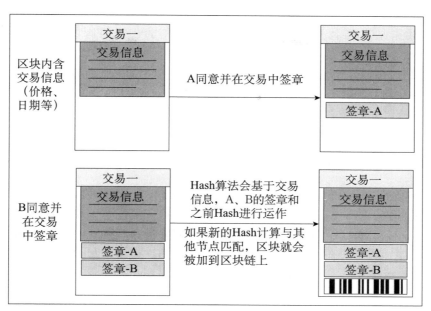

图 7 - 21　区块是通过共识机制被添加到链上的示意图

（三）区块链与大数据的不同点

从科技发展的时间角度来说，这两种技术正处于不同的生命周期。下面使用技术成熟曲线来观察大数据和区块链技术历年的技术成熟度，如图 7 - 22 所示。

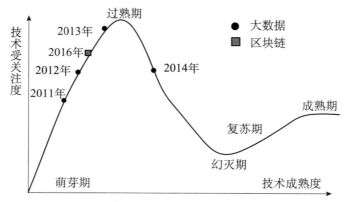

图 7 - 22　大数据与区块链技术成熟度曲线示意图

从图 7 - 22 中可以看到，大数据在 2011 年的时候第一次上榜，到 2015 年的时候，大数据从中消失。区块链和大数据的不同点主要表现在：

（1）从规模上看，两者是独立和整合的关系。区块链为了保证信息安全，其信息都是相互独立的，区块链能承载的信息数据是有限的；大数据描述的数据集足够大，足够复杂，着重的是找出数据之间的联系和价值。

（2）从结构上看，两者是结构化和非结构化的关系。区块链是结构定义严谨的块，通过指针组成链，是典型的结构化数据，而大数据通常说的是非结构化的数据。

（3）从表现方式看，两者是直接和间接的关系。区块链本身可以看成是一个分布式的数据库，数据是直接公开的呈现；大数据是对大量数据的深度分析和挖掘，是间接的。

（4）从呈现方式看，两者是数学和数据的关系。区块链主张使用数学说话，即智能合约，代码即是法律；而大数据则使用数据说话，数据不会骗人。

（5）从安全性看，两者是匿名和个性的关系。区块链系统为保证安全性，信息是匿名的、相对独立的；大数据主张个性化，海纳数据。

（四）大数据与区块链结合应用

随着数字经济时代的发展，在大数据的生态系统中，没有哪种软件或者技术可以解决社会上所有的问题，区块链正在让大数据汹涌而来。毫无疑问，区块链技术可以说是大数据数据安全、脱敏、合法、正确的保证，将迎来又一次的科技爆炸时代。从移动互联网到大数据、区块链，当今时代，技术变化的潮流势不可当，以至于很多人一时竟难以明白和适应，如图7-23所示。

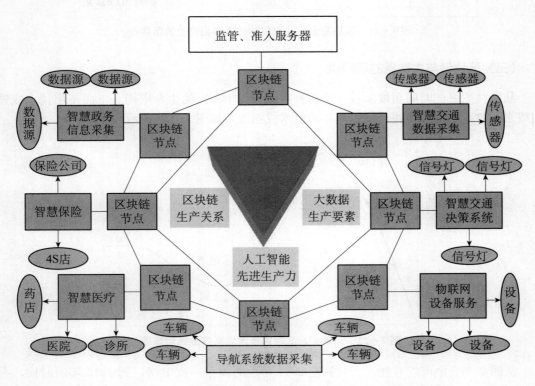

图7-23 区块链构建数字经济时代大数据平台示意图

（1）通过区块链技术的可信任性、安全性和不可篡改性与大数据相连接，大数据在"反应—预测"模式的基础上更进一步，让更多数据被释放出来。

（2）通过区块链网络在节点足够多的情况下不可篡改特性，让数据的可追溯质量获得了前所未有的信用背书。

（3）通过区块链脱敏的数据交易流通，结合大数据存储技术和高效灵活的分析技术，让区块链数据的价值和使用空间得到极大的提升。

（4）通过智能合约和未来的 DAO、DAC 自动运行大量任务，解放人类生产力，让这些生产力被去中心化的全球分布式计算系统代替，实现大数据在更加广泛的领域应用及变现，充分发挥大数据的经济价值。

三》 区块链与物联网

随着社会的发展，从 PC 端的互联网，到移动互联网，再到跨界创新的互联网时代，物联网已经越来越被世人所瞩目。

（一）物联网的定义

物联网就是万物相连的互联网。这有两层意思：其一，物联网的核心和基础仍然是互联网，是在互联网基础上的延伸和扩展的网络；其二，其用户端延伸和扩展到了任何物品与物品之间，进行信息交换和通信，也就是物物相息。

如果说互联网的本质是人联网，是人和人的链接，那么物联网就要在此基础上加上人与物的链接、物与物的链接，其关系网络远比互联网要复杂，当然在人与人、人与物、物与物的链接过程中，市场体量也非常庞大。

（二）物联网的商业模式

物联网即服务，其商业模式是互联网思维、服务设计思维、文化创意体验。物联网行业在发展过程中面临着规模化与定制化的矛盾、个性与共性的矛盾、宏观与微观的矛盾，其技术的发展进步带动商业模式的良性循环。

（1）从需求角度，物联网商业模式可以分为：消费类需求、商业类需求和政府类需求，如图 7-24 所示。

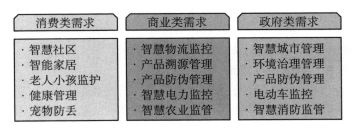

图 7-24　基于需求角度分类的物联网商业模式示意图

（2）从产业链角度，物联网商业模式可分为：直接型模式、平台型模式和生态型模式三类。其中，直接型模式包括端侧收费、云侧收费、管侧收费、端侧迭代、云侧迭代及方案整合等子模式。平台型模式包含硬件平台、软件平台（SaaS 模式）、软件平台（API 模式）、通用平台和资金平台等子模式。生态型模式由监管驱动、融资驱动、内容驱动、风险驱动和资源驱动等子模式组成。

（3）从企业类型角度，物联网商业模式可分为：硬件与通信类企业模式、应用与服务类企业模式和物联网平台类企业模式。综合来看，物联网企业的商业模式示意图如图 7 - 25 所示。

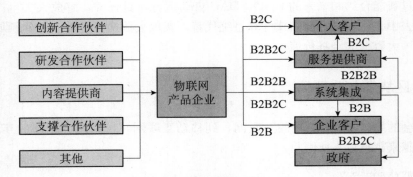

图 7 - 25　物联网企业的商业模式示意图

（三）物联网与区块链结合应用

随着技术的不断进步，物联网技术的发展和应用在最近几年取得了显著的成果，但是，物联网技术也面临着许多问题和挑战，这些问题成为物联网未来发展和应用的巨大障碍。区块链技术与物联网结合从解决可见的问题向预测和避免不可见因素转变，以产品为载体、数据为媒介，不断挖掘用户需求的缺口，以新信息和新知识为用户创造价值成为物联网商业模式创新的新机会。

1. 降低物联网的运营成本

目前的物联网应用是采用中心化体系结构，即降低记录和存储物联网的信息都会汇总到中央服务器，而目前数以亿计的节点将产生大量的数据，且未来这些信息将越来越多，这将导致中心不堪重负，难以进行计算和有效存储，运营成本极高。

区块链技术为物联网提供了点对点直接互联的方式进行数据传输，整个物联网解决方案不需要引入大型数据中心进行数据同步和管理控制，包括数据采集、指令发送和软件更新等操作都可以通过区块链的网络进行传输。区块链技术解决物联网的构架瓶颈问题主要体现在三个方面：（1）点对点的分布式数据传输和存储的构架；（2）分布式环境下数据的加密保护和验证机制；（3）方便可靠的费用结算和支付。

2. 解决安全隐患、保护用户隐私

在物联网领域，目前的中心化服务构架将所有的监测数据和控制信号都由中央服务器存储和转发。这些信息都汇总到中央服务器，并且通过中央服务器转发的信号还可以控制家庭中门窗、电灯和空调等设备的开启，直接地影响着用户的日常生活。

不法分子通过攻击联网家用终端设备薄弱环节来侵入家用网络，进而侵入计算机来盗取个人数据。与此同时，用户也是很大的挑战。政府安全部门可以通过未经授权的方式对存储在中央服务器中的数据内容进行审查，而运营商也很有可能出于商业利益的考虑将用户的隐私数据出售给广告公司进行大数据分析，以实现针对用户行为和喜好的个性化推荐，而这些行为其实已经危害到物联网设备使用者的隐私。

区块链技术为物联网提供了去中心化的可能，为网络结构提供一种机制，使得设备之间保持共识，无须与中心进行验证，这样即使一个或多个节点被攻破，整体网络体系的数

据依然是可靠、安全的。

（四）物联网与区块链结合衍生出商机

区块链与物联网不只是技术匹配，两者结合让物联网衍生出了无限的商业可能，具体表现在以下几点。

1. 提高数据的利用价值

区块链那些分布式的设备作为数据的来源地，为物联网提供了真实有效的数据支撑，因为区块链的不可篡改和可追溯，使得物联网全程无法造假，区块链技术为物联网提供了去中心化的可能性，只要数据不是被单一的云服务提供商控制，并且所有传输的数据都经过严格的加密处理，那么用户的数据和隐私将会更加的安全。

2. 降低物联网的运营成本

随着物联网技术的进一步应用，数以千亿计的物联网设备的管理和维护将会给生产商、运营商和最终用户带来巨大的成本压力，区块链技术为物联网提供了点对点直接互联的方式进行数据传输，整个物联网解决方案不需要引入大型数据中心进行数据同步和管理控制，包括数据采集、指令发送和软件更新等操作都可以通过区块链的网络进行传输，从而大大减低了物联网的运营成本。

3. 物联网可以利用区块链建立新的商业模式

未来物联网不仅仅是将设备连接在一起完成数据的采集，人们更加希望连入物联网的设备能够具有一定的智能，在给定的规则逻辑下进行自主协作，完成各种具备商业价值的应用。物联网向区块链网络转型的发展速度可能会远远超过目前人们的普遍预期，当物联网真正实现万物互联互通的时候，区块链的价值将得到更大的发挥。

四 》区块链与加密技术

密码技术是在敌手模型下的信息保密技术，从诞生之初就服务于安全攻防实战。密码技术的最底层是基于数学原理严格构造的对称密码算法、公钥密码算法、哈希算法、承诺方案、密码学意义上的随机数发生器等密码原语，在密码原语的基础上是各类精心设计的密码协议，并在此之上最终形成密码服务，实现机密性、完整性、可用性、可控性、不可抵赖性等安全特性。

（一）区块链的加密技术

加密算法一般分为对称加密和非对称加密，非对称加密指为满足安全性需求和所有权验证需求而集成到区块链中的加密技术。非对称加密通常在加密和解密过程中使用两个非对称的密码，分别称为公钥和私钥。

非对称密钥对具有两个特点：一是用其中一个密钥（公钥或私钥）加密信息后，只有另一个对应的密钥才能解开。二是公钥可向其他人公开，私钥则保密，其他人无法通过该公钥推算出相应的私钥。非对称加密与对称加密比较如表 7-1 所示。

表 7-1　非对称加密与对称加密比较表

	名称	计算方式	复杂度	速度	破解难度
非对称加密	RSA	基于特殊的可逆模幂运算	亚指数级	一般	基于分解大整数的难度
	ECC/SM2	基于椭圆曲线算法	指数级	较快	ECDLP 数学难题
	名称	计算方式	计算轮数	速度	安全性
对称加密	AES	RIJNDAEL 算法	2010/12/14	软硬件都较快	较高
	SM4	函数迭代含线性变换	32	软硬件都较快	较高
	3DES	标准算法和运算逻辑	48	软件慢、硬件快	较高

非对称加密一般划分为三类主要方式：大整数分解问题类、离散对数问题类、椭圆曲线类。

（1）大整数分解问题类指用两个较大的质数的乘积作为加密数，由于质数的出现具有不规律性，寻找破解只能通过不断的试算。

（2）离散对数问题类指的是基于离散对数的难解性，利用强的单向散列函数的一种非对称分布式加密算法。

（3）椭圆曲线类指利用平面椭圆曲线来计算成组非对称特殊值，比特币就使用此类加密算法。

（二）加密技术与区块链结合应用

公钥和私钥通常保存在比特币钱包文件中，其中私钥最为重要。丢失私钥就意味着丢失了对应地址全部比特币资产。加密技术与区块链结合应用场景主要包括：信息加密场景、数字签名场景和登录认证场景等。

1. 信息加密场景

信息加密场景主要是由信息发送者（记为 A）使用接受者（记为 B）的公钥对信息加密后再发送给 B，B 利用自己的私钥对信息解密。比特币交易的加密即属于此场景。非对称加密技术在区块链的应用场景示意图如图 7-26 所示。

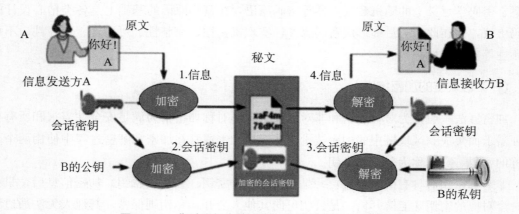

图 7-26　非对称加密技术在区块链的应用场景示意图

2. 数字签名场景

数字签名场景是由发送者 A 采用自己的私钥加密信息后发送给 B，B 使用 A 的公钥对信息解密，从而可确保信息是由 A 发送的。

3. 登录认证场景

登录认证场景是由客户端使用私钥加密登录信息后发送给服务器，后者接收后采用该客户端的公钥解密并认证登录信息。

将区块链技术应用于更多分布式的、多元身份参与的应用场景，现有的加密技术是否满足需求，还需要更多的应用验证。同时，更需要深入整合密码学前沿技术，包括目前国内外在零知识证明、多方保密计算、群签名、基于格的密码体制、全同态密码学等方面的最新前沿技术。

五》区块链与人工智能

（一）人工智能和区块链的共同点

区块链关注的是保持准确的记录、认证和执行，而人工智能则助力于决策、评估和理解某些模式和数据集，最终产生自主交互。人工智能和区块链共同拥有以下几个共同点。

1. 数据共享

分布式数据库强调在特定网络上的多个客户端之间共享数据的重要性。同样，人工智能依靠大数据，特别是数据共享，可供分析的开放数据越多，机器的预测和评估就会更加正确，生成的算法也更加可靠。

2. 安全

处理区块链网络上进行的高价值交易时，对网络的安全性有很大的要求。这可以通过现有协议实施。对人工智能来说，机器的自主性也需要很高的安全性，以降低发生灾难性事件的可能性。

3. 信任

对于任何广泛接受的技术进步，没有比缺乏信任具有更大的威胁，人工智能和区块链也不例外。为了使机器间的通信更加方便，两者需要有一个预期的信任级别。想要在区块链网络上执行某些交易，信任是一个必要条件。

（二）区块链如何改变人工智能

1. 开放的数据市场

人工智能技术的进步取决于各种来源数据的可用性。尽管像谷歌、Facebook、亚马逊等这样的公司可以访问大量的人工智能数据源，但在数据市场上并不能对这些数据进行直接访问。

区块链旨在通过引入点对点连接这一概念来解决这个问题，网络上的每个人都可以访问数据。现有的数据寡头垄断局面即将结束，一个新的开放和自由数据的时代即将来临。

2. 更可靠的人工智能建模和预测

计算机系统的一个基本原则是 GIGO：垃圾进垃圾出。人工智能领域严重依赖于大量的数据流，一些个人或公司故意篡改提供的数据以期待改变结果，垃圾数据也可能是由传感器和其他数据源的意外故障引起的。

3. 对数据和模型使用的控制

这是整合区块链和人工智能的一个非常重要的方面。例如，当你登录 Facebook 和 Twitter 时，你将会放弃将资源上传到其平台上的权利。当歌手签署唱片协议时也会发生同样的事情。相同的概念也可以应用于人工智能数据和模型。

（三）人工智能与区块链技术结合应用

人工智能与区块链技术结合的潜力巨大，两者可以互相解决技术难题，在数据领域，AI 与区块链技术结合：一方面是从应用层面入手，两者各司其职，AI 负责自动化的业务处理和智能化的决策，区块链负责在数据层提供可信数据；另一方面是数据层，两者可以互相渗透。区块链中的智能合约实际上也是一段实现某种算法的代码。既然是算法，那么 AI 就能够植入其中，使区块链智能合约更加智能。同时，将 AI 引擎训练模型结果和运行模型存放在区块链上，就能够确保模型不被篡改，降低了 AI 应用遭受攻击的风险。

如果说人工智能是一种生产力，它能提高生产的效率，使我们更快、更有效地获得更多的财富。那么区块链就是一种生产关系，它能够改变我们的一些分配。人工智能和区块链能够基于双方各自的优势实现互补。事实上，目前业界已经有公司尝试将两者同时应用。

六》 区块链与 5G 通信

作为一种前沿通信技术，5G 可视为通信系统的基础设施，而区块链技术本质上是一个分布式系统布置方案，是通信系统的一种应用方向。

（一）5G 概念、特性

第五代移动通信技术（5th Generation Mobile Networks，简称 5G 或 5G 技术）是最新一代蜂窝移动通信技术，也是继 4G（LTE-A、WiMax）、3G（UMTS、LTE）和 2G（GSM）系统之后的延伸。

5G 的性能目标是高数据速率、减少延迟、节省能源、降低成本、提高系统容量和大规模设备连接。区块链作为新一代互联网，其去中心化、交易信息隐私保护、历史记录防篡改、可追溯等特性可推动 5G 应用的高速发展。

区块链与 5G 的叠加效应成为各界翘首以盼的科技爆点，但我们在探索机遇的同时不得不考虑信息安全的潜在风险，只有从根本上通过技术手段摒除安全风险，未来由大量用户参与的各行业应用的落地才真正值得期待。移动通信网络比较示意图如图 7 - 27 所示。

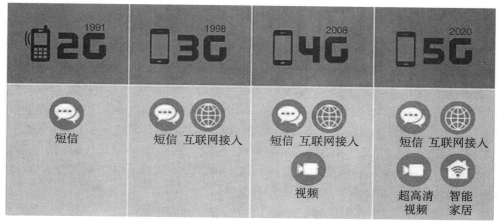

图 7 - 27　移动通信网络比较示意图

（二）区块链与5G的关联

从技术角度看，5G 是通信技术，是移动网络的基础；区块链是一种基于点对点网络传输的分布式账本技术，是更上一层的应用。如果 5G 普及了，区块链网络的速度也会提升，两者之间肯定是有关联的。但 5G 并没有什么针对性，不管是对区块链技术也好，还是大数据等其他技术也罢。5G 是即将竣工的一条宽敞的高速公路，而区块链则是众多汽车中的一类，路好走了汽车自然开的顺畅，但好公路并非针对区块链这种汽车，而是所有跑在上面的交通工具都会受益。

（三）5G与区块链结合应用

（1）5G 将为区块链行业带来更高性价比的通信服务，将极大地降低区块链节点的接入和运营成本。另外，5G 能够满足特定应用场景的通信需求，实现服务不同用户的个性化需求，不仅能降低接入和运营成本，还可以有效地推动区块链在应用场景中的落地。

（2）区块链技术可以在不熟悉的物理设备之间建立物理合约，并且通过非对称密码算法和哈希算法来保护这些用户身份，为 5G 的硬件设施提供安全保障。

（3）区块链的节点与节点之间形成非线性因果关系，这种开放式、平等性的系统结构，可以很好地避免数据的孤岛。开放性和平等性能使用户掌握自己数据的话语权，这样也可以起到全民监管的作用。

（4）对于数据的冗余和被修改的风险，区块链的可扩展性和不可篡改性也能起到一定的作用。伴随着闪电网络和侧链出现，可扩展性已经得到了稳定的发展。

区块链技术作为当前最"火"的话题，旨在打破当前依赖中心机构信任背书的交易模式，用密码学的手段为交易去中心化、交易信息隐私保护、历史记录防篡改、可追溯等提供技术支持，其缺点包括延时高、交易速率慢、基础设备要求高等。

【测验题】

一、单选题

1. 区块链数据库记录了从创建开始发生的每一笔交易，因此每一个想参与进来的节点都必须下载存储并实时更新一份从创世块开始延续至今的（　　　）。

A. 存储云空间　　B. 存储硬盘　　　C. 存储移动盘　　D. 数据包

2. 由于区块链技术能成为人与人之间在不需要互信的情况下进行大规模协作的（　　　），所以其可被应用于许多传统的中心化领域中，处理一些原本由中介机构处理的交易。

A. 方法　　　　　B. 手段　　　　　C. 工具　　　　　D. 工艺

3. 由于区块链中的数据前后相连构成了一个不可篡改的（　　　），其就能为所有的物件贴上一套不可伪造的真实记录，可解决数据追踪与信息防伪问题。

A. 交易记录　　　B. 时间戳　　　　C. 账本　　　　　D. 代码

4. 2013 年出现的新一代区块链平台——以太坊，在区块链基础上加上了可编程程序，被称为（　　　）。

A. 脚本语言　　　B. C 语言　　　　C. 智能合约　　　D. 平台

5. 区块链技术能实现（　　　）的价值传输，无须第三方中转机构；只要有网络，就可以转账。如果说互联网的重大意义在于实现了信息的自由流动，那么区块链的意义就在于实现了价值的自由流动。

A. 局域网　　　　B. 内部网　　　　C. 平台与平台　　D. 点对点

6. 区块链由众多节点共同组成一个端到端的（　　　），不存在中心化的设备和管理机构。

A. 平台　　　　　B. 信息　　　　　C. 网络　　　　　D. 账本

7. 区块链的运行规则是公开透明的，所有的（　　　）信息也是公开的，因此每一笔交易都对所有节点可见。

A. 账本　　　　　B. 网络　　　　　C. 交易　　　　　D. 数据

8. 供应链运行过程中产生的数据零散地保存在各节点的私有系统内，无法保证（　　　）公开透明，这会导致多方面问题。

A. 成本　　　　　B. 账目　　　　　C. 数据　　　　　D. 信息

9. 在以区块链为基础的网络上，大数据的（　　　）将显著提升，同时能够构建一套可靠的数据交易、交换机制；以区块链为入口的人工智能将更便捷地获得更多有价值的数据，不用担心会触犯数据隐私，从而演化出更好的模型。

A. 真实性　　　　B. 高效性　　　　C. 价值性　　　　D. 流通性

10. 区块链能使供应链上的信息保持互通，各成员（　　　）能第一时间掌握相关情况，由此提升供应链管理的整体效率。

A. 平台　　　　　B. 手机　　　　　C. 网络　　　　　D. 节点

二、多选题

1. 区块链是否在节约中心化成本问题的同时又过度使用了电子能耗成本，需要解决数字货币经济学中"不可能三角"问题，即不可能同时达到（　　　）和这三个要求。

A. 去中心化　　　B. 集中化　　　　C. 经济适用化　　D. 低能耗

E. 安全

2. 区块链项目生态圈包含（　　　）和数据存储和计算等多个重要领域，这将成为新入门者、从业者乃至投资人迫切想了解的蓝图。

A. 开发者工具　　B. 数字货币和电子支付　　　　　　C. 泛金融

D. 公益和慈善　　　E. 网络传输和安全

3. 数字票据利用区块链技术，不需要特定的中心系统进行验证，就可直接进行点对点价值传递，减少了人为因素的干扰，与现有电子票据体系不同，票据市场可以通过时间戳完整地反映票据从产生到消亡的全过程，具有（　　）的特性。

A. 不可篡改　　　B. 不可伪造　　　C. 可加密　　　D. 可追溯

E. 可泄密

4. 在区块链结算、清算系统中，买卖双方在智能合约的运行下自动配对，并将双方的交易记录在区块链中自动完成（　　）步骤。这就意味着没有中央记账机构参与，各个参与者通过将发生的交易记录下来直接确认交易。

A. 交易　　　B. 付款　　　C. 结算　　　D. 清算

E. 记账

5. 区块链技术可以将信息化的商品（　　），主要是因为区块链技术的所记载的资产不可更改，不可伪造。

A. 增值化　　　B. 价值化　　　C. 资产化　　　D. 保质化

E. 透明化

6. 区块链应用物流业务流程优化，从订单生成环节就开始上链，包括（　　）等环节，通过信用主体无纸化签收，生成基于区块链的电子运输结算凭证。

A. 询价　　　B. 报价　　　C. 定价　　　D. 配送

E. 妥投

7. 区块链与大数据的融合：大数据技术可以弥补区块链数据处理与分析能力的不足，而区块链可以解决大数据在共享与互通过程中对个人隐私的保护；区块链的（　　）的验证，能够保证个人的权益。

A. 不可篡改　　　B. 去中心化　　　C. 对数据确权　　　D. 完成数据真实性

E. 完整性与有效性

8. 区块链技术为物联网提供了点对点直接互联的方式进行数据传输，整个物联网解决方案不需要引入大型数据中心进行数据同步和管理控制，包括（　　）等操作都可以通过区块链的网络进行传输。

A. 数据采集　　　B. 数据清洗　　　C. 数据整理　　　D. 指令发送

E. 软件更新

9. 非对称加密指为满足安全性需求和所有权验证需求而集成到区块链中的加密技术，非对称加密技术在区块链的应用场景主要包括（　　）等。

A. 信息解码　　　B. 信息加密　　　C. 信息解密　　　D. 数字签名

E. 登录认证

10. 5G技术的优势在于数据信息传输的（　　），并允许海量设备介入，其愿景是实现万物互联，构建数字化的社会经济体系。

A. 带宽　　　B. 速率高　　　C. 网络覆盖广　　　D. 通信延时低

E. 信号强

三、判断题

1. 传统的物联网模式是由一个中心化的数据中心来收集所有信息，这样就导致了设

备生命周期等方面的严重缺陷。（　　）

2. 区块链技术能够有限地解决信息不透明的问题。（　　）

3. 区块链与物联网技术的融合也是当前的一大发展趋势，网络传输速度是重要关注点。（　　）

4. 以太坊的迅速崛起是基于区块链技术上进行智能合约应用开启无限可能性的代表。（　　）

5. 物流是典型的点、线、面相结合的综合行业，不太适合区块链技术应用的行业。（　　）

6. 作为价值互联网的底层技术，区块链是单独存在的技术架构。（　　）

7. 区块链与人工智能的融合：数据、算法和算力是人工智能技术的三个核心。（　　）

8. 区块链作为一项新兴技术，具备开放共识、去中心化、不可篡改、去信任等特性，能够解决物流供应链上下游企业的信任问题。（　　）

9. 区块链技术叠加智能合约后，不能将每个智能设备变成可以自我维护调节的独立的网络节点。（　　）

10. 人工智能技术的进步取决于各种来源数据的可用性。（　　）

四、简答题

1. 区块链技术应用优势表现在哪里？

2. 区块链技术在应用时目前还存在哪些缺陷？

3. 为什么开发者工具是区块链项目生态中最核心的一环？

4. 账本为什么无法被篡改？

5. 区块链是如何提高人类的生产效率的？

6. 云计算的定义是什么？

7. 云计算中区块链的存储服务实现有几种方法？

8. BAAS（区块链即服务）是怎样创造出来的？

9. 云数据安全存储关注的焦点和目标是什么？

10. 大数据和区块链的相同之处是什么？

项目八　区块链融合应用

【情景设置】

区块链作为新一代信息技术正加速突破应用，世界正在进入以信息产业为主导的经济发展时期。在大数据、人工智能、北斗导航、物联网等热点技术的协力下，区块链技术将促进可信数据流转的重组和优化，区块链融合应用创新逐步加速，发展前景值得期待。

【教学重点】

区块链基于自身技术优势，可以广泛应用于金融服务、供应链管理、文化娱乐、智能制造、社会公益以及教育就业等多个领域。

本项目的教学重点为：

（1）区块链帮助金融业解决经营问题；

（2）区块链在金融领域应用的特点；

（3）区块链搭建物流应用场景；

（4）应用区块链对物流业融合应用的好处；

（5）区块链与物联网融合应用的难点；

（6）区块链与物联网融合应用全景。

【教学难点】

随着区块链、物联网、大数据等新兴技术与物流行业的深度融合，供应链正成为区块链技术最具潜力的应用场景之一。通过区块链融合创新，区块链技术正影响着社会各个领域的发展。

本项目的教学难点为：

（1）区块链在供应链金融的应用模式和应用场景；

（2）区块链与物流融合的业务方向：流程优化、物流征信、物流追踪、物流金融；

（3）区块链与物联网融合在环保、医疗、智能制造、供应链管理、农业和能源六个行业的应用；

（4）区块链技术为解决物联网产业发展难题提供的新的思路。

【教学设计】

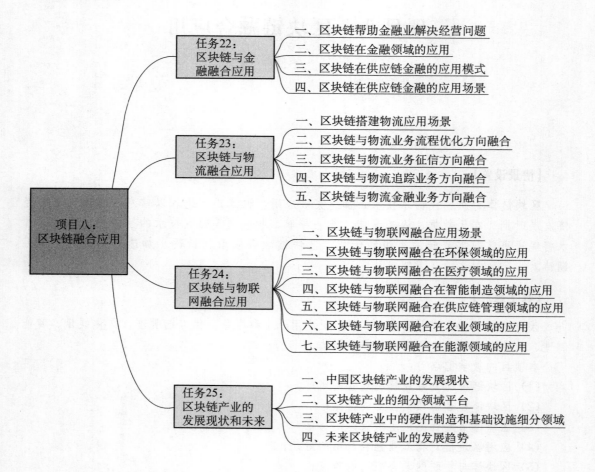

任│务│22 区块链与金融融合应用

【知识目标】

1. 了解区块链如何帮助金融业解决经营问题。

2. 掌握区块链在金融领域的应用特点。

3. 掌握区块链在供应链金融的应用模式。

4. 区块链在供应链金融的应用场景。

【能力目标】

1. 能够根据区块链技术的共识机制，在无第三方信托机构担保下便可完成信用创造，熟练帮助金融领域降低成本，提升效率。

2. 能够通过应用区块链技术打造一个可信的互助保障，建立各种智能数据合约，进一步提高数据的透明程度，增加数据的篡改难度，使各种资金给付可以自主实现和执行，用户资金的去向变得比较明晰。

【知识链接】

随着技术的高速发展，区块链技术影响着社会各个领域。金融行业是近些年发展最快的行业之一。作为金融科技的一员，区块链技术受到全球各国和各领域的热烈追捧，因其具有匿名性、透明性、安全性以及去中心化的特征，打破了从前的信任体系，其应用场景也持续被扩展，涉及金融行业的各个方面。

 区块链帮助金融业解决经营问题

（一）去中心化提升交易环节效率

目前我国基于电子账户进行支付的场景已经非常普遍，这种通过互联网与数据库将法定货币信息化的过程并不是真正意义上的"去中心化"，尽管提升了消费效率与消费方式，但中介机构的工作量正随着网络发展而不断增大，交易系统也可能因用户量的扩张而出现崩溃问题。

区块链技术在金融业的广泛运用中拥有减少成本、降低错误、简化流程、优化数据质量、透明可追踪以及安全可靠等核心优势，能够有效处理金融服务行业具有的操作风险与欺诈、交易时滞以及效率瓶颈等行业问题。

（二）分布式记账增强信息储存

区块链技术出现以前，境内外交易都需依靠中介机构来完成交易主体间的具体清算事宜。以银行业为例，在银行作为第三方中介的结构体系中，每发生一笔业务都需要银行与消费者、银行与商家、银行与央行之间的对接才可实现支付过程，这种复杂的流程关系使得商业银行需要多次核对账目、结算清查才能保证交易过程不发生纰漏。

在区块链体系中，每个区块都携带了上一段交易的信息并在链条上储存共享，减少了传统交易过程中的复杂流通，因此区块链技术的出现为传统银行业如何改善自身经营模式提供了参考。

（三）资金溯源保证数据安全

在业务运营中，金融机构需要耗费部分人力、财力维持信息流与资金流之间的对接工作，但仍无法保证信托方可以公正公开地维持交易的平衡与准确，一旦偏向信息传导过程中的某一方，那么另一方就可能因必要信息的缺乏而造成巨大损失。但是，区块链技术可以实现无须第三方中介参与的直接交易，可以通过链条上的不同区块完成溯源工作，流通资金经过的每个环节、每个经手人都将被实时记录，利用区块链技术的分布式记账与不可篡改性可以保证数据安全。

二》 区块链在金融领域的应用

(一) 区块链在银行中的应用

银行是金融系统的重要组成部分，通过去中心化可以很大程度上节省银行的运营成本。当一家银行与其他银行建立信任关系之后，就不用再通过中介开展各种金融活动，省去很多中介费用。此外，通过区块链可以有效加快资金的划拨、清算和结算，提高工作效率。各种第三方金融机构随着区块链的产生会不断消失，双方跨境结算可以在短时间内完成，资金到账更快，安全性也能得到保障。此外，通过区块链还可以有效地降低银行系统的运行风险。

当前在开展各种供应业务过程中，经常存在互相不信任的现象，导致系统运行效率偏低，交易过程对各种书面文件的依赖程度比较高，整个交易流程手续繁杂、耗时较长。巴克莱银行在以色列区块链公司的协助下，实现了世界上第一笔区块链交易，这打开了全新贸易模式的大门，通过区块链技术的应用，可以有效缩短贸易时间，大大降低银行的监管要求，各种业务的开展也越来越规范。

(二) 区块链在证券行业的应用

客户和证券公司通过区块链技术制定智能型合约，能够有效对买方和卖方进行智能组合。通过分布式数字登记系统，买卖双方可以有效完成清算和结算。此外，由于区块链信息在正常情况下无法修改，区块链信息在证券交易过程中也不能随意修改，这对证券公司发布信息的准确性提出了更高要求。此外，采用区块链技术后，中央行业能有效监管证券公司，监管机构只需要设立证券发行交易的正面和负面清单及相关法律。此外，证券行业不需要投资银行进行各种承销，这表示在点对点交易的过程中，各种暗箱操作的行为将越来越少。

(三) 区块链在保险业的应用

由于保险业务在开展过程中，其可信度验证需要消耗大量时间，导致业务开展效率较低，如果采用区块链技术创建智能合约，就可及时对每一笔赔偿进行追踪，让交易流程变得更加透明，交易过程更加自动化。通过区块链可以改变传统的保险建模模式，及时追踪各种投保物品，如名画、古董、房屋、钻石等，最大限度地降低交易欺诈现象。保险公司可以通过应用区块链技术打造一个可信的互助保障，建立各种智能数据合约，进一步提高数据的透明程度，增加数据的篡改难度，使各种资金给付可以自主实现和执行，用户资金的去向变得更加明晰。

(四) 区块链对金融产品的影响

分散化交易机制的应用会让区块链技术比传统金融产品表现出更为突出的优势。众所周知，一个值得信赖的中央机构在股票、债券、衍生品等资产登记和保管中能发挥重要作用。如果采用区块链开展各种金融产品业务，可以更加合理地记录各种数据，让买卖双方的信息交换更加保密，之前的各种登记制度也可以被颠覆。此外，智能合约的出现，可以进一步降低人工在交易中的参与程度，提高交易自动化程度，减少出现人为操作风险。

三》 区块链在供应链金融的应用模式

供应链金融是指为了适应供应链生产组织体系的需要，金融机构或企业基于综合性电子信息平台提供的一系列贸易融资服务。供应链金融是银行从整个产业链的角度开展综合授信，并将针对单个企业的风险管理变为对产业链的风险管理，其本质是贸易融资的延伸和深化。

（一）区块链在供应链金融中的不同业务模式

供应链金融是供应链、金融、物流等领域的交叉学科。根据供应链的不同场景，供应链金融业务衍生出不同的模式：

（1）应收类融资。典型的产品包括应收账款转让（保理）、应收账款质押融资等。

（2）预付类融资。典型的产品包括订单融资、渠道经销商融资、保兑仓融资等。

（3）存货类融资。典型的产品包括动产质押融资、仓单质押融资等。

另外，从生产经营的阶段看，供应链金融可分为采购阶段预付账款融资、运营阶段动产质押融资、销售阶段应收账款融资等模式。

（二）区块链在供应链金融中的业务融资模式

供应链金融强调上、下游企业相互竞争与相互协作的特殊关系，简言之，即有竞争优势的企业更有话语权，能够主导交易条件与习惯的制定。而特定的行业从原物料的采购、加工、制造到产品销售的整个链条具有不同的特征，形成了该行业特性。在此种情形下，金融机构应当了解上、下游议价能力与行业交易特性，经过风险评估，提供综合化、多样化和定制化的金融产品或服务，满足链条上成员企业金融需求的解决方案。传统融资模式和供应链融资模式示意图如图8-1所示。

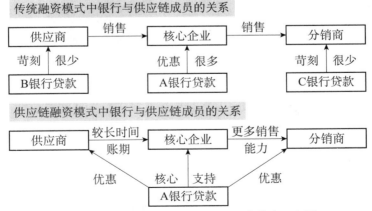

图8-1 传统融资模式和供应链融资模式示意图

作为一项金融创新，供应链金融不仅能够解决由全球性外包活动导致的供应链融资成本居高不下，以及供应链节点资金流瓶颈的问题，还能够缓解后金融危机时代日益凸显的中小企业融资难的问题。

四》 区块链在供应链金融的应用场景

区块链引发的创新不仅仅是技术和模式的创新，更是一种思想的创新。何为区块链思想？区块链思想就是"共创共享"，是基于区块链的技术能力，对参与者的贡献进行公平的激励，构建多劳多得、"共创共享"的经济模式。

（一）供应链金融创新场景

在供应链金融创新场景中，区块链技术可以支撑核心企业主体信用在生态内的多级流转，把核心企业的主体信用转换成生态内支付结算的工具和融资贷款的工具；同时，区块链技术构建的可信生态，可以让贸易业务过程真实透明可见，实现数据增信。

基于区块链的产业供应链金融创新，既能帮助金融机构更好地服务实体经济，解决小微企业融资难、融资贵问题，又能有效防范金融风险，还可以帮助金融机构更好地实现业务创新创造利润，如图 8-2 所示。

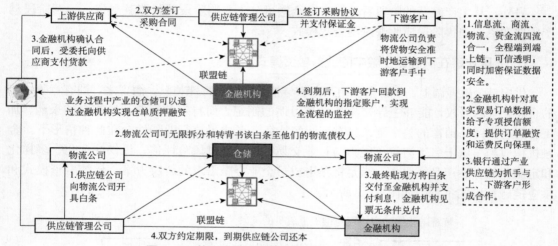

图 8-2　基于区块链增信的供应链金融场景示意图

（二）区块链在数据资产的生态场景

区块链的几个核心技术特点构成了其场景创新的基础，这些特点包括：区块链上可以产生被法律认可的权益凭证、区块链可以构建可信的数据生态、区块链通过密码学技术可以确保数据的安全及隐私等。

区块链技术能力可以更好地推动资产数字化：基于区块链，对数据资产进行确权，在透明可信的数据生态中确保数据资产能够相对准确地定价，实现数据资产多级流转交易，同时确保数据资产的安全和隐私保护等，如图 8-3 所示。

（三）基于区块链技术的供应链金融交易服务流程

基于区块链技术的供应链金融交易服务流程主要涉及账户注册、授信申请、融资申请、放款还款等。下面以账户注册、授信流程为例详细说明，如图 8-4 所示。

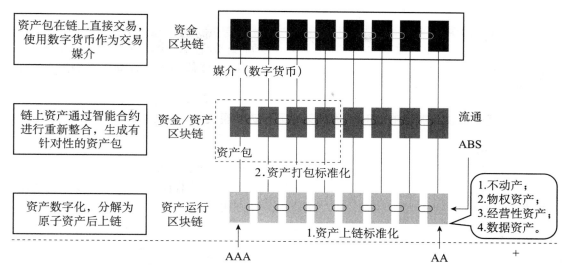

图8-3 基于区块链在数据资产生态场景示意图

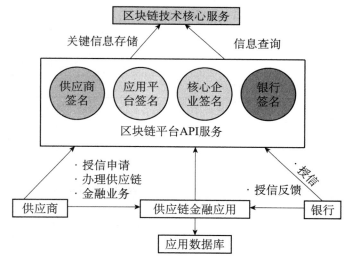

图8-4 基于区块链技术的供应链金融交易服务流程示意图

1. 账户注册

基于区块链的供应链金融平台的参与方包括供应商用户、核心企业用户、系统平台用户、银行等。在供应链应用中创建新用户时，需同时在链上创建对应的区块链用户，包括用户名、用户电话、企业核心基础信息等，并利用RSA加密规则产生相应的私钥、公钥，在链上存储公钥信息。

2. 授信

授信包括核心企业授信、银行授信两种。供应商向核心企业、银行提交授信申请，核心企业、银行会依据征信信息进行判断，是否给予批复，根据规则返回最终的授信额度，平台将其返回的授信金额、授信开始日、授信到期日生成"数据"写入区块链。生成数据需要平台私钥签名、供应商私钥签名、核心企业私钥签名、银行私钥签名，并由平台验证签名。

3. 区块链操作

区块链会对平台业务数据进行链上处理，会分配交易所属区块，每个操作过程需要平台和供应商等参与方的签名，具体步骤如下：申请与确认授信额度；查询授信额度；冻结授信额度；增加授信额度；减少授信额度。

(四) 基于区块链技术的供应链金融交易服务功能模块

1. 供应链金融区块监控

供应链金融区块监控主要以 Web 页面方式、手机 App 方式展示区块高度、区块哈希值、产生时间、交易数量、交易类型、交易哈希值等信息为监控指标，如表 8-1 所示。监控系统包括区块 Web 监控和区块移动端监控两种方式。

表 8-1　供应链金融区块监控指标

监控指标	指标描述
区块高度	区块的标识符
区块哈希值	代表该区块唯一性的哈希值
产生时间	产生该区块的日期、时间
交易数量	一个区块中包含的交易数量
交易类型	用户注册、申请授信、平台注册等供应链金融业务细分类型
交易哈希值	代表该交易唯一性的哈希值

2. 供应链金融区块详情

供应链金融区块是将申请企业、银行、申请授信额度、申请操作结果等供应链金融信息记入区块中，其查询包括 Web 端区块详情和移动端区块详情查询两种方式。

(五) 基于区块链技术的供应链金融交易服务平台操作步骤

基于区块链技术的供应链金融交易服务平台应用支撑效果：区块链平台提供统一的应用编程接口，以支撑供应链金融应用的性能参数。其操作步骤有如下几点。

1. 生成资产地址

基于区块链的供应链金融平台在进行初始化时，需要预先生成资产注册登记和授信额度管理的区块链总地址，以后调用区块链接口前都需要传入此项内容接口。

2. 用户注册登记

用户在平台注册，需要给用户分配资产地址（包括多种资产），并将用户名和资产地址在区块链上进行关联。关联成功后，平台会将和用户关联的不同类型资产地址返回，供应链平台需要存储，以便后续进行查询和使用。

3. 增加授信额度

增加授信额度是在银行端或者资金端审核通过后，在区块链平台更新最新的授信额度，同时，用户最新授信额度全网会同步更新。

4. 减少授信额度

用户授信额度减少时调用，同时用户最新授信额度全网会同步更新。

5. 查询授信额度

用于用户、银行、平台在区块链实时查询指定用户的授信额度。

6. 授信额度变更记录

此接口用来查询指定用户的授信额度变更记录。

7. 查询交易详情

提供区块链交易 ID，可以通过此接口查询区块链交易详情。

区块链技术凭借其特有的优势在金融领域迅速走红，银行、证券、保险作为金融业的"三驾马车"，都着手拥抱"区块链+"项目并力图抢占先机，实现科技革命下的模式转型与发展。

近年来，区块链的地位得到了显著提升，未来又将以何种姿态出现在大众视野面前，都需要时间去证明。

任务 23　区块链与物流融合应用

【知识目标】

1. 了解物流与区块链技术融合的应用场景。
2. 掌握区块链与物流业务流程优化方向融合。
3. 掌握区块链与物流业务征信方向融合。
4. 掌握区块链与物流追踪业务方向融合。
5. 掌握区块链与物流金融业务方向融合。

【能力目标】

1. 能够根据区块链与物流融合应用现状及区块链融合应用生态圈与金融服务、物流、知识产权保护等领域的应用融合给整个行业带来创新与变革。
2. 能够根据区块链与物流融合业务方向流程优化、物流征信、物流追踪和物流金融应用特点来保证各种电子数据的可靠性、不可更改性，在此基础上搭建其他高阶应用。

【知识链接】

区块链在物流行业蓬勃发展，在金融、溯源、存证、征信、电子化、联盟化等领域都进行了落地应用，整体来看，主要聚焦于流程优化、物流追踪、物流征信和物流金融四大方向。物流是典型的点、线、面相结合的综合行业，是最适合区块链技术应用的行业。

一》 区块链搭建物流应用场景

物流行业前景广阔，从全球市场规模来看，2022 年将达到 12.256 万亿美元，但物流行业在技术和运营方面仍然比较落后，这是因为行业的分散性特点导致了整个物流过程透明度很低，没有任何一个参与方来承担很多重要责任。区块链技术为物流行业的规范化、数字化提供了思路，区块链搭建物流应用场景包括：

（1）物流平台轻松上链。区块链具有去中心化、数据不可篡改等特点，可以把货主、司机、物流行为和关键信息上链，实现对问题的追踪和问责。物流平台通过 OPT 的 BASS 平台提供的 DAPP 开发引擎模块可以轻松搭建和部署自己的 DAPP 应用，解决信用问题的同时还解决了区块链开发成本高的问题。

（2）产业链协作即时匹配。小型物流平台通过 OPT 生态提供的 DAPP 来填补运输代理商角色。在此过程中，通过 OPT 的高级接口来搜索和筛选跨省长途运输，城际物流、同城配送多名司机之间的计划迭代，从而打造一支高效的物流团队。

（3）商品溯源。商品从种植生产到输送到消费者手中，物流环节扮演着核心角色，让商品在整个装载、运输、卸货定位、时间、负责人信息全面上链，即可做到货物流通信息可追踪、不可篡改。以食品安全为例，可以实现真正意义上"从农场到餐桌"的完整追溯和可见性。

（4）物流监控与司机调度。物流平台可以使用 OPT 上的相关 DAPP 来管理线路运输，全程对物流进行监控，发现异常及时知晓跟进和处理，并且可以找到合适的司机，对司机进行物流调度。

（5）全程可跟踪。物流通常跨越许多步骤、数百个地理位置以及多方运输，使用 OPT 的相关 DAPP 可以打通所有流程，并且对物流全程进行追踪。

（6）安全与隐私。很多生产企业在使用物流过程中担心数据泄密问题，这就使得很多物流 SAAS 提供商失去机会。如果这家企业通过 OPT 公链提供的开发引擎迅速把客户信息、司机信息、物流运输信息加密后保存在区块链中，只有客户的私钥才能查看，就可以完全打消对数据安全和隐私的担心。

（7）保险业务。把司机运输数据上传区块链，做到不可篡改，这对保险来说就是公信力，相应地会降低保费，杜绝骗保行为。

（8）供应链金融。目前针对线下中小门店、物流、司机的金融产品少之又少。这是因为供应链金融机构无法获得足够多的真实数据，分析评估得出综合的信用贷款额度。面对这一刚需市场，金融机构在 OPT 上通过高级查询接口即可获得申请贷款人授权的有效数据。同时数据流动可以形成联动效应，发挥更大的价值和收益。

区块链技术在物流行业的应用，使得物流商品具备了资产化的特征，有助于解决物流供应链上的中小微企业的融资难问题。区块链技术可以将信息化的商品价值化、资产化，主要是因为区块链技术所记载的资产不可更改、不可伪造。固定了商品的唯一所有权，可以使得所有物流链条中的商品可追溯、可证伪、不可篡改，实现物流商品的资产化。利用区块链基础平台，可使资金有效、快速地接入物流行业，从而改善中小企业的营商环境。

二》 区块链与物流业务流程优化方向融合

（一）可信运单签收平台

在物流供应链中，企业与企业之间、个人与企业之间的信用签收凭证大部分还处在纸质单据与手写签名的阶段，这些纸质单据不仅作为运营凭证使用，还作为结算凭证使用。

传统纸质单据会造成已有纸化办公带来的成本上、管理上的浪费，加上由于传统内审、外审的要求，造成有纸化委托书的存在，势必在材料成本和管理成本方面造成浪费。而通过区块链和电子签名技术的结合可以解决传统纸质单据签收不及时、易丢失、易篡改、管理成本高的问题，实现单据流与信息流合一，如图 8-5 所示。

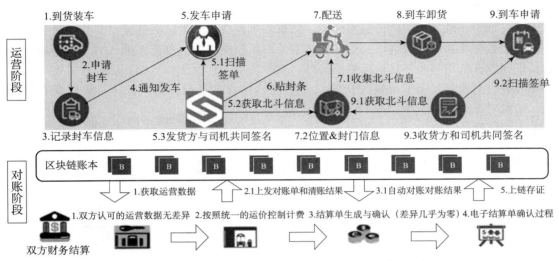

图 8-5　基于区块链的电子运输委托凭证示意图

以物流快运配送的场景为例：通过区块链可以构建可信单据查验平台，为利益相关方提供单据查验和下载统一视图，然后基于标准跨链协议完成与权威机构的证据链对接；司机与承运商、承运方与货主之间的结算凭证可以使用通过区块链上真实可靠的电子运输委托凭证，而不用传统的纸质委托书，如图 8-6 所示。

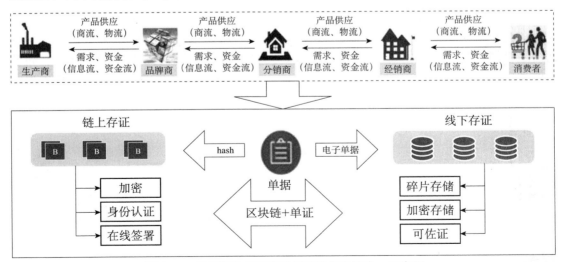

图 8-6　基于区块链实现单据流域信息流合一示意图

首先，通过权威 CA 机构为结算双方颁发组织证书，为双方各自组织下的信用主体进行背书，确保签收过程真实有效。其次，为每个终端设备关联一个数字身份。通过生物特征的采集，确保使用该设备进行签收的主体是唯一的并且是自愿的。最后，将签收结果写入区块链存证。整个过程可以确保签收主体的真实可信，签收过程真实可靠，签收结果不可篡改、可验证。

（二）快运对账服务平台

物流对账过程主要解决核心企业和承运商之间的结算需求，物流承运过程一般需要经过下单、询价、承运、签收等诸多环节。结算双方企业需要通过系统接口对接的方式完成不同阶段数据的共享与流通。通过传统技术手段仅仅能实现信息流互通，并不能解决双方的信任问题。信用签收还是依赖纸质运单，双方各有一套清结算数据，结算双方每个结算周期要进行对账，要人工审核大量的纸质单据，具有成本高、效率低、结算周期长的问题。传统对账过程示意图如图8-7所示。

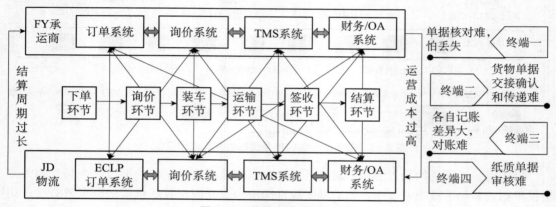

图8-7 传统对账过程示意图

从订单生成环节就开始上链，链上数据的实时性和真实可靠且不可篡改的特性，可以实现交易，即清算。同时将包含运价规则电子合同写入区块链，结算双方共享同一份双方认可的交易数据和运价规则，那么计费后的对账单基本是一致的，包括询价、报价、配送、妥投等环节，通过信用主体无纸化签收，生成基于区块链的电子运输结算凭证。如果对账过程中存在异常账单可以通过调账完成，调账的审核过程和结算付款发票信息作为存证写入区块链，从而实现信息流和实物流一致性，如图8-8所示。

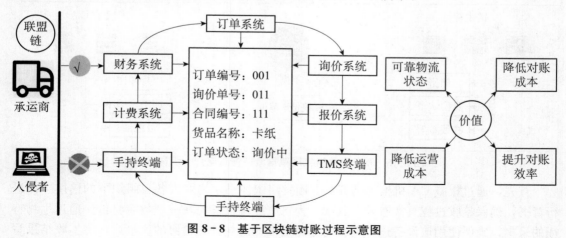

图8-8 基于区块链对账过程示意图

（三）航运供应链存证平台

即使在公路、铁路和航空高度发达的今天，世界上仍然有90％以上的货物是通过海运完成的，海运的低成本优势仍然使其在全球化物流中占据不可撼动的主导地位，其他的运输方式只能成为其补充。

由于航运供应链时间长、跨度大、流程复杂，涉及相关方众多（发货人、陆运、堆场、码头、港口、装卸公司、船公司、海关、检验检疫、货代、船代、收货人、理货公司等），所运输货物的物权、数量、质量、状态等证明文件的真实性、可靠性和有效性对于各方的权益意义重大。

企业可利用区块链技术打造航运供应链存证平台，实现对航运供应链过程中产生的各种证明、证书等进行存证和查询，确保信息的真实、可靠和有效，有效解决各方痛点，提升航运供应链的整体运作效率，降低运营成本。

航运区块链存证平台将作为航运区块链各应用的底层技术平台，用区块链技术保证各种电子数据的可靠性、不可更改性，从而能够在此基础上搭建其他高阶应用。存证平台也将作为基础平台，为航运供应链领域的现有管理系统和业务系统提供技术支撑。

三》 区块链与物流业务征信方向融合

（一）物流征信信息平台

物流上下游环节中离不开一线从业人员，这里包括承运司机、大件安装工程师、安维工程师等一线服务人员，有些服务人员需要经过培训，并经过考核通过后才能上岗。目前物流领域中并没有一套统一的评级标准，工程师的评级规则和评级结果仅在各自的企业内部使用，存在背书内容不全、信用主体使用范围受限、雇佣关系不稳定导致已有信用主体及征信数据不准确等问题。

通过区块链构建信用主体，围绕主体累积可信交易数据，联合物流生态企业可以共同建立区块链征信联盟，构建物流从业者的信用评级标准，真正形成以数据信用为主来构建整个物流信用生态，如图8-9所示。

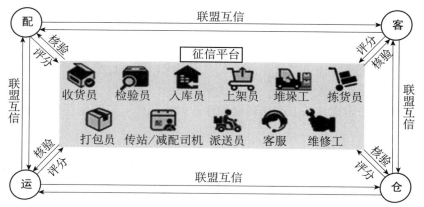

图8-9　基于区块链的物流征信平台示意图

　　利用区块链技术可以为每个参与主体构建一个数字身份，将这个数字身份关联到权威CA，这样数字身份在参与社会活动时具备法律效应，然后利用信用钱包将数字身份关联的属性进行定义，并运用权威机构进行背书。例如：张三定义一张身份证，通过权威机构认证后，将认证信息加密后写入区块链存证。当第三方需要验证张三身份时可以通过授权的方式进行验证。同样，从业资格证也可以利用同样的手段去建立。

　　区块链技术能够促进物流行业建立征信评级标准。数据信用建立的前提是有一套行业征信评级标准，物流行业信用评级标准需要行业内的企业共同参与，通过智能合约编写评级算法，并发布到联盟链中，利用账本上真实的交易数据计算评级结果。区块链的自治性，可以使系统在无须人为干预的情况下自动执行评级程序，并采用基于联盟节点之间协调一致的规范和协议，使整个系统中的所有节点都能在信任的环境中自由安全地交换数据。征信评级标准化示意图如图 8 - 10 所示。

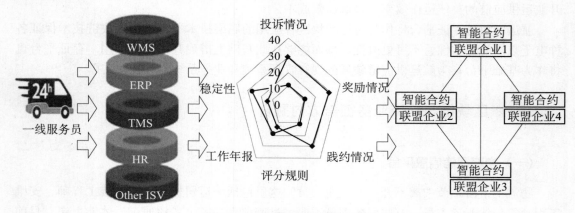

图 8 - 10　征信评级标准化示意图

（二）可信数据交易平台

　　企业作为数据的使用方，在与数据需求方之间进行数据共享与交换时，通常会担心个人征信数据资产被泄露。我国征信立法中至今仍有许多重大的问题尚未形成统一的认识，尤其是企业征信体系立法问题还存在很大的争议，如企业/个人隐私的范围鉴定、征信公司的资质审核等。因此，对企业/个人隐私保护除了要有法律法规以外，还需要有持续性的监管机制，而传统的技术架构无法很好地解决这个问题。

　　基于区块链的征信数据交易平台是通过搭建联盟链的形式，由数据提供方对征信数据需求方授权。数据采集与加工的过程可以在本地完成，通过标准 SDK＋API 提供给每一个联盟链的节点，可以实现资产定义、资产上链、信用主体建立、数据确权、安全等功能。这种构建系统的方法，无须各方改变现有的业务流程，亦可实时更新授权交易记录到区块链上。

　　基于区块链去构建征信数据交易共享系统可以实现对数字资产的确权。数据需求方购买承运商、司机的数据是为了获取更多的信息，用来评估和掌握承运商/司机更多的征信评级信息，从而来完善 KYC 画像。但这种隐私数据的共享势必会触犯个人的隐私。

（三）物流征信数据确权

区块链能够建立征信主体并确定数据主权，能够在保护个人隐私和相互信任的前提下完成数据的流通与共享。通过区块链记录数据资产的拥有方和使用方，再通过广播的方式去通知数据拥有方进行确权，确权完成后数据使用方与需求方通过点对点的方式完成数据的交易，交易数据需要使用非对称加密算法保证数据在流通过程的安全性和隐私性。数据需求方接收数据后自动从账户上完成扣款，并支付相应的报酬给数据的拥有者，这种方式使得各方在获得既得利益的同时促成交易，如图 8-11 所示。

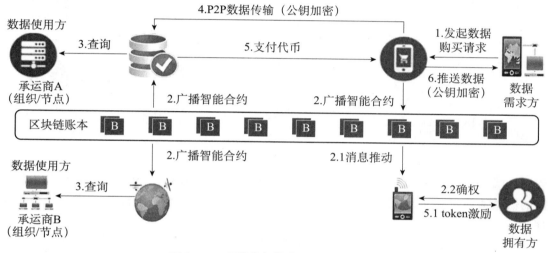

图 8-11　征信数据撮合交易系统示意图

区块链能让点对点的交换和合作成本大幅下降，也就是交易成本的下降，这种模式比较符合市场规律，只要财产权是明确的，并且交易成本为零，或者很小，无论在开始时将财产权赋予谁，市场均衡的最终结果都是有效率的，实现资源配置的帕累托最优。

四》区块链与物流追踪业务方向融合

（一）跨境供应链物流追踪平台

目前，随着"一带一路"倡议的积极推进以及消费升级时代的到来，进口商品需求量与日俱增的同时，消费者对商品的质量和来源，对跨境物流的可追溯及服务质量的要求也越来越强烈。跨境供应链由货运公司、货运代理商、海运承运商、港口和海关当局构成的物流网络合作，利用区块链技术在各方之间实现信息透明，可以大大降低贸易成本和复杂性，减少欺诈和错误，缩短产品在运输和海运过程中所花的时间，改善库存管理，最终减少浪费并降低成本，如图 8-12 所示。

供应链中的关键方参与区块链系统节点，如农业生产商、物流运营商以及港口运营商和海关，基于区块链的系统将在分布式网络上存储集装箱、文件和金融交易的数据，实现端到端的供应链全程数字化，帮助企业监控和跟踪数以万计的船运集装箱记录，改善库存

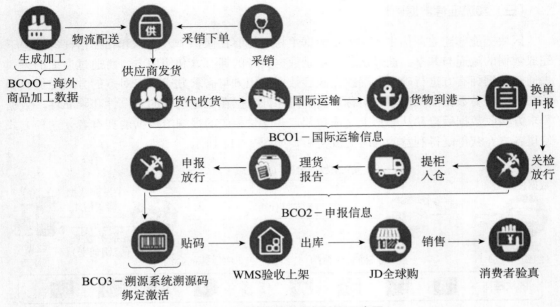

图 8-12　跨境供应链溯源流程示意图

管理，减少资源浪费，缩短货物在海运过程中所花费的时间，同时也可以提高贸易伙伴之间的信息透明度，实现高度安全的信息共享，消除欺诈与不守信行为，其主要工作原理有：

（1）供应链生态系统中的每个参与者都能查看货物在供应链中的进度，了解集装箱已运输到何处。

（2）通过实时交换原始供应链事件和文档改善对集装箱在供应链中所处位置的详细追踪。

（3）未经网络中其他方同意，任一方都不能修改、删除或附加任何记录。

（4）这种级别的透明度有助于减少欺诈和错误，缩短产品在运输和海运过程中所花的时间，改善库存管理，最终减少浪费并降低成本。

（二）商品溯源区块链平台

溯源系统需要实现品牌商、渠道商、零售商、消费者、监管部门以及第三方检测机构之间的信息在信任的前提下进行共享，全面提升品牌、效率、体验、监管和供应链整体收益。

将商品原材料过程、生产过程、流通过程、营销过程的信息写入区块链，可以实现精细到一物一码的全流程正品追溯，每一条信息都拥有自己特有的区块链"身份证"，且每条信息都附有各主体的数字签名和时间戳可供查验，如图 8-13 所示。区块链的数据签名和加密技术让全链路信息实现了防篡改、标准统一和高效率交换。

溯源类别主要有种植类、养殖类、信息类，前两者较为容易理解，信息类主要是物流过程中产生的虚拟资产，如标准仓单、运输委托书、安维施工单等结算凭证。这些虚拟资产有对应的归属权和使用权，同时拥有不同的业务状态，状态变更时需要记录过程信息。

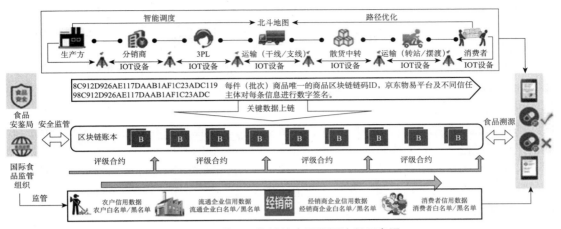

图 8-13　基于区块链的商品溯源流程示意图

溯源的颗粒度也根据业务场景分为订单级、SKU 级和商品级溯源。

区块链技术通过为小包装商品分配线下唯一防伪码，如激光标记不可逆二维码、芯片和激光打标的方法，实现线下的一物一码，同时结合物联网技术，使商品在生产、仓储、物流、交易等环节所产生的关键数据的收集过程真实可信，最后将商品全生命周期数据提供给监管部门或消费者溯源验真使用。

（三）危化品运输全程监管平台

自从 2015 年天津港发生了"8·12"危化品特大安全生产事故以后，全国各地对危化品的进出口、仓储和运输等实行高压监管态势，天津港曾一度长时间禁止危化品业务。

化工成品包括危险品、剧毒品的仓储、分拨、远洋运输、内河运输、公路运输、灌装、储罐清洗等物流整合服务，我国化工物流行业尚无成熟的体系，参与者以中小型企业为主，行业分散、中间环节多，日常运营与管理存在较大的安全隐患。而要实现从化工企业至终端用户的物流供应链全链条透明可视化，让"安全"落实到对每个物流供应链环节的追踪，仍是行业难题。

利用区块链技术，可以通过查询交换危化品物流业务的事件和相关文档，提高对危化品在物流过程中的监管能力，包括监管中的位置、数量和货物状态等，实现安全、预警、报警、重大危险源、安全检查、交通安全、隐患管理、风险识别、事故处置、环保监控等信息的实时上链，实现安全、监管信息的不可篡改和可追溯，使物流企业和监管机构可以回溯危化品运输行驶线路、司机是否存在疲劳驾驶等不当行为、危化品运输资质证明、交通厅的违章记录等货物运输的每一个关键节点，从而实现危化品运输全程的监管可控。同时，利用线路地图和运输数据进行调度优化，可降低运输成本，提升运营效率。

五　区块链与物流金融业务方向融合

物流金融是指在面向物流业的运营过程中，通过应用和开发各种金融产品，有效地组织调剂物流领域中货币资金的运动。从银行、非银行金融机构的角度看，物流金融很大程度上依托"物"（物权、货权）作为风险控制手段来提供相关的金融产品，是三方协议（银行、借款企业、仓储企业）下的商业模式；从物流企业的角度看，物流金融是仓库服务、配送等基础业务上的增值服务，配合银行为其客户提供融资服务。

随着物流服务的复杂化，物流供应链从原来简单的"供应与需求"的关系演变为多方参与的协同模式。区块链技术在处理多方参与的业务协作方面可以产生很好的效果。区块链去中心化的协作模式可以解决数据传递过程中可能会出现的造假、不实时、不同步等信任问题，也能够避免系统间对接时开发大量接口、实施流程复杂等问题。采用区块链技术逐笔记录区块链台账，对完成各方系统的合作，具有较好的效果。

区块链技术链接生产、贸易、订单、运输、仓储等供应链全过程可以形成具有信用价值的数据链，逐步打造信息流、物流、商流、资金流四流合一的开放性平台，从而真正将产融结合落到实处，为社会创造更大价值，做真正意义上的普惠金融。

（一）数字仓单质押融资平台

传统的仓单质押业务是以物流企业为中心建设的仓单业务系统，存在银行对仓单信息获取不及时的问题，也可能出现内部人员在仓单上伪造银行解押信息，给资金方造成损失的风险。

基于区块链构建的数字仓单可以使物流企业、经销商和银行对仓单的权属等状态达成共识，形成不可篡改的共享账本信息，区块链为不互信的各方创造了信任，同时结合物联网技术对接到质押监管系统可以有效避免人为造假的行为。在仓库管理中，物联网技术能够准确感知货物的重量、位置、轮廓、运动状态、管理权限等精确物流信息，是保障动产的有力手段，可以促进动产质押业务从现有的自发自主描述化的模式向系统确认的模式转变，实现监管公示力向公信力的延伸，如图8-14所示。

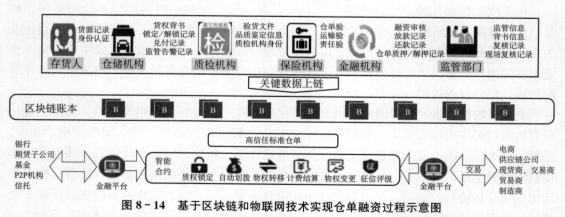

图8-14 基于区块链和物联网技术实现仓单融资过程示意图

将登记公示机构、质权人、出质人、次债务人及第三债务人加入联盟链节点，可以实现登记公示、单证、交互、确认四大环节的协作，形成全过程的文档记录，将原有的手工处理单证、线下签章、单证集中式保存的形式更改为线上确认，将涉及权益与合同执行的环节，如合同瑕疵、付款条件、登记确认、通知确认等，都通过共识机制写入区块链账本。智能合同则可以实现对节点行为智能化监控，并自动执行预先确定的规则，如自动划账，如图8-15所示。

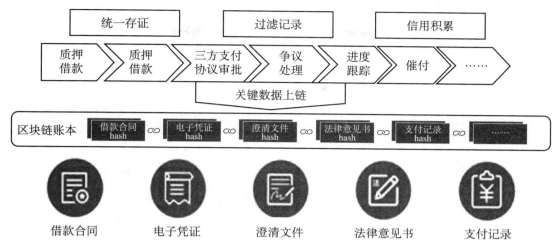

图 8 - 15 基于区块链的动产质押融资过程管理示意图

（二）供应链金融服务平台

2013 年的博鳌亚洲论坛发布了《小微企业融资发展报告：中国现状及亚洲实践》，国内有借款的小微企业，应收账款质押的使用率仅为 5.3%，中小微企业应用账款融资市场潜力巨大。应收账款融资的主要风险来自真实性问题。如果交易为虚假，则应收账款质押不成立。在企业开展保理业务时必须审查交易背景的合法性和真实性。在实践中，虽然可以通过监管和手段实现履约过程中多方交互的问题，但仍然有诸多尖锐问题。

基于区块链的去中心化的供应链金融服务平台以供应链金融服务（应收账款融资）为核心，以债权凭证为载体，可以帮助入链供应商盘活应收账款，降低融资成本，增加财务收益，解决供应商对外支付及上游客户的融资需求，还可以解决以下几个问题：

（1）真实贸易信息共享传递。通过区块链记录供应链各主要参与方在生产、销售、采购、物流等环节的关键数据，形成不可篡改的真实贸易信息数据链，实现相关资产的数字化。

（2）多主体协作。区块链技术可以提供去中心化、多方平等协作的平台，降低核心企业、融资企业、物流提供商、金融机构等物流金融主要参与者在协作过程中的信用风险与成本。

（3）信用多层级传递。区块链技术能够打通供应链上、下游各层级之间的交易关系，将核心企业在交易中的主体信用传递到没有与其发生直接交易的远端企业，从而解决远端企业融资贵、融资难的问题。

（4）流程智能化。区块链技术可实现供应链相关操作流程的自动化，减少其中人为参与的不可控因素，提高业务流程的运营效率。

如图 8 - 16 所示，基于区块链技术的供应链金融服务平台应具备实名认证、凭证管理、融资申请、资金管理等主要功能，提供一个为核心企业及其供应链上、下游企业和金融机构服务的多方协作平台。

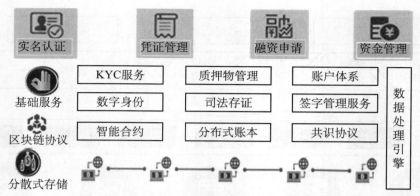

图 8-16　基于区块链的供应链金融服务平台示意图

（三）航运供应链小额贷款风控平台

在航运供应链领域，很多进出口企业都是小微企业，由于航运供应链时间长、跨度大、流程复杂、涉及相关方多等特点，很多小微企业时时刻刻承受着资金链紧张的压力。而与这种小、快、频的金融需求相对应的是复杂、缓慢、高成本的金融体系和流程。造成这种局面的重要原因是由于信息不对称、不完整，金融欺诈的广泛存在，从而使金融机构不得以采取的风险管控手段，进而导致整个流程复杂、冗长且容易出错。

在大宗商品供应链金融领域，由于此种需求的旺盛，一些业内领先的金融机构和物流企业对此开展了相关业务，但是由于缺乏有效的风控措施，导致违约、骗贷事件频出，大宗商品信贷危机频频发生。从铜、铝、铁矿石等金属融资到大豆、棕榈油等农产品融资，从青岛港融资骗贷事件到天津港融资欺骗案，大宗商品融资的问题不断暴露，商品重复质押、虚假质押现象频现，动产质押的风险管理问题开始受到各方的重视和审视，成为金融机构关注的焦点。

相比之下，针对进出口小微企业的航运供应链金融，由于其面向的客户行业广、客户散、授信小、形态多，金融风险相对分散，如果再辅以区块链技术为依托的风控平台，从源头上保证物权凭证的可信、可流转和可追溯，充分保证其真实性、可承兑性、防伪性和不可抵赖性，将对航运供应链产生重要影响。

任务 24　区块链与物联网融合应用

【知识目标】

1. 了解区块链与物联网融合应用的难点。

2. 掌握区块链与物联网融合应用全景。

3. 掌握区块链与物联网融合在环保、医疗、智能制造、供应链管理、农业和能源六个行业的应用。

4. 掌握区块链技术为解决物联网产业发展难题、拓展物联网产业发展空间提供的新的思路。

【能力目标】

1. 能够通过在横向和纵向的融合，利用区块链技术打通物联网横向产业链和纵向物联网设备的数据通道，加强物联网生态的共识，促进数据在整个物联网生态中的应用。

2. 能够结合我国各地区自身的产业优势，规划建设一批重点项目，同时注意产业发展面临的问题，不断加强新一代信息技术升级迭代及不同领域间融合创新，为区域经济发展带来新的机遇。

【知识链接】

物联网作为重要的战略性新兴产业，近年来快速发展，产业规模飞速壮大，技术和应用体系不断丰富，正逐渐步入商业模式创新的关键时期。区块链作为近几年新崛起的一种信息技术集成应用模式，在金融服务、智能制造、物联网、供应链等多个领域有很好的应用前景，且在部分领域的应用已经取得了较好的进展，尤其是开始呈现与物联网融合发展的态势。

一 》 区块链与物联网融合应用场景

物联网技术的发展与应用在近几年取得了显著成果，除此之外，还出现了研究区块链技术的热潮，很多人都在尝试将物联网技术与区块链技术相融合，以此来实现两种技术之间的优势互补，建立一个安全可信的跨行业物联网系统。

（一）区块链与物联网融合的难点

任何科技的发展与开疆拓土都会经历种种阻碍，区块链与物联网两大前沿趋势融合、应用落地更是困难重重。

第一，在资源消耗方面。物联网设备普遍存在计算能力低、联网能力弱、电池续航短等问题。首先，比特币的工作量证明机制（POW）对资源消耗太大，显然不适用于部署在物联网节点中，它可能部署在物联网网关等服务器里。其次，以太坊等区块链 2.0 技术也是 POW＋POS，正逐步切换到 POS。分布式架构需要共识机制来确保数据的最终一致性，然而，相对于中心化架构来说，其对资源的消耗是不容忽视的。

第二，在数据膨胀方面。区块链是一种只能附加、不能删除的数据存储技术。随着区块链的不断增长，物联网设备是否有足够的存储空间成为一个难点。例如，比特币运行至今，需要数百 G 的物理存储空间。

第三，在性能瓶颈方面。传统比特币的交易是 7 笔/秒，再加上共识确认，需要约 1 个小时才能写入区块链，这种时延引起的反馈时延、报警时延在时延敏感的工业互联网上不可行。

第四，在分区容忍方面。工业物联网强调节点"一直在线"，但是，普通的物联网节点失效、频繁加入退出网络是司空见惯的事情，容易产生消耗大量网络带宽的网络震荡，甚至出现"网络割裂"的现象。

（二）区块链与物联网融合应用全景

由于区块链和物联网同属于应用范围十分广泛的技术，二者融合应用可促进多个领域创新。结合对区块链和物联网特点的分析，我们可以总结出区块链和物联网融合应用全景，如图 8-17 所示。

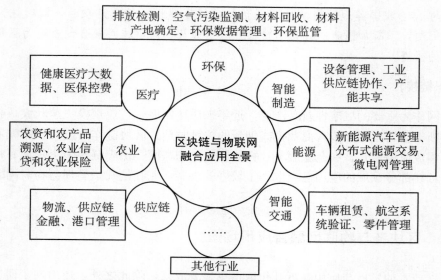

图 8-17　区块链与物联网融合应用全景示意图

（三）区块链与物联网融合应用模式

区块链与物联网融合应用包括横向和纵向两种模式，如图 8-18 所示。

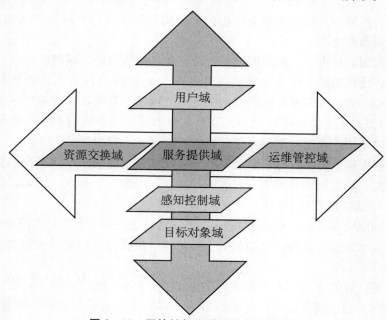

图 8-18　区块链与物联网融合应用逻辑

横向模式通过区块链贯穿物联网的服务提供域、运维管控域以及资源交换域，纵向模式通过区块链贯穿物联网的目标对象域、感知控制域、服务提供域和用户域。

（1）从横向来看，区块链可以打通物联网的整个产业链，解决物联网生态链长、信息不对称的问题。区块链可以将物联网设备采集到的数据视为数字化资产，利用区块链的技术特点，参与方在共识的前提下对数据进行挖掘和利用，保障数据的安全和一致性，打通物联网产业链的信息壁垒，为物联网用户提供多维、高质量的数据，提升数据的利用价值。例如，通过物联网和区块链的融合应用，可以实现病人、医院、金融保险、医疗机构等多方数据的采集和共享，破解数据孤岛的局面，可有效促进各参与方的协作，帮助打通医疗产业生态。

（2）从纵向来看，利用区块链技术打通 IT 设备和物联网设备的连接，可以保障数据的安全和不可篡改。物联网采集的数据是物理世界中的目标对象通过感知控制域中设备连接，映射成为虚拟空间中的数字化资产对象。通过区块链实现目标对象、设备、平台等相关方身份以及数据获取的有效性、客观性和合法性，保障物理世界的实体资产与虚拟世界的数字资产的一致性、安全性和可靠性。例如，在智能制造领域，通过区块链可以实现设备的身份和数据等信息的可信、安全和高效的管理，为工业物联网系统打开新的发展通道。

二》 区块链与物联网融合在环保领域的应用

（一）当前环保领域面临的痛点

环保领域的重点污染源自动监控、环境质量在线监测等系统广泛采用传感器、射频识别等相关设备和技术，其设备和数据信用问题严重。企业在缺乏监管的情况下，可能直接改变设备状态和篡改相关数据。此外，环保数据的开放共享也是难题。

（二）区块链和物联网融合提供的解决思路

区块链和物联网的融合可以解决环保业务监管层存在的末端排口监控、数据有效性低、监控手段单一等问题。首先，应用区块链技术可以确保每个环保物联网设备的身份可信任、数据防篡改。其次，在区块链和物联网融合应用中，存储在区块链上的交易信息是公开的，而账户身份信息是高度加密的，只有在数据拥有者授权的情况下才能访问，这样既能够保护企业和机构的隐私，又能做到必要的环保数据开放共享。最后，基于区块链技术的物联网平台，能够实现不同厂家、协议、型号的设备统一接入，建立可信任的环保数据资源交易环境、助力环保税等政策的落地实施。

（三）区块链与物联网融合的典型应用场景

关于区块链和物联网融合在环保领域的应用，下面选取环保数据管理、一源一档和环保监管三个典型场景来讨论。

1. 环保数据管理

污染数据从环保物联网设备传送到网络过程中存在被篡改的可能性，区块链能为每次监测提供永久性记录，并应用加密技术防止篡改，从而提升数据的可靠性，加强对排污企业的监管，如图 8-19 所示。

图 8-19 环保数据管理示意图

2. 一源一档

环保部门使用区块链技术搭建排污企业基础信息库，对备案排污企业所有资料和污染设备进行集中管理，为每个污染源建立对应的档案，并将档案放在区块链上，可以防止伪造和篡改，如图 8-20 所示。

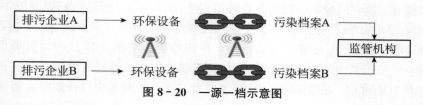

图 8-20 一源一档示意图

3. 环保监管

我国《环境保护税法》于 2018 年 1 月 1 日起施行，区块链和物联网的融合应用能为环保税的实施提供一种可行的技术方案。区块链技术可以实现数据全网共识和共同维护，与物联网结合可以更准确地采集排污企业的排污数据，如图 8-21 所示。

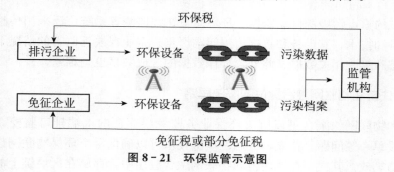

图 8-21 环保监管示意图

三 》 区块链与物联网融合在医疗领域的应用

（一）当前医疗领域面临的痛点

当前，医疗领域中的各级医疗卫生机构大多是互不连通的，形成了医疗信息孤岛，分级诊疗难以实现。同时，隐私和数据安全是医疗领域无法回避的关键问题，是妨碍移动医疗、智慧医疗、新兴治疗技术发展的原因之一。

（二）区块链和物联网融合提供的解决思路

区块链应用到医疗数据管理中，可以保证用户的医疗检测结果的真实性和可靠性，使得医院之间可以共享检测结果，有效连接各级医疗卫生机构，降低用户分级诊疗的难度。

区块链技术可以提高用户和相关方的医疗信息整合度，实现医疗数据跨平台共享。

（三）区块链与物联网融合的典型应用场景

关于区块链和物联网融合在医疗领域的应用，下面选取健康医疗大数据和医保控费两个典型场景来讨论，如图 8-22 所示。

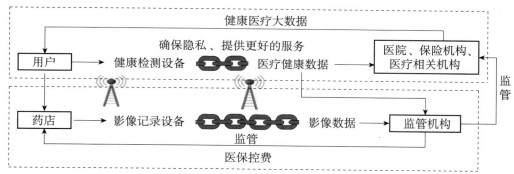

图 8-22　医疗行业中区块链与物联网融合应用的典型场景示意图

1. 健康医疗大数据

利用物联网技术可以对居民、病人的运动、健康等数据进行监测，获取健身、医疗、体质监测、运动监测等大数据信息，同时应用区块链技术，可以帮助打通医院、金融保险及其他相关部门之间的信息通道。例如，可将支付、信息交互整合在一个区块链平台内，在注重保障数据隐私的同时，实现数据查询和使用记录的防篡改。此外，利用区块链技术的电子病历，使用户的检测结果更具有可信度，医院之间的数据可以互通，从而更好地实现分级诊疗，如图 8-23 所示。

图 8-23　健康医疗大数据示意图

2. 医保控费

通过区块链技术可以实现医院、人社部、支付系统的生态打通，加强人社部、卫健委对医疗数据的共享和监管，以及对数据隐私性和安全性的保障。区块链的加密机制让患者数据的隐私性得到保障，相关部门、机构通过合约授予的权限可实现数据共享，同时防止数据被篡改，便于实现精准的医保控费。同时，针对某些医保定点药店的违规行为，比如使用医保账户支付非医保药品，可以通过安装远程监控使之在一定程度上避免发生，但也可能出现蓄意破坏视频图像以逃避视频监管的情况。利用区块链的数字指纹技术可以防止视频图像被篡改或破坏，更好地完成监督检查工作。医保控费示意图如图 8-24 所示。

图 8-24　医保控费示意图

四 》 区块链与物联网融合在智能制造领域的应用

（一）当前智能制造领域面临的痛点

智能制造中的工业物联网是实现人员、设备、产品等互联互通的多种异构网络的集中组网。一方面，不同异构网络可能使用不同的平台、不同的协议造成纵向的产业链兼容性与横向的供应链兼容性较差；另一方面，由于淡旺季周期和产能不均衡等原因，制造业还经常存在设备闲置造成的产能浪费问题。

（二）区块链与物联网融合提供的解决思路

区块链与工业物联网融合可以提升供应链的效率，提高设备使用率，解决工业物联网的安全问题。首先，区块链技术能够将传感器、控制模块和系统、通信网络、ERP 等系统联系起来，并通过统一的分布式账本基础设施持续监督生产制造的各个环节。其次，物联网帮助工业企业进行智能设备的升级改造，加强设备与设备、设备与人之间的相互通信，并可以应用区块链的智能合约，汇集小型企业的订单，实时传输至云平台，通过人工智能分析生产设备及生产过程数据来调整生产计划，从而有效提高设备利用率和生产效率。此外，将区块链应用在物联网中，可以使设备之间相互验证软件系统是否一致，降低系统崩溃的风险。区块链还能定义物联网设备间的访问权限，组建可靠、稳定的智能制造系统，从而提高生产设备的安全性，以及防止设计侵权行为。

（三）区块链与物联网融合的典型应用场景

关于区块链和物联网融合在智能制造领域的应用，下面选取供应链多方协作、产能共享和设备安全管理三个典型场景来讨论，如图 8-25 所示。

图 8-25　智能制造中区块链与物联网融合应用的典型场景示意图

1. 供应链多方协作

大型生产厂商需要用到很多来自不同厂商的零部件，如何统筹规划每个分包商生产的时间，使得在保障用户尽快拿到产品的同时又不过多地占用库存空间，这是一个普遍性的难题。企业可以利用智能合约实现动态管理零部件的生产，利用智能合约能够高效实时更新和较少人为干预的特点，实现对供应商队伍的动态管理，以及对供应链效率的提升。

2. 产能共享

利用区块链技术对零配件供应商的设备等相关信息进行登记和共享，可以帮助在生产淡季有加工需求的小型企业直接找到合适的生产厂商，甚至利用智能合约自动下单采购，从而达到准确执行生产计划的目的。一方面，这些小型企业可以跳过中间商环节，从而节省成本；另一方面，也有助于激活生产厂商的空置产能。

3. 设备安全管理

使用区块链定义不同设备间的访问权限，可以实现生产制造过程的智能化管理，防止某一设备被入侵或植入木马后整个系统被攻破的风险。另外，对工业设计使用智能合约技术，可实现生产过程中仅给予生产设备访问权限、生产结束后自动停止设备访问权限并删除文件的功能，避免侵权行为的发生。

五》区块链与物联网融合在供应链管理领域的应用

（一）当前供应链管理领域面临的痛点

供应链由众多参与主体构成，核心企业作为供应链中的主角，实际上对供应链上下游的掌控范围很有限，这导致信息的不对称和不透明，存在信息作假的风险，相关企业无法实时掌控必要和真实的信息，影响供应链的效率。供应链管理中的物流环节具有区域多、时间跨度长的特征，因此监管困难，假冒伪劣产品等问题很难彻底消除。

目前市场上存在的第三方防伪平台，又由于公信力不足和数据匮乏等原因，无法对产品进行精确认证和管理。

（二）区块链与物联网融合提供的解决思路

物联网可以利用各种信息传感设备将企业内或企业间的活动信息和相关数据有效整合。区块链技术由于其防篡改、分布式、非对称加密的特点，适合多方参与、信息交换的场景，能够有效地将供应链中涉及的多种信息记录在链上，保证数据的透明可信，确保各参与方能及时发现供应链系统运行过程中存在的问题，有针对性地找到解决问题的方法，提升供应链管理的整体效率。

（三）区块链与物联网融合的典型应用场景

关于区块链和物联网融合在供应链管理领域的应用，下面选取港口数字化管理、物流和供应链金融三个典型场景来讨论，如图8-26所示。

1. 港口数字化管理

区块链和物联网融合应用可以实现海运物流过程中各节点的全程监控，如货物来源、关税代码、装箱单信息、海关报送价值、运输状态等货物相关的信息，而且整个信息技术是透明且安全的。同时，区块链和物联网融合应用有可能打破电子信息数据服务商的中心节点地位，结合实时和离线同步等方式，将传感器收集的数据写入区块链，成为防篡改的电子证据，提升各参与主体造假的成本。此外，根据实时搜集的数据，区块链和物联网融

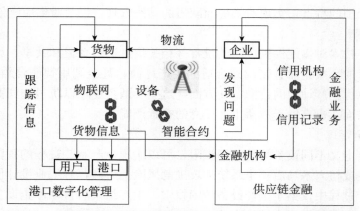

图 8-26　供应链管理中区块链与物联网融合应用的典型场景示意图

合应用可以及时了解物流的最新进展，以及采取相应的措施，增强多方协作的可能，并且有助于清楚地界定各方的责任，提高付款、交收、理赔的处理效率，如图 8-27 所示。

图 8-27　港口数字化管理示意图

2. 物流

物联网设备可以记录货物从发出到接收过程中的自动分拣扫描、物流定位和追踪以及投递等所有步骤，将物联网设备采集到的这些数据记录在区块链上，可确保信息的真实性。同时通过共识机制和智能合约技术，可以直接定位运输中间环节的问题，确保信息的可追踪性，避免货物丢失、误领和错领等问题，也可促进物流实名制的落实。企业还可以通过区块链掌握产品的物流方向，保证用户的权益，如图 8-28 所示。

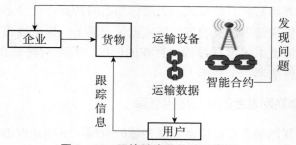

图 8-28　区块链应用物流示意图

3. 供应链金融

在供应链过程中，货物交付、提单质押、尾款结余、实时仓库、实时物流等信息都可以通过物联网设备记录，从而降低人工成本，减少人工记录带来的错误，而将物联网设备采集到的这些数据记录在区块链上，可确保信息的真实性。同时承运人或某个交易方的信用记录也可以记录在区块链中，与金融机构产生金融业务时，金融机构可以使用区块链中的信用数据和供应链数据进行风险评估，为交易方提供保险或贷款，如图 8-29 所示。

图 8 - 29　供应链金融示意图

六》 区块链与物联网融合在农业领域的应用

（一）当前农业面临的痛点

国内农业资源相对分散和孤立，造成了科技和金融等服务资源难以进入农业领域。同时，农业用地和农业产品的化学污染泛滥、产业链信用体系薄弱等问题使消费者难以获得安全和高质量的食品。物联网与传统农业的融合，可以在一定程度上解决此类问题，但由于缺乏市场运营主体和闭环的商业模式，实际起到的作用比较有限。这些问题的根源在于在农业领域缺乏有效的信用保障机制。

（二）区块链与物联网融合提供的解决思路

区块链与物联网融合应用能够有效解决当前农业和农产品消费的痛点：一方面，依托物联网提升传统农业效率，连接孤立的产业链环节，创造增量价值；另一方面，依托区块链技术连接各农业数字资源要素，建立全程的信用监管体系，从而引发农业生产和食品消费领域革命性升级。

（三）物联网＋区块链在现代农业领域的典型应用场景

关于区块链与物联网融合在农业领域的应用，下面选取农产品溯源、农业信贷和农业保险三个典型场景来讨论，如图 8 - 30 所示。

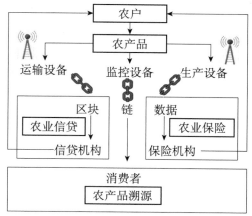

图 8 - 30　农业中区块链与物联网融合应用的典型场景示意图

1. 农产品溯源

农产品的生产地和消费地距离远，消费者对生产者使用的农药、化肥以及运输、加工过程中使用的添加剂等信息无从了解，造成了消费者对产品的信任度低。基于区块链技术的农产品追溯系统，可将所有的数据记录到区块链账本上，实现农产品质量和交易主体的全程可追溯，使得信息更加透明，实现针对质量、效用等方面的跟踪服务。农产品溯源一方面可以确保农产品安全，提升优质农产品的品牌价值，打击假冒伪劣产品；另一方面可以保障农资的质量、价格公平性及有效性。同时，也可提升农资的创新研发水平以及使用质量和效益，如图 8-31 所示。

图 8-31　农产品溯源示意图

2. 农业信贷

农业经营主体申请贷款时，需要提供相应的信用信息，其中信息的完整性、数据的准确度难以保证，造成了贷款审批困难的问题。通过物联网设备获取数据并将凭证储存在区块链上，依靠智能合约和共识机制自动记录和同步，可以提高篡改信息的难度，降低获取信息的成本。通过调取区块链的相应数据为贷款机构提供信用证明并申请贷款，可以为农户、供应链、银行、科技服务公司等建立多方互信的科技贷款授信体系，提高贷款对农业的支持力度，简化贷款评估和业务流程，降低农户贷款申请难度，如图 8-32 所示。

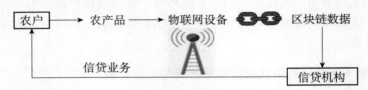

图 8-32　农业信贷示意图

3. 农业保险

物联网数据在支持贷款、理赔评定等场景中具有重要的作用，与区块链结合之后能提升数据的可信度，极大简化农业保险流程。另外，将智能合约技术应用到农业保险领域，一旦检测到农业灾害，可自动启动赔付流程，从而提高赔付效率。在此基础上，金融、保险行业可以为第三方科技服务平台、农户、供应链等相关方提供科技信用贷款和科技保险，如图 8-33 所示。

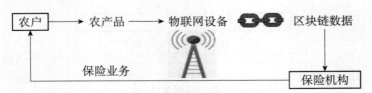

图 8-33　农业保险示意图

七》区块链与物联网融合在能源领域的应用

（一）当前能源领域面临的痛点

能源行业目前存在常规能源产能过剩、新能源利润率和回报率低以及相关基础设施及硬件配置不完备等问题。能源行业普遍采用传统人工运维方式，效率低、成本高，同时也存在安全风险。另外，监测计量设备落后、采集数据精确度低等问题明显，设备相对独立未形成联网、信息孤岛化问题严重。

（二）区块链和物联网融合提供的解决思路

将区块链与物联网融合应用在能源领域，可提高数据信息管理能力；在数据信息接入方面，能实现智能设备信息互联互通；在数据信息采集方面，能促进信息系统与物理系统高效集成，实现设备状态、外部环境的实时监测；在数据信息处理与应用方面，可实现智能化决策调控与自主交易。另外，区块链和物联网融合应用在智能交互过程中可降低多方主体间的信任成本，使交互过程更加方便和高效。

（三）区块链与物联网融合的典型应用场景

区块链和物联网融合在能源领域的应用可选用分布式能源管理和新能源汽车管理两个典型场景。

1. 分布式能源管理

区块链的分布式结构与分布式能源管理架构具有高度一致性，区块链技术应用到电网服务的价格与控制系统，可以平衡微电网运行、接入分布式发电系统和运作能源批发市场。区块链与物联网技术融合应用为个人或企业进行可再生能源发电的结算提供可行途径，并且可以有效提升数据可信度；此外，还可以构建自动化的实时分布式能源交易平台，实现实时能源监测、能耗计量、能源使用情况跟踪等诸多功能，如图8-34所示。

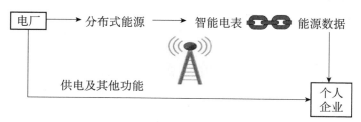

图8-34　分布式能源管理示意图

2. 新能源汽车管理

通过物联网与区块链技术可以加强新能源汽车管理，如新能源汽车的租赁管理、充电桩智能化运营和充电场站建设等。通过物联网与区块链技术还可以实现电动汽车供应商、充电桩供应商、交通集团、市民卡及各类商户系统间的互联互通和数据共享，如图8-35所示。

物联网产业正处于快速发展阶段，我国各地区依托自身产业优势，规划建设了一批重点

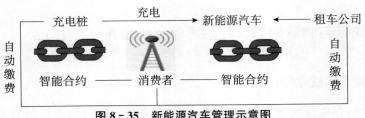

图 8 - 35　新能源汽车管理示意图

项目并取得了阶段性成果。同时，我们也需要注意产业发展面临的问题，诸如数据互联互通、信息安全等。区块链技术为解决物联网产业发展难题、拓展物联网产业发展空间提供了新的思路，为推动我国区块链与物联网融合创新应用发展、抢占未来发展先机提供了新的方向。

任务 25　区块链产业的发展现状和未来

【知识目标】

1. 了解区块链产业的发展特点。
2. 掌握区块链产业细分领域的发展情况。
3. 掌握区块链产业的发展趋势。
4. 掌握建立一个完整的产业生态链的条件。

【能力目标】

1. 能够根据区块链产业的发展特点，利用区块链技术为实体经济"降成本""提效率"，助推传统产业规范发展。
2. 能够根据区块链产业细分领域的发展情况，从硬件制造、基础设施到底层技术开发、平台建设，再到安全防护、行业应用，以及媒体社区等区块链行业服务机构，建立一个完整的产业生态链。

【知识链接】

区块链技术的发展已引起世界范围内的广泛关注，其在多元产业中的应用正如火如荼地进行。近年来，全国各地在区块链产业的扶持政策、产业布局、信息产业、企业数量等方面取得了一定的进展，但缺乏顶层设计、产业相关的技术薄弱、法律法规不完善、人才缺乏等问题仍亟待解决。

一》 中国区块链产业的发展现状

（一）中国区块链产业生态初步形成，方兴未艾

（1）产业呈现高速发展，企业数量快速增加。例如，2013—2017 年中国区块链产业

新成立的公司数量和融资事件数变化趋势，如图 8 - 36 所示。

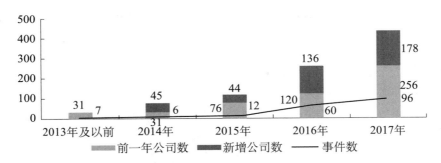

图 8 - 36　2013—2017 年中国区块链产业新成立的公司数量和
融资事件数变化趋势（数据截止到 2018. 3. 31）

　　从中国区块链产业的新成立公司数量变化来看，2014 年该领域的公司数量开始增多，到 2016 年新成立公司数量显著提高，超过 100 家，是 2015 年的 3 倍多。2017 年是近几年的区块链创业高峰期，由于区块链概念的快速普及，以及技术的逐步成熟，很多创业者涌入这个领域，新成立公司数量达到 178 家。

　　随着整个产业的高速发展以及项目落地速度的加快，融资轮次将逐渐往后延伸，未来会出现更多进入中后期阶段的项目，区块链产业发展方兴未艾。股权投资情况可以较好反映社会资本对与产业的关注和支持力度。

　　（2）我国区块链应用呈现多元化，产业生态初步形成。我国区块链应用呈现多元化发展趋势，从金融到实体领域都有落地应用，内容涵盖供应链金融、贸易金融、征信、交易清算、保险、证券等金融领域，以及商品溯源、版权保护与交易、大数据交易、工业、能源、医疗、物联网等实体产业领域。区块链技术产业生态地图都是从算力基础设施辐射数字货币再延伸至区块链应用生态这样一个渗透过程，如图 8 - 37 所示。

　　（3）从设备制造到产业应用，区块链产业链逐渐清晰。我国区块链的产业生态主要分为基础设施和服务、软件与应用开发、应用服务。其中，基础设施和服务主要提供数据存储与传输、硬件设施和矿工及设备等服务。软件与应用开发服务主要提供区块链软件基础服务等。应用服务则把区块链技术应用在数字资产服务、公证服务、矿机、互助保险等区块链场景。此外，其他的细分领域有数据传输、资讯社区、供应链管理等，这些使得区块链产业链逐渐清晰起来，如图 8 - 38 所示。

　　（4）互联网巨头的涌入推动我国区块链产业快速发展。区块链技术不仅受到了创业企业的青睐，也受到了互联网巨头企业的广泛关注。互联网巨头企业纷纷拓展区块链业务，推动了我国区块链产业快速发展。目前，腾讯、阿里巴巴、百度、京东等互联网行业巨头纷纷加入区块链技术的研究与场景应用中来。

　　腾讯基于 Trust SQL 核心技术，打造出领先的企业级区块链基础服务平台。例如，腾讯基于供应链场景下的真实交易数据，通过腾讯区块链技术及运营资源，构建"腾讯区块链＋供应链金融解决方案"，从根本上改善小微企业的融资困境，助力地方产业转型升级，如图 8 - 39 所示。

　　京东运用区块链技术搭建"京东区块链防伪追溯平台"，从解决商品的信任痛点出发，

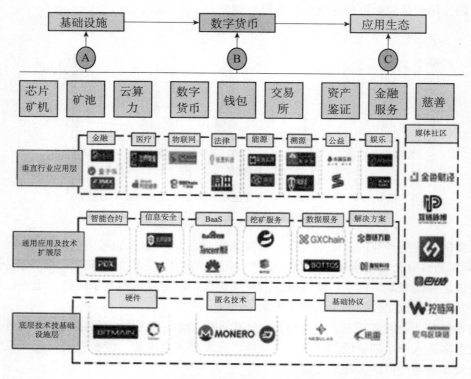

图 8-37　中国区块链产业生态示意图

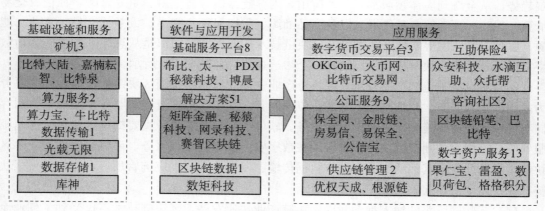

图 8-38　区块链产业链示意图

精准追溯到商品的存在性证明特质，让所有生产、物流、销售和售后信息分享进来，共同构建完整且流畅的信息流，并且采用区块链技术来解决参与各方的信任问题，在区块链的系统架构上完成交易，确认资产的权属和资产的真实性。

（二）地域分布相对集中，产业集聚效应明显

从中国区块链公司的地域分布状况来看，北京、上海、广东、浙江依然是区块链创业的集中地，四地合计占比超 80%。其中，北京以 175 家公司、占比 38% 处于绝对的领先

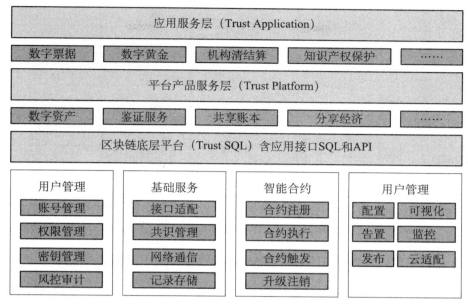

图 8 - 39　腾讯企业级区块链基础服务平台

地位；上海以 95 家公司、占比 21％位居第二；广东省以 71 家公司、占比 16％位居第三；浙江省以 36 家公司、占比 8％位居第四。除此以外，中国区块链创业活跃度前十名的省市还包括江苏、四川、福建、湖北、重庆、贵州，如表 8 - 2 所示。

表 8 - 2　中国区块链创业活跃度 TOP10 省市

排名	省市	公司数	占比
1	北京	175	38％
2	上海	95	21％
3	广东	71	16％
4	浙江	36	8％
5	江苏	13	3％
6	四川	13	3％
7	福建	7	2％
8	湖北	4	1％
9	重庆	4	1％
10	贵州	3	1％

　　从中国区块链创业活跃度靠前的城市来看，北京、上海、深圳、杭州依然为中国大陆区块链创业活跃度最高的四座城市，公司占比达到 78％。除此以外，中国区块链创业活跃度前十位城市还包括广州、成都、南京、厦门、重庆、贵阳，如表 8 - 3 所示。

表 8-3　中国区块链创业活跃度 TOP10 城市

排名	城市	公司数	占比
1	北京市	175	38%
2	上海市	95	21%
3	深圳市	56	12%
4	杭州市	32	7%
5	广州市	15	3%
6	成都市	13	3%
7	南京市	8	2%
8	厦门市	4	1%
9	重庆市	4	1%
10	贵阳市	3	1%

（三）区块链产业发展的政策体系逐步完善，各地政府积极布局

区块链在 2019 年的地方政府工作报告中被多次提及。2019 年 10 月 24 日，中共中央政治局就区块链技术发展现状和趋势进行第十八次集体学习，要把区块链作为核心技术和自主创新的重要突破口，明确主攻方向，加大投入力度，着力攻克一批关键核心技术，加快推动区块链技术和产业创新发展。这意味着中央在政策层面高度重视区块链的未来发展，将对我国区块链技术发展、产业革新起到重大方向性定调的作用。

目前，全球主要国家都在加快布局区块链技术发展。我国在区块链领域拥有良好基础，因而要加快推动区块链技术和产业创新发展，积极推进区块链和经济社会融合发展，使区块链技术在建设网络强国、发展数字经济、助力经济社会发展等方面发挥更大作用。

（四）技术滥用导致产业发展存在一定的风险

尽管区块链技术的正向价值逐步显现，但是产业发展过程中仍然伴随出现了一系列不可忽视的风险。一方面是合规性风险，在区块链发展的早期阶段，由于它本身具有传递价值的属性，因此引来了一些不是专注于技术应用，而是热衷于通过 ICO 进行非法集资、传销等欺诈的行为；另一方面是技术层面的风险，尽管区块链融密码学、分布式存储等多项技术于一身，但这并不意味着它本身没有漏洞。

目前，除 POW 外，POS、DPOS 等多种共识机制虽然已经被提出，但是否能够实现真正的安全可信，尚不能完全证明。此外，区块链网络还有可能被传统的网络攻击造成网络堵塞，迫使区块链网络出现硬分叉，进而导致对整个区块链系统的可信性受到质疑、网络体系的价值崩盘，给网络参与者造成惨重的集体损失。除了区块链本身的技术漏洞，网络参与主体责任划分、账本数据最终归属、成本偏高、交易区块具有选择性等问题，也会导致区块链技术落地应用时会面临较大风险。

二》》区块链产业的细分领域平台

区块链各细分领域蓬勃发展，从硬件制造、基础设施到底层技术开发、平台建设，再

到安全防护、行业应用，以及媒体社区等区块链行业服务机构，已经初步形成了一个完整的产业生态链。

（一）底层平台（公有链/联盟链/BAAS）

在区块链产业中，平台级的机会是目前很多公司关注的方向。无论是创业公司还是大公司，纷纷希望在布局区块链底层平台，能抢占下一波红利。但是，由于区块链还处于非常早期的阶段，因此各家对于平台的理解和实践路径并不一样。目前，公有链、联盟链和BAAS是三种比较主流的平台模式。

（1）公有链。公有链是指向全世界所有人开放，每个人都能成为系统中的一个节点参与记账的区块链，它们通常将激励机制和加密数字验证相结合来实现对交易的共识。

公有链的优点包括：能够保护用户免受开发者的影响，所有交易数据都默认公开、访问门槛低，任何人只要有联网的计算机就能访问，能够通过社区激励机制更好地实现大规模的协作共享，等等。

（2）联盟链。联盟链是指若干个机构共同参与记账的区块链，即联盟成员之间通过对多中心的互信来达成共识。联盟链的数据只允许系统内的成员节点进行读写和发送交易，并且共同记录交易数据。

联盟链作为支持分布式商业的基础组件，更能满足分布式商业中的多方对等合作与合规有序发展要求。例如，联盟链会更适合组织机构间的交易和结算，类似于银行间的转账、支付，通过采用联盟链的形式，就能打造一个很好的内部生态系统来大幅提高效率。

（3）BAAS。BAAS通常是一个基于云服务的企业级的区块链开放平台，可一键式快速部署接入、拥有去中心化信任机制、支持私有链、联盟链或多链，拥有私有化部署与丰富的运维管理等特色能力。

BAAS目前可广泛应用于金融、医疗、零售、电商、游戏、物联网、物流供应链、公益慈善等行业中，可以重塑商业模式，提升客户在行业内的影响力。

（二）数字资产存储

区块链产业的发展需要有新型的数字资产存储方式，这就催生了数字钱包的诞生。对于数字钱包来说，安全性需求永远是排在第一位的。近几年，数字资产安全问题屡见不鲜，数字钱包作为区块链产业链上的一个重要环节，需要打造更加安全可靠的存储环境。此外，对于普通用户来说，数字钱包的使用门槛依然很高，便捷性和易用性亟待提升。这些需求均在推动着数字钱包的不断迭代更新。

数字钱包提供钱包地址的创建、数字加密资产的转账、钱包地址的历史交易查询等功能。数字钱包按照密码学原理，可以创建一个或多个钱包地址，每个钱包地址对应一个密钥对：私钥和公钥。在数字加密资产的世界里，私钥是最重要的，它是数字加密资产所有权的唯一凭证，因为公钥和地址均能通过私钥推导出来。因此，私钥的生成和存储方式决定了数字加密资产的安全性，而数字钱包的主要作用就是帮助用户管理和使用私钥。另外，为了降低用户的使用门槛，助记词则成为明文私钥的另一种表现形式，它是为了帮助用户去记忆复杂的私钥，增加便捷性。

安全是数字钱包的根基，一个安全的数字钱包应该能在任何时候让用户的私钥/助记词处于安全保护之下。在此原则下，加密数字钱包的设计应遵循以下安全体系：基础安全体系（存储安全、网络安全、内存安全、安装包安全）、密钥管理安全体系、开发流程安全体系和用户行为安全体系。

随着全球范围内黑客攻击的日益增加，对于钱包安全性的挑战将会越来越大，钱包公司需要通过对产品和技术的不断迭代更新，来为用户的数字加密资产保驾护航。

（三）区块链技术解决方案

区块链解决方案主要是指在底层平台的基础上进行扩展，目的是便于开发者基于区块链技术开发出产品和应用，或者是服务商直接为客户提供针对具体业务场景的解决方案。

例如，中钞区块链技术研究院推出的络谱区块链登记开放平台是基于底层自主开发的区块链技术——开放的许可链建立了6层信任金字塔模型，即基于区块链账本的可信记录、基于国家授时中心的可信时间、基于数字证书的可信身份、基于数字签名的可信行为、基于智能合约的可信关系，以区块链技术锚定构建多维度的数字网络社会，并为该络谱生态中的所有伙伴提供存在性证明、完整性证明、身份证明、时间戳证明、数据关系证明和凭证登记流转等能力。同时，联合各合作方对数字身份、可信数据、数字凭证进行可信登记，向调用这些信息的第三方提供存在性、完整性、身份、时间戳、数据关系和凭证登记等信息。这些信息具备可验证、可审计、可追溯、不可篡改等特性。

在监管层面，众享比特针对各行业的监管需求推出区块链交易监管平台、审计数据报送平台、医疗数据审计平台等系列产品，通过对现有系统进行技术升级，解决审计数据不真实、监管工作难开展等实际问题。已展开实践的案例包括：中信银行的区块链信用证业务、江苏银行的区块链票据业务和基于区块链的供应链金融平台、建设银行的区块链保函平台、苏宁的区块链黑名单共享平台、南京银行的区块链清算系统、株洲市政府区块链敏感数据审计平台、公安视频区块链存证系统等。

三》区块链产业中的硬件制造和基础设施细分领域

随着区块链的价值体现，参与竞争记账的人数越来越多，造成全网算力的难度呈现出指数级上升，这对区块链硬件设备的产量和性能都提出了更高的要求。

区块链硬件制造和基础设施起源于区块链的共识机制之一的POW，即全网计算节点通过算力竞争记账权，来获取经济奖励。此外，分布式记账是区块链的核心特征之一，而区块链硬件设备充当了记账节点的功能。

（一）算力难度上升和记账节点增加推动区块链硬件制造产业蓬勃发展

发展区块链硬件制造的核心在于芯片的计算能力，因此在算力难度提升的情况下，竞争记账也经历了最早从个人计算机上的CPU（中央处理器）记账，到GPU（独立显卡）记账，再到专业矿机的诞生，以及专业矿机又从FPGA（可编程门阵列）过渡到ASIC（专用集成电路）等。

区块链硬件制造在算力难度不断增加的驱动下蓬勃发展，芯片计算能力不断提升，它是整个区块链产业发展的基石。同时，计算力的提高也推动了其他领域的发展。例如，人工智能领域就十分依赖计算力，人工智能芯片 TPU 也同样是 ASIC 芯片，依靠区块链硬件设备起家的比特大陆和嘉楠耘智就在不久前发布了 AI 芯片。

（二）区块链计算中心成为主流，共享计算模式落地应用

区块链计算中心主要由矿池组成，其最基本职能就是将个人的算力聚集起来参与竞争记账。在经历了激烈的竞争以后，矿池的垄断效应越来越明显，很多小的矿池已经在这场游戏中被淘汰。由于全网算力难度的上升，个人充当记账节点的时代也早已在算力竞争愈演愈烈中宣告结束，区块链计算中心开始成为主流，它为整个区块链产业的发展提供了算力资源。

另外，共享计算的新型云计算概念被迅雷公司提出，它是一种以区块链技术为基础，通过已授权的智能硬件设备记录、汇总社会普通家庭中闲置的带宽、存储、计算等资源，并通过跨平台、低功耗的虚拟化技术，以及节点就近点对点访问的智能调度技术，提供实现更快、更易扩展、更环保的计算资源。

四　未来区块链产业的发展趋势

（一）区块链成为全球技术发展的前沿阵地

区块链作为"价值互联网"的重要基础设施，正在引领全球新一轮技术变革和产业变革，正在成为技术创新和模式创新的"策源地"。引领全球新一轮技术变革和产业变革。在下一轮国际竞争中，公链等区块链底层架构和基础设施具有较高的重要性，特别是服务于民生领域、公共安全等领域的区块链基础设施，对于保障社会食品药品安全、加快构建社会信用体系、增加人民群众的获得感有重要意义。

（二）技术融合将拓展应用新空间

区块链在一定程度上解决了价值传输过程中完整性、真实性、唯一性的问题，降低了价值传输的风险，提高了传输的效率，实现了企业协作环节的信息化，这将催生大量创新合作场景，构建创新创业新生态。同时，区块链与人工智能、物联网等新技术融合不断拓展技术应用新空间，在很大程度上提升上链信息的可信性，确保线下实物准确向线上映射，提升系统总体上的可信性，进而在更多地场景实现落地，进一步释放创新创业活力。

（三）区块链未来将在实体经济中广泛落地

当前，区块链技术落地的场景已从金融领域向实体经济领域延伸，覆盖了供应链金融、互助保险、清算和结算、资产交易等金融领域场景，也覆盖了商品溯源、版权保护、电子证据存证、电子政务等非金融领域场景。未来，区块链技术将继续加快在产业场景中的广泛应用，与实体经济产业深度融合，形成一批"产业区块链"项目，而这将会成为区块链技术的应用趋势。

（四）区块链打造新型平台经济

基于区块链的激励模式将推进分享经济向共享经济升级。借助 Token 体系，区块链平

台能够将用户对平台或社区的贡献量化并自动结算，给予相应奖励，实现用户与互联网平台所有者共享平台价值的增值。区块链借助分布式账本和智能合约技术大幅降低契约建立和执行的成本，打破信任障碍，实现去中介化，打造真正的共享经济，全面开启共享经济的全新时代。

（五）区块链加速"可信数字化"进程

目前，实体经济成本高、利润薄，中小微企业融资难、融资贵、融资慢等现象仍然存在，金融对实体经济支持仍显不足。利用区块链技术，可以实现"可信数字化"，进而实现实物流、信息流、资金流"三流融合"及物理世界、数字世界与资金体系的高度连通，使金融和实体经济密不可分，不再出现资金在金融体系内空转的情况，实现脱虚向实的过程。

（六）区块链监管和标准体系将进一步完善

随着区块链技术的成熟程度进一步增加，和产业结合更紧密，行业监管制度体系将进一步建设完善，以创造良好的发展环境，为产业区块链项目深入服务实体经济提供有力保障，一些违法违规的项目则将会受到严格监管。随着区块链技术的深入发展，区块链标准将逐步完善，这对构建和完善区块链产业生态，促进区块链技术场景落地具有积极的推动作用。

【测验题】

一、单选题

1. 在供应链金融领域引入（　　）技术，建设技术创新的供应链金融系统，可以提升供应链金融整体效率和质量，增强系统安全性。

    A. 加密   B. 验证   C. 区块链   D. 算法

2. 供应链金融采用区块链技术将目前纸质作业程序（　　），大幅减少人工成本，供货商、贸易商、企业、银行等参与方使用去中心化的公共账本，在预定规则下自动结算，可显著提高交易效率。

    A. 数字化   B. 电子化   C. 网络化   D. 自动化

3. 作为一项金融创新，供应链金融不仅能够解决由全球性外包活动导致的供应链融资成本居高不下，以及供应链（　　）资金流瓶颈的问题，还能够缓解后金融危机时代日益凸显的中小企业融资难的问题。

    A. 业务   B. 节点   C. 企业   D. 平台

4. 在经济学和社会学本质上，区块链是（　　）货币的底层技术，是供应链数字资产流通的信用载体，是数字社会的信任机制，是网络空间价值共识共享共治的基础协议。

    A. 电子   B. 交易   C. 数字   D. 虚拟

5. 区块链的运行规则是公开透明的，所有的（　　）信息也是公开的，因此每一笔交易都对所有节点可见。

    A. 账本   B. 网络   C. 交易   D. 数据

6. 区块链中的每一笔交易都通过（　　）方法与相邻两个区块串联，因此可以追溯到任何一笔交易的前世今生。

    A. 密码学   B. 记账   C. 公布代码   D. 二次验证

    7. 区块链能够建立征信主体并确定数据（   ），能够在保护个人隐私和相互信任的前提下完成数据的流通与共享。

    A. 价值   B. 主权   C. 数量   D. 来源

    8. 通过在横向和纵向的融合，利用区块链技术打通物联网横向产业链和纵向物联网设备的（   ）通道，可以加强物联网生态的共识，促进数据在整个物联网生态中的利用。

    A. 平台   B. 传输   C. 感知   D. 数据

    9. 在区块链和物联网融合的应用中，（   ）在区块链上的交易信息是公开的，而账户身份信息是高度加密的。

    A. 拷贝   B. 输入   C. 存储   D. 传递

    10. 将区块链与物联网融合应用在能源领域，可提高数据（   ）管理能力。

    A. 数量   B. 实用   C. 加密   D. 信息

    11. 区块链技术产业生态地图都是从（   ）基础设施辐射数字货币再延伸至区块链应用这样一个渗透过程。

    A. 硬件   B. 软件   C. 算力   D. 公共

    12. 公有链被看作是区块链领域最有前景的方向，因为它更符合区块链的本质，很可能成为下一个（   ）。

    A. 交易级平台   B. 开发级平台

    C. 拓展实施级平台   D. 系统级平台

    13. （   ）是一种旨在以信息化方式传播、验证或执行合同的计算机协议，具备运行成本低、人为干预风险小等优势。

    A. 智能合约   B. 共识机制   C. 联盟链   D. 超级账本

    14. POW（工作量证明机制）的核心思想是通过分布式节点的（   ）竞争来保证数据的一致性和共识的安全性。

    A. 平台   B. 人力   C. 技术   D. 算力

    15. 对于区块链来说，（   ）已经成为制约区块链发展的核心问题。

    A. 标准   B. 技术   C. 人才   D. 平台

二、多选题

    1. 基于区块链技术的供应链金融交易服务平台功能，充分发挥区块链技术（   ）的特性，核心企业在区块链上签发数字化付款承诺给一级供应商，一级供应商可以根据结算需要将上述承诺分拆并将部分转让给二级及 N 级供应商。

    A. 可加密   B. 去中心化   C. 易分割   D. 可追溯

    E. 不可篡改

    2. 基于区块链发行数字资产，将应收账款权益数字化，通过加密手段保证债务主体真实表达，便于应收账款权益的（   ），提高应收账款流动性，优化业务流程和客户体验。

    A. 收款   B. 分割   C. 记账   D. 流转

    E. 确权

3. 在供应链金融业务环节数字货币领域，区块链技术联合（　　）等涉及多方协作的领域取得了很好的应用效果。

A. 银行　　　　　　B. 资管　　　　　　C. 电信　　　　　　D. 互助保险

E. 股权众筹

4. 区块链技术可以将信息化的商品（　　），主要是因为区块链技术的所记载的资产不可更改、不可伪造。

A. 价值化　　　　　B. 增值化　　　　　C. 资产化　　　　　D. 保质化

E. 透明化

5. 区块链去中心化的协作模式可以解决数据传递过程中可能会出现的（　　）等信任问题，也能够避免系统间对接时开发大量接口、实施流程复杂等问题。

A. 造假　　　　　　B. 浮夸　　　　　　C. 贬低　　　　　　D. 不实时

E. 不同步

6. 跨境供应链由（　　）构成的物流网络合作，利用区块链技术在各方之间实现信息透明性，可以大大降低贸易成本和复杂性，减少欺诈和错误，缩短产品在运输和海运过程中所花的时间，改善库存管理，最终减少浪费并降低成本。

A. 货运公司　　　　B. 货运代理商　　　C. 海运承运商　　　D. 港口

E. 海关当局

7. 基于区块链技术的供应链金融服务平台应具备（　　）等主要功能，它提供了一个为核心企业及其供应链上下游企业和金融机构服务的多方协作平台。

A. 信息登记　　　　B. 实名认证　　　　C. 电子签章　　　　D. 电子凭证

E. 资金管理

8. 区块链与物联网的融合应用包括横向和纵向两种模式，通过在横向和纵向的融合，利用区块链技术（　　）和促进数据在整个物联网生态中的利用。

A. 打通物联网横向产业链　　　　　　B. 纵向物联网设备的数据通道

C. 保障数据的安全　　　　　　　　　D. 加强物联网生态的共识

E. 提升数据的利用价值

9. 基于区块链技术的物联网平台，能够实现不同（　　）的设备统一接入，建立可信任的环保数据资源交易环境，助力环保税等政策的落地实施。

A. 区域　　　　　　B. 厂家　　　　　　C. 协议　　　　　　D. 型号

E. 性能

10. 在供应链过程中，（　　）等信息都可以通过物联网设备记录，降低人工成本，减少人工记录带来的错误，将物联网设备采集到的这些数据记录在区块链上，可确保信息的真实性。

A. 货物交付　　　　B. 提单质押　　　　C. 尾款结余　　　　D. 实时仓库

E. 实时物流

11. 区块链技术不仅受到了创业企业的青睐，也受到了互联网巨头企业的广泛关注，腾讯基于 Trust SQL 核心技术，打造领先的企业级区块链基础服务平台。目前，腾讯区块链已经落地（　　）和公益寻人等多个场景。

A. 供应链金融　　　B. 医疗　　　　　　C. 数字资产　　　　D. 物流信息

E. 法务存证

12. BAAS 通常是一个基于云服务的企业级的区块链开放平台，具有可一键式（　　）等特色能力。

    A. 快速部署接入　　　　　　　　B. 拥有去中心化信任机制

    C. 支持私有链、联盟链或多链　　D. 拥有私有化部署

    E. 丰富的运维管理

13. 安全是数字钱包的根基，一个安全的数字钱包应该能在任何时候都让用户的私钥/助记词处于安全保护之下；在此原则下，加密数字钱包的设计应遵循以下安全体系：基础安全体系（　　）、密钥管理安全体系、开发流程安全体系和用户行为安全体系。

    A. 传输安全　　　　B. 存储安全　　　　C. 网络安全　　　　D. 内存安全

    E. 安装包安全

14. 系统安全是一个整体性概念，它受到各级安全因素的共同影响，攻击者可以综合运用网络攻击手段，对（　　）等各个方面综合利用，从而达成攻击目的。

    A. 算法漏洞　　　　B. 协议漏洞　　　　C. 使用漏洞　　　　D. 实现漏洞

    E. 系统漏洞

15. 超级账本被认为并非完全去中心化，超级账本的运行过程包含（　　）等几个阶段。

    A. 提议　　　　　　B. 实施　　　　　　C. 打包　　　　　　D. 储存

    E. 验证

16. 区块链中开源的共享协议可使数据在所有用户侧同步记录和存储，对攻击者来说，能够在更多的位置获取数据副本，分析（　　）等有用信息。

    A. 区块链应用　　　B. 区块链推广　　　C. 用户　　　　　　D. 网络结构

    E. 区块链效能

17. 迄今为止，研究者在共识相关领域做了大量研究工作，提出了众多不同的共识机制。从如何选取记账节点的角度，现有的区块链共识机制可以分为（　　）几种类型。

    A. 选举类　　　　　B. 证明类　　　　　C. 随机类　　　　　D. 联盟类

    E. 混合类

18. 共识机制是区块链系统能够稳定、可靠运行的核心关键技术，与区块链系统的（　　）密切相关。

    A. 安全性　　　　　B. 可扩展性　　　　C. 性能效率　　　　D. 网络速度

    E. 资源消耗

19. 明确区块链技术、平台、应用生态面临的主要威胁，可以增加隐私保护力度。根据保护隐私的对象分类，隐私保护主要可以分为（　　）等几类。

    A. 产权人隐私保护　　　　　　　B. 挖矿人隐私保护

    C. 网络层隐私保护　　　　　　　D. 交易层隐私保护

    E. 应用层的隐私保护

20. 我们要积极开展区块链产业试点示范工作，树立典型，形成示范效应，促进区块链技术与实体产业融合发展，重点面向（　　）等应用场景，组织实施具有代表性的区块链技术应用工程，形成具有可复制、易操作的区块链技术应用示范平台。

    A. 数据开放与交易　　　　　　　B. 权力运行与监督

C. 个人隐私与保护   D. 产权交易与结算

E. 金融科技与贸易

三、判断题

1. 从供应链技术角度看，区块链已经超越了技术本身，将有可能成为未来数字经济和数字社会的基础设施。（　　）

2. 供应链金融加密数字货币，如比特币、以太坊，本身不是一类数字资产或商品。（　　）

3. 区块链是一个用数字化的手段、用程序和算法建立的信任机制。（　　）

4. 区块链由众多节点共同组成一个端到端的账本，不存在中心化的设备和管理机构。（　　）

5. 区块链技术在物流行业的应用，使得物流商品具备了资产化的特征，有助于解决物流供应链上的中小微企业融资难的问题。（　　）

6. 基于区块链去构建征信数据交易共享系统不可以实现对数字资产的确权。（　　）

7. 区块链技术可实现供应链相关操作流程的自动化，但不会减少其中人为参与的不可控因素，提高业务流程的运营效率。（　　）

8. 区块链和物联网的融合，无法解决环保业务监管层存在的末端排口监控、数据有效性低、监控手段单一等问题。（　　）

9. 通过区块链技术可以实现医院、人社部、支付系统的生态打通，加强人社部、卫计委对医疗数据的共享和监管，以及对数据隐私性和安全性的保障。（　　）

10. 区块链和工业物联网融合，无法提升供应链的效率、提高设备使用率、解决工业物联网的安全问题。（　　）

11. 尽管区块链融密码学、分布式存储等多项技术于一身，但这并不意味着它本身没有漏洞。（　　）

12. 对于公有链来说，节点数越多意味着系统的安全性和公平性越不高，这就带来了系统效率的低下，因为每增加一个节点，就需要多达成一次共识。（　　）

13. 以太坊在整体上可看作是一个基于交易的状态机。（　　）

14. 目前的公有链项目中，各参与方都能够获得完整数据备份，所有数据对于参与方来讲是透明的，但不是任何人都可以在链上查询到上链数据。（　　）

15. 共享账本模型主要适用于解决信息不对称、提供存证证明等需要进行信息有效性共享的场景。（　　）

16. 数字资产模型不单单针对可数字化的资产交易场景，通过与业务场景中进行有机结合，能够有效防止数据被篡改，进行完整追溯，规避数据伪造风险。（　　）

17. POS（权益证明机制）的目的是解决 POW 中资源浪费的问题。（　　）

18. 比特币项目通过隔断交易地址和地址持有人真实身份的关联，达到匿名效果，攻击者能够看到每一笔转账记录的发送方和接受方的地址，也对应到现实世界中的具体某个人。（　　）

19. 智能合约大多数操作的对象为数字资产，因此智能合约具有高风险性。（　　）

20. 除了区块链本身的技术漏洞，网络参与主体责任划分、账本数据最终归属、成本偏高、交易区块具有选择性等问题不会导致区块链技术落地应用时面临较大风险。（　　）

四、简答题

1. 区块链帮助金融业解决哪些经营问题？

2. 根据供应链的不同场景，供应链金融业务衍生出哪些模式？

3. 简述区块链技术的供应链金融交易服务平台功能。

4. 区块链在供应链金融中主要应用于哪些领域？

5. 应用区块链对物流业融合应用有什么好处？

6. 应用区块链可以解决供应链金融服务平台哪些问题？

7. 区块链与物联网融合在数据膨胀方面有哪些难点？

8. 区块链与物联网融合在性能瓶颈方面有哪些难点？

9. 区块链与物联网融合应用有几种模式？

参考文献

[1] 谢铉洋. 区块链结构、参与主体及应用展望 [J]. 金融纵横，2017 (1).

[2] 谭磊，陈刚. 区块链 2.0 [J]. 中国信息化，2016 (8).

[3] 袁勇，王飞跃. 区块链技术发展现状与展望 [J]. 自动化学报，2016，42 (4)：481-494.

[4] 朱建明，高胜段，美娇. 区块链技术与应用 [M]. 北京：机械工业出版社，2018.

[5] 朱建明，付永贵. 基于区块链的供应链动态多中心协同认证模型 [J]. 网络与信息安全学报，2016，2 (1)：27-33.

[6] 黄涵禧. 应用智能合约的简易承兑汇票实践 [J]. 金融科技时代，2017 (2)：38-44.

[7] 周立群、李智华. 区块链在供应链金融的应用 [J]. 信息系统工程，2016 (7)：49-51.

[8] 朱岩，甘国华，邓迪，等. 区块链关键技术中的安全性研究 [J]. 信息安全研究，2016，2 (12)：1090-1097.

[9] 中国信息通信研究院. 全球区块链应用发展十大趋势 [EB/OL]. 2017-05-26.

[10] 胡凯，白晓敏，高灵超，等. 智能合约的形式化验证方法 [J]. 信息安全研究，2016，2 (12)：1080-1089.

[11] 胡凯，白晓敏，于卓. 智能合约工程 [J]. 中国计算机学会通讯，2017.

[12] 井底望天，等. 区块链世界 [M]. 北京：中信出版社，2016.

[13] 梅兰妮，斯万. 区块链新经济蓝图与导读 [M]. 北京：新星出版社，2016.

[14] 杨东. 链金有法 [M]. 北京：北京航空航天大学出版社，2017.

[15] 林晓轩. 区块链技术在金融业的应用 [J]. 中国金融，2016 (8)：17-18.

[16] 张苑. 区块链技术对我国金融业发展的影响研究 [J]. 国际金融，2016 (5)：41-45.

[17] 任安军. 运用区块链改造我国票据市场的思考 [J]. 南方金融. 2016 (3)：39-42.

[18] 钟玮，贾英姿. 区块链技术在会计中的应用展望 [J]. 会计之友，2016 (17)：122-125.

[19] 赵大伟. 区块链能拯救 P2P 网络借贷吗？[J]. 金融理论与实践. 2016 (9)：19-22.

[20] 王晟. 区块链式法定货币体系研究 [J]. 经济学家，2016 (9)：77-85.

[21] 曾繁荣. 基于分布式账本技术的数字货币发展研究 [J]. 西南金融，2016 (5)：63-68.

［22］何渝君，龚国成. 区块链技术在物联网安全相关领域的研究［J］. 电信工程技术与标准化，2017（5）：12-16.

［23］陈志东，董爱强，孙赫，等. 基于众筹业务的私有区块链研究［J］. 信息安全研究，2017，3（3）：227-236.

［24］张宁，王毅，康重庆，等. 能源互联网中的区块链技术：研究框架与典型应用初探［J］. 中国电机工程学报，2016，36（15）：4011-4022.

［25］高航，俞学劢，王毛路. 区块链与新经济：数字货币2.0时代［M］. 北京：电子工业出版社，2016.

［26］邹均，张海宁，唐屹，等. 区块链技术指南［M］. 北京：机械工业出版社，2016.

［27］赵刚. 区块链：价值互联网的基石［M］. 北京：电子工业出版社，2016.

［28］长铗，韩锋. 区块链：从数字货币到信用社会［M］. 北京：中信出版社，2016.

［29］宋华. 基于产业生态的供应链金融的创新趋势［J］. 中国流通经济，2016（12）：85-91.

［30］李青，张鑫. 区块链：以技术推动教育的开放和公信［J］. 远程教育杂志，2017（1）：36-44.

图书在版编目（CIP）数据

区块链技术应用实务/缪兴锋编著．--北京：中国人民大学出版社，2020.8
ISBN 978-7-300-24519-5

Ⅰ.①区⋯ Ⅱ.①缪⋯ Ⅲ.①区块链技术—高等职业教育—教材 Ⅳ.①TP311.135.9

中国版本图书馆 CIP 数据核字（2020）第 150648 号

"北斗"＋智慧物流创新人才培养系列丛书
高等院校"一带一路"现代供应链创新人才培养规划教材
区块链技术应用实务
缪兴锋　编著
Qūkuàilián Jìshù Yìngyòng Shíwù

出版发行	**中国人民大学出版社**	
社　　址	北京中关村大街 31 号	**邮政编码**　100080
电　　话	010 - 62511242（总编室）	010 - 62511770（质管部）
	010 - 82501766（邮购部）	010 - 62514148（门市部）
	010 - 62515195（发行公司）	010 - 62515275（盗版举报）
网　　址	http://www.crup.com.cn	
经　　销	新华书店	
印　　刷	北京玺诚印务有限公司	
规　　格	185 mm×260 mm　16 开本	**版　　次**　2020 年 8 月第 1 版
印　　张	14.75	**印　　次**　2020 年 8 月第 1 次印刷
字　　数	355 000	**定　　价**　38.00 元